지구를 위한 거래

– 자발적 탄소시장으로 보는 기후대응의 새로운 해법 –

우리는 〈보이지 않는 손〉이라 불리는 시장자본주의의 세계에 살고 있습니다. 우리의 큰 문제인 기후문제 또한 시장의 자연법칙에 따라 풀수 있는 방법을 찾아야 합니다. 기후문제를 '탄소시장'으로 풀어보자는 시도도 그런 시도에서 비롯되었는바, 증폭된 기후위기를 풀기위한 "자발적탄소시장"의 논의는 그래서 더욱 당연하고 소중하기만 합니다. 필자와도 이러한 시장과 금융의 힘에 의한 기후해법을 찾는 과정에서 만나게 되었습니다. 기후위기의 해법은 우리 자신의 "감축"부터 이루어져야 하며, 개개인의 작은 노력부터 선행되어야 한다는 논지는, 유니레버사 Paul Polman 회장의 Small Change can make Big Difference 해법과 맥을 같이 합니다. 기후위기를 개인과 시장의 자발적 힘에 의해 풀자고 하는 저자의 고민과 노력에 진심으로 공감하며, 그의 생각을 정리한 이 책을 시장과 인센티브의 힘을 신뢰하는 모든 분들께 일독을 권유합니다.

- 나석권, 사회적가치연구원 대표이사 -

『지구를 위한 거래』는 그야말로 자발적 탄소시장을 집중적으로 조명한 보기 드문 책입니다. 자발적 탄소시장의 작동 원리, 비즈니스 모델과 발전 현황을 체계적으로 정리하고, 탄소크레딧이 시장재화로서 지니는 한계와 이를 극복하기 위한 정책적·기술적 대안을 구체적으로 제시합니다. 자발적 탄소시장 하에서 크레딧 사업을 준비하는 분들, 기업의 넷제로 목표를 관리하는 담당자들, 그리고 시장 확대와 연계를 고민하는 산업계와 정부 관계자들에게 필독서입니다.

- 엄지용, KAIST 녹색성장지속가능대학원 원장 -

개인과 기업, 기후위기를 생각하면서 탄소시장을 바라보는 모든 분들, 미래의 우리를 위하여 지금의 모든 우리에게 추천합니다. 이 책은 일상이 되어가고 있는 기후위기에서 우리 모두의 자발적 행동을 해결책으로 풀어내고 있습니다. 자발적 탄소시장은 무엇이며, 무엇을 어떻게 거래하여야 하고 문제는 무엇인지 그리고 우리 자신을 돕는 자발적 탄소시장은 무엇인지를 보여주고 있습니다. 침착하지만 가슴 뛰는 기후행동으로 가는 문이 될 것입니다.

- 오대균, (전) UN 기후변화협약 탄소시장 감독기구 위원 -

벤처와 기술혁신의 길을 걸어온 제게도 이 책은 새로운 통찰을 안겨주었습니다. 우리는 산업화와 디지털 전환의 시대를 거쳐 이제 기후위기와 지속가능성이라는 거대한 전환기에 서 있습니다. 『지구를 위한 거래』는 단순한 환경 담론을 넘어, 시장과 제도, 기술이 어떻게 결합해 지구를 살리는 실질적 도구가 될 수 있는지를 설득력 있게 보여줍니다.

저자는 탄소시장을 '거래'라는 경제 언어로 풀어내면서도, 그것이 곧 미래 세대와의 약속임을 강조합니다. 저는 이 점에서 깊은 울림을 받았습니다. 새로운 산업의 씨앗은 언제나 위기 속에서 움텄습니다. 탄소거래와 ESG 경영 역시 단순한 규제가 아니라, 혁신과 투자, 그리고 새로운 시장을 창출하는 기회입니다.

이 책은 기업인과 정책가, 그리고 우리 사회의 모든 구성원들에게 '지속가능한 번영을 위한 선택'이 무엇인지 묻고 있습니다. 앞으로의 시대는 '지구를 위한 거래'를 이해하고 실행하는 자가 미래의 주역이 될 것입니다. 이 책은 그 길잡이가 되어 줄 것입니다."

- 장흥순, 벤처기업협회 명예회장·시그넷파트너스(주) 대표이사 -

이 책은 기후위기 시대에 자발적 탄소시장의 본질과 가능성을 가장 선명하게 보여줍니다.

시장 메커니즘·기술혁신·시민참여를 연결해 기후위기를 위기가 아닌 기회로 전환하는 실천적 해법을 제시합니다. 오랜 경험을 가진 김지영 대표가 복잡한 탄소감축 시장을 일목요연하게 정리해 주어, 지속 가능한 전환을 바라는 모든 이들에게 든든한 길잡이가 될 것입니다.

- 전하진, SDX재단 이사장· (전) 19대 국회의원 -

지구를 위한 거래" 는 자발적 탄소시장을 기후 위기 극복의 현실적 대안으로 제시하며 그 가능성과 한계를 심도 있게 파고듭니다. 민간시장의 관점에서 탄소 크레딧의 개념과 거래과정을 명쾌하게 풀어내고 있으며, '그린워싱'과 신뢰의 위기를 날카롭게 지적합니다. 기후 행동의 중심은 '감축'에 있어야 한다는 핵심 메시지를 독자에게 제시하는 기후 필독서입니다.

- 황용우, 인하대학교 교수 · 한국환경경영학회 회장 -

목차

추천의 글   *2*

PART 1 자발적 탄소시장의 등장,
          왜 필요한가?

기후변화, 기후활동이 시작되다   *11*

기업들의 넷제로 선언 증가, 이행이 중요하다   *20*

탄소시장의 등장, 빠르게 진화하고 있다   *29*

기후변화 대응은 본질적으로 자발적이어야 한다   *35*

자발적 탄소시장 없이 기후목표 달성은 불가능하다   *45*

PART 2 자발적 탄소시장,
          어떻게 작동하는가?

자발적 탄소시장의 생태계는 어떻게 구성되는가?   *57*

탄소크레딧은 어떻게 발급되고 만료되는가?   *103*

탄소크레딧의 가격은 무엇에 의해 결정되는가?   *137*

PART 3 자발적 탄소시장,
어떻게 진화하고 있는가?

자발적 탄소시장의 탄소크레딧 현황   *167*

변화하는 탄소시장의 질서, 표준화 활동 본격화   *183*

자발적 탄소시장의 프로젝트-모니터링-거래 혁신   *225*

MRV의 디지털화   *237*

비즈니스모델 혁신   *249*

탄소 제거 기술 프로젝트 개발   *256*

PART 4 드러나는 문제들,
어떻게 할 것인가

무형자산으로서 탄소크레딧, 신뢰성과 지속가능성 문제   *287*

지역 주민에게는 독, 진짜 혜택은 선진국으로   *290*

오염할 권리에 의존하는 기업들   *294*

탄소크레딧의 신뢰성 위기, 과대발행 논란   *303*

넷제로 침묵, 그린허싱으로 전환하는 기업들의 기후전략   *306*

자발적 탄소시장, 변화하는 규칙 속의 혼란   *310*

탄소크레딧 수익이 지역사회에 미치지 '않는' 영향   *313*

불완전한 시장, 불투명한 가격   *317*

PART 5 자발적 탄소시장,
우리 지구에 도움이 되도록 하려면?

기후행동의 중심은 감축이어야 한다   323

작은행동을 모아서 큰 변화를!   327

디지털 기술 혁신으로 시장운영 효율화   332

경제·사회전환을 위한 자발적 탄소시장   336

지역사회 주도의 탄소시장 추진   343

부록   347

PART 1

자발적 탄소시장의 등장,
왜 필요한가?

기후변화, 기후활동이 시작되다

기후변화, 전지구의 재앙에 가까워지다

현재 우리 모두는 기후위기로 인한 엄청난 변화를 경험하고 있다. 기록적인 고온 현상이 지표를 뜨겁게 달구고, 바다를 끓게 하고 있으며, 지구 기온 상승으로 인한 극단적인 기상 현상은 환경뿐만 아니라 사회경제 전반에 걸쳐 막대한 영향을 미치고 있다. 이러한 기후 변화의 심각성에 대해 과학자들은 오랜 기간 경고해 왔으며, 그 경고는 점차 현실이 되고 있다. 특히 유엔 산하의 IPCC는 기후 변화의 원인과 그 심각성을 과학적 근거를 통해 제시하며 국제적인 주목을 받았다.

IPCC는 WMO(세계기상기구)와 UNEP(유엔환경계획)에 의해 1988년에 설립된 유엔산하 국제기구로, 전세계적으로 권위있는 과학자들이 모여 기후 변화에 관한 과학적 평가 보고서를 발간하여 지구 기온 상승과 그에 따른 영향을 발표하고 있다. IPCC의 보고에 따르면, 산업화 이전과 비교해 지구 평균 기온은 이미 1.1℃ 상승했으며, 현재는 1.5℃ 상승을 향해 가고 있다. 만약 지구 온도가 1.7~1.8℃까지 상승한다면, 전 세계 인구의 절반이 생존에 위협적인 더위와 습도에 노출될 것으로 전망하고 있다.

WMO에 따르면, 2024년은 관측사상 가장 더운 해로 기록되었으며, 전

세계 평균 기온은 산업화 이전 대비 1.62℃ 상승하였다. 이는 파리협정에서 설정한 1.5℃ 목표를 초과한 수치로, 향후 5년 내에 이러한 초과 현상이 일시적으로라도 발생할 확률이 80%에 달한다고 보고되었다. 2024년 발표된 「기후과학합동보고서(United in Science 2024)」[1]에서는 현재 정책이 유지될 경우, 금세기 말까지 지구 평균 기온이 3℃까지 상승할 가능성이 66%에 이른다고 경고하고 있다.

이는 기후 변화로 인한 극단적인 기상 현상과 생태계 파괴, 식량 안보 위협 등을 초래할 수 있는 수준이다.

지구는 기후목표 2030 의제를 달성하는 경로에서 한참 벗어나 있으며, 이러한 기후변화는 대기, 해양, 빙권, 생물권에 광범위하고 빠른 변화를 초래하여 생태계 뿐만 아니라 인해 기아·빈곤·질병 해결·깨끗한 물과 에너지에 대한 접근성 개선 등 지속가능한 개발 목표(SDGs : UN Sustainable Development Goals)*를 달성하려는 전 세계적인 노력에 큰 타격을 주고 있다. 기후 변화로 인해 식량 안보, 수자원 관리, 에너지 공급, 시적으로라도 발생할 확률이 80%에 달한다고 보고되었다. 2024년 발표된 「기후과학합동보고서(United in Science 2024)」에서는 현재 정책이 유지될 경우, 금세기 말까지 지구 평균 기온이 3℃까지 상승할 가능성이 66%에 이른다고 경고하고 있다.

이는 기후 변화로 인한 극단적인 기상 현상과 생태계 파괴, 식량 안보 위협 등을 초래할 수 있는 수준이다.

지구는 기후목표 2030 의제를 달성하는 경로에서 한참 벗어나 있으며,

---

1) United In Science 2024(https://wmo.int/publication-series/united-science2024)

이러한 기후변화는 대기, 해양, 빙권, 생물권에 광범위하고 빠른 변화를 초래하여 생태계 뿐만 아니라 인해 기아·빈곤·질병 해결·깨끗한 물과 에너지에 대한 접근성 개선 등 지속가능한 개발 목표(SDGs : UN Sustainable Development Goals)*를 달성하려는 전 세계적인 노력에 큰 타격을 주고 있다. 기후 변화로 인해 식량 안보, 수자원 관리, 에너지 공급도시와 공동체의 지속 가능성 등 거의 모든 SDGs가 심각한 영향을 받고 있다. 예를 들어, 기후 변화와 극단적인 기

* SDGs : 2015년 제70차 유엔 총회에서 지속가능발전을 위한 17개 목표를 192개 회원국이 만장일치로 채택, 2030년까지 달성하기로 결의했다. 유엔 지속가능 개발목표(SDGs)는 인류가 나아가야 할 방향성을 17개 주요 목표와 169개 세부 목표로 제시하고 있다. 2025년은 SDGs를 제정한 지 10년이 되는 해로, 목표를 달성하기로 설정한 2030년까지 5년을 남겨두고 있다.

상 현상으로 인해 2030년에는 6억 7천만 명이 기아에 직면할 것으로 예상되며(SDG 2. 기아종식), 인간은 질병과 조기사망이 크게 증가할 것으로 예측(SDG 3. 건강과 웰빙), 홍수과 가뭄과 같은 물 관련 위험을 악화시키고 강수 패턴, 증발률 및 물저장량 변화로 수자원의 지속 가능성에 대한 심각한 문제를 야기할 것으로 보인다(SDG 6. 깨끗한 물과 위생). 또한 극심한 기상이변은 에너지 공급을 예측할 수 없게 만들어 청정 에너지 전환을 어렵게 하고(SDG 7. 저렴한 청정에너지), 도시 인프라와 밀집된 인구에 큰 위험을 초래할 것으로 전망된다(SDG 11. 지속가능한 도시와 공동체). 이는 전세계 지역과 공동체에 악영향(SDG 13. 기후행동)을 미칠 것이며, 해수면 상승, 해빙 및 빙하의 손실과 같은 현상과 해양 폭염 및 기상 주도 폭풍 해일, 파도와 같은 극단적인 현상의 악화로 해양생태계 및 생계 보장을 필요로 하는 지역사회에 악영향(SDG 14. 수중생물보호)을 미칠 것이다.

기후 변화가 경제적으로 미치는 영향뿐만 아니라 비경제적 측면에서의 편익 감소도 중요한 문제로 떠오르고 있다. 2023년 네이처 지에 발표된 연구에 따르면,[2] 실제 기후변화로 인해 자연 생태계가 인류에게 주는 혜택은 2100년까지 9.2% 이상 감소할 것이며, 전세계 GDP의 1.3%가 감소할 것으로 예상된다. 특히 저소득 국가일수록 자연자본에 대한 의존도가 높아, 기후 변화로 인한 피해는 주로 하위 50% 국가에서 집중적으로 발생할 것이며, 상위 10% 국가에서는 전체 손실의 2%만을 부담하게 될 것으로 예상된다. 이는 기후 변화가 저소득 국가의 부의 축적에 악영향을 미쳐, 지역 간 경제적 불평등을 심화시킬 수 있음을 시사하고 있다.

기후활동시작, 본격화되다

이러한 기후위기 대응, 기후 활동의 필요성에 대한 인식이 대중에게 알려진 것은 지난 세기 미국과 유럽에서 시작되었다. 기후변화 문제 해결을 위해서는 특정 국가가 아닌 선진국과 개도국 모두가 동참해야만 효과가 발생하나, 개도국은 선진국들의 역사적인 책임을 강조하며 선진국들이 먼저 온실가스를 저감해야할 것과 개도국의 참여를 위한 재정적·기술적 지원을

---

2) Bastien-Olvera BA, Conte MN, Dong X, Briceno T, Batker D, Emmerling J, Tavoni M, Granella F, Moore FC. Unequal climate impacts on global values of natural capital. Nature. 2023 Dec 18. doi: 10.1038/s41586-023-06769-z. Epub ahead of print. PMID: 38110573. (https://greenium.kr/climate-reserch-nature-capital-2100-9percent-reduce-inequality-climate-justice/)

요구하기 시작했으며, 온실가스 배출에 대한 책임 인정과 비난이 산업혁명을 주도한 선진국으로 향하기 시작하였다.

이러한 가운데 1997년 교토 컨퍼런스에서 채택한 교토의정서(Kyoto Protocol)는 온실가스 저감을 통해 기후변화 문제를 해결하기 위해 산업혁명 이후 지구온난화에 역사적 책임을 가지고 있는 선진국을 중심으로 각국의 책임을 분담하여 온실가스 저감에 관한 포괄적 합의를 이루어낸 국제 환경 협약이다. 이는 온실가스 배출에 책임이 있는 국가를 정의하고 그들에게 온실가스 배출 감축 의무를 부여함으로써, 각 국가에게 온실가스 감축 의무를 부여하는 중요한 출발점이 되었다. 이를 시작으로 선진국들은 각 국가별 및 국제적으로 온실가스 감축 목표를 달성하기 위한 다양한 정책 및 기술적 조치를 도입하기 시작했다. 교토의정서는 환경보호와 지구온난화에 대한 국제 사회 인식을 높이고, 이후 기후변화에 대한 국제적 협상에도 큰 영향을 미쳤다.

기후변화에 대한 국제 협상의 첫 틀은 1992년 채택된 유엔기후변화협약 (UNFCCC, United Nations Framework Convention on Climate Change)에서 마련되었다. 이 협약은 지구온난화 방지를 목적으로 각국이 이산화탄소를 비롯한 온실가스 배출을 제한하기로 합의한 중요한 국제 조약으로, 1994년에 정식 발효되었다. 이어 1995년에는 협약 당사국들이 구체적인 이행 방안을 논의하기 위해 제1차 유엔기후변화협약 당사국총회(COP, Conference of the Parties, 협약의 최고 의사결정 회의체; 이하 COP로 표시)를 개최하였으며, 이 총회는 현재까지 매년 정례적으로 열리고 있다.

COP에서는 기후변화협약 당사국들이 모여 각국의 협약 이행사항 검토, 기후변화 문제에 대한 국제적인 대응책을 협의·합의 등 현재의 기후 위기 상황을 해결하는데 중요한 일련의 이슈들을 중심으로 대응방안을 논의해 나가고 있다. COP는 이를 실질적으로 이행하기 위한 결정을 내리는 실무 회의로, 전 세계가 함께 모여 온실가스 배출 감축을 논의할 수 있는 유일한 공식 글로벌 국제외교 회의로의 중요한 역할을 수행하고 있다.[3] 전지구적 기후변화 대응에의 중요한 마일스톤인 교토의정서의 채택(COP3, 1997), 파리협정 체제 도입(COP26, 2021), 국가온실가스감축목표(NDC, National Determined Contribution) 도입(COP21, 2015), 석탄 발전의 단계적 감축(COP26, 2021) 등은 모두 COP에서 논의하고 결정된 것이다. 최근에는 기후변화가 초래하는 식량 안보, 보건 등 다양한 주제에 대한 논의를 진행하고 기후변화로 인해 피해를 입고 있는 개발도상국의 경제적·인도적 지원을 강화(COP27, 2022), 화석연료로부터의 전환과 기후취약국의 손실과 피해를 다루기 위한 기금 설립(COP28, 2023), 탄소시장 운영을 위한 규칙과 방법론에 대한 합의(COP29, 2024) 등 기후변화 대응을 위한 포괄적인 지원을 위한 노력을 강화하고 있다.

온실가스 감축목표 달성, 탄소시장에 대한 기대

2023년 개최된 제28차 유엔기후변화협약 당사국총회(COP28)에서는 파리

---

3) https://media.skens.com/3437

협정에 따른 전지구적 이행점검(GST, Global Stocktake)이 최초로 실시되었다. GST는 파리협정 제14조에 근거하여 5년 주기로 전 세계 국가들의 NDC 이행 수준을 종합적으로 평가하는 절차로, 협정의 실질적 작동 여부를 확인하는 핵심 과정이다. 평가결과 보고서에 따르면, 파리협정 발효 이후 일부 진전이 있었음에도 불구하고, 대부분의 국가들이 설정한 온실가스 감축 목표는 1.5℃ 목표를 달성하기에는 턱없이 부족한 수준이다. 특히, 각국이 2030년까지 제출한 NDC를 모두 달성하더라도 해당 시점의 전 세계 배출량은 1.5℃ 목표 달성에 필요한 한계치보다 203억~239억 톤 더 많을 것으로 분석되었다.[4] 이는 지금보다 훨씬 더 신속하고 대대적인 배출 감축 노력이 필요하다는 명확한 메시지다.

이러한 맥락에서, 최근 탄소시장 메커니즘은 더욱 능동적이고 비용 효율적인 기후변화 대응 수단으로 각광받고 있다. 탄소시장은 시장 원리를 활용하여 국가 간 혹은 기업 간 감축 실적을 거래할 수 있도록 함으로써, 감축 비용이 상대적으로 낮은 국가 또는 주체의 감축 실적을 고비용 감축 국가가 구매하여 글로벌 차원의 온실가스 저감을 실현하는 구조다. 이는 감축 비용의 불균형이라는 현실적 제약을 극복하고, 보다 넓은 범위에서 기후행동을 확대하기 위한 효과적인 정책 수단으로 자리 잡고 있다.

특히, 민간 부문에서의 참여 확대는 탄소시장 메커니즘의 실질적 작동을

---

4) https://m.khan.co.kr/world/world-general/article/202312040700081

견인하는 중요한 요소다. 현재 탄소배출 규제를 받지 않는 기업들도 VCM 을 통해 온실가스 감축 활동에 참여할 수 있으며, 이 과정에서 기후기술의 도입과 혁신이 촉진될 수 있다. 이에 탄소시장은 단순한 감축 의무 이행을 넘어, 감축 활동이 기업에게 새로운 성장기회가 될 수 있도록 인센티브를 제공하는 구조로 진화하고 있다.

다만, 현재의 탄소 규제 시장은 제한적인 범위 내에서 운영되어, 기업별 로 탄소배출권 상한이 설정되고, 그 범위 내에서만 상쇄가 가능하기 때문 에, 2023년 11월 기준으로 전 세계 온실가스 배출량의 약 17.6%[5]만이 규제 시장의 적용을 받고 있다. 이는 향후 탄소시장 확대와 정교한 제도 설계를 통한 실효성 제고가 필요한 지점임을 시사한다.

이와 관련하여 COP는 지속적으로 탄소시장 메커니즘의 제도화 및 국제 규범화를 논의해왔다. 특히 파리협정 제6조는 글로벌 탄소시장 형성의 제 도적 기반을 제공하고 있으며, 다음 두 가지 메커니즘을 중심으로 구성되어 있다. 제6.2조(협력적 접근 방식)은 국가 간 배출권거래제(ETS) 연계 또는 감축 실적의 상호 이전을 통해 각국의 NDC 이행을 지원하는 것을 주요내용으로 한다. 또한 제6.4조(지속가능발전 메커니즘)은 교토의정서 하의 CDM을 계승한 구조로, COP가 지정한 중앙기구의 감독 하에 탄소배출권을 발행·검증·거래 하는 시스템을 주요 내용으로 한다. [6]

---

5) https://www.joongang.co.kr/article/25213585#home
6) https://greenium.kr/carbon-policy-cop28-parisagreement-credit-fail-cdm-2030-ndc-korea/

COP29에서는 이러한 시장 메커니즘을 실제로 운영하기 위한 규칙, 표준, 방법론 등에 대한 구체적 합의가 진전되었다. 특히 제6.4조 하에 운영될 국제 중앙집중식 탄소시장(PACM: Paris Agreement Crediting Mechanism)의 토대를 마련하고, 국가 간 크레딧 이전 규칙, 검증 체계, 개발도상국의 참여 지원 방안, 투명성 및 거버넌스 기준 등 여러 제도적 요소의 정비를 본격화하고 있다.

그러나 여전히 중요한 과제들이 남아 있다. 합의된 틀을 실제 작동 가능한 시장 인프라로 구현하기 위해서는 고품질 크레딧의 기준 수립, 검증 메커니즘의 신뢰성 확보, 상응 조정(corresponding adjustment)의 투명성 보장, 그리고 개도국의 역량 강화 지원이 병행되어야 한다. 더 나아가, 특정 국가 또는 이해관계자 중심이 아닌 포용적 글로벌 시장 질서 구축이 요구되고 있다. 현재 전 세계 국가들이 제출한 NDC를 모두 달성하더라도, 지구 평균기온 상승은 2.1℃에서 최대 2.8℃ 수준에 머물 것으로 전망되고 있다. 이는 파리협정의 1.5℃ 목표와 여전히 상당한 괴리를 보이고 있다는 점에서, 보다 과감하고 구조적인 전환 전략, 특히 시장 기반 수단의 적극적 도입이 요구된다.

따라서 탄소시장은 이제 단순한 보완적 수단을 넘어 지속가능한 발전과 기후 목표 달성을 동시에 견인할 수 있는 중심축으로 자리잡아야 하며, 지금은 그 전환의 기반을 공정하고 투명하게 구축할 수 있는 결정적 시점에 있다.

기업들의 넷제로 선언 증가, 이행이 중요하다

기업들의 넷제로 선언, 빠른 확산

기후변화 대응을 위한 국제적 움직임이 강화됨에 따라 국가 차원을 넘어 글로벌 기업들의 넷제로(Net Zero) 선언이 빠르게 확산되고 있다. 「지구온난화 1.5℃ 특별보고서(2018, IPCC)」에 따르면, 파리협정 1.5℃ 목표달성을 위해서는 전 지구의 총 온실가스 배출량은 2010년 대비 2030년까지 최소 45% 감축되어야 하며, 2050년까지 넷제로를 달성해야 한다고 말한다. 넷제로란 대기 중 탄소의 배출과 흡수가 균형을 이룬 상태로 배출량(+)과 제거량(-) 또는 상쇄량이 같아 순(Net) 배출이 '제로(0)'인 것을 의미하는 것으로,[7] 기업들의 넷제로 선언은 기후변화 대응을 위한 책임을 적극적으로 이행하겠다는 의지를 의미한다.

넷제로 선언 기업은 2021년부터 급증하여, 현재 포춘 500대 기업 중 절반 이상이 넷제로 목표를 발표했으며, 금융기관들 또한 투자 포트폴리오 전체에 대한 탄소중립 목표를 잇따라 공개하고 있다. 넷제로 선언은 이제 단순한 마케팅 수단이 아니라 기업의 사회적 책임과 장기적인 생존을 위한 전

---

7) https://media.skens.com/5414

략으로 자리 잡고 있다. 사업의 지속가능성 확보를 위해 현재 운영방식의 리스크 관리 및 새로운 기회 발굴을 위한 기업들의 넷제로 이니셔티브 참여가 본격화되면서, 전세계는 이제 그 선언에 대한 실행을 위한 논의가 활발하게 진행되고 있다. 넷제로 이행의 신뢰도를 높이기 위한 검증된 기준과 계획의 필요성에 대한 공감대가 확산되기 시작한 것이다.

민간 영역의 넷제로에 대한 의지를 표명하기 위해 시작된 '레이스 투 제로(Race to Zero)' 캠페인 참여자는 2025년 3월 기준 3,000개 이상의 기업, 700개 이상의 도시, 30개 이상의 지역, 170개 이상의 투자자, 600개 이상의 고등교육기관 등이 참여하고 있으며, 이들은 전세계 탄소배출량의 약 25%, 전세계 GDP의 50% 이상에 해당한다.[8]

이 외에도 SBTi(Science-based Target Initiative), CA100+(Climate Action 100+), 탄소중립 자산운용사 이니셔티브(Net-Zero Asset Managers Initiative), UN 탄소중립 은행연합(UN Net-zero Banking Alliance), UN탄소중립 보험연합(UN Net-zero Insurance Alliance) 등 다양한 산업에서 민간 넷제로 이니셔티브 활동이 증가하고 있다.[9] 이는 전세계적으로 넷제로를 위한 노력이 확대되고 있음을 보여주고 있다.

민간영역에서 넷제로를 위한 대표적인 이니셔티브인 SBTi는 파리기후협약 달성을 위한 기업 및 금융기관의 과학기반의 온실가스 감축 목표 기준

---

8) https://www.weforum.org/stories/2020/11/business-cop26-themes-zero-carbon-emissions/
9) https://lrl.kr/WkmI

을 제시하고 지침과 방법론을 제공하고 모니터링함으로써 기업의 기후행동을 강화하기 위한 이니셔티브로 2015년 설립 이후부터 가입규모가 급성장하고 있다. 세계자연기금(WWF)과 탄소정보공개프로젝트(CDP), 유엔글로벌콤팩트(UNGC), 세계자원연구소(WRI)으로 비영리 및 정부 기관 등이 설립 파트너 기관으로 현재 전세계 1700개가 넘는 기업이 과학기반 감축목표 수립 및 이행에 동참하고 있다. SBTi는 기업이 2030년 이전에 배출량을 절반으로 줄이고 2050년 이전에 넷제로를 달성하도록 전세계 기업의 참여를 촉구하는데 중점을 두고 있다. 특히 이제는 기업들이 기후 위기를 중대한 재무적 사안으로 인식하기 시작하면서 SBTi와 같은 글로벌 기후변화대응 이니셔티브에 가입하고, 탄소감축을 위한 서약에 동참하고, 기후 대응 관련 경영활동을 공시하는 등 적극적으로 기후대응 관련 경영활동에 참여하는 기업의 수가 급증하고 있다.

현재(2025년 3월 기준) SBTi에 가입한 기업수는 10,478개에 이르며,[10] 이중 1,730개 기업이 2050년까지 SBTi의 넷제로 표준을 지키겠다고 약속했다(2025년 4월 기준). 넷제로 선언 그룹에는 많은 글로벌 대기업, 예를 들어 에너지 기업 바텐팔(Vattenfall), 전자기기 기업 레노보(Lenovo), 모빌리티 IT 기업 우버(Uber) 등이 더 적극적인 탄소제거 활동에 동참하기 시작했다. 국내 기업의 참여율도 2020년 이후 빠르게 증가하는 추세로, 신한금융그룹, SK증권 등 약 68개 기업(2025년 3월 기준)이 SBTi에 가입했다. 우리나라 기업의 SBTi 참여는 꾸준히 증가하고 있으나 전세계 기업들에 비해 한국기업의 참여는 상대적으로 낮은 수준이다.

---

10) https://kosif.org/sbti/

SBTi가 정부와 기업 중심이라면, 투자자 중심의 대표적인 이니셔티브로 CA100+가 있다. 이는 세계 최대의 투자자 협의체 중 하나로 기후변화 대응을 위한 기업 행동을 촉진하기 위해 2017년 조직된 글로벌 투자자 연합이다. 이는 전세계 산업 온실가스 배출량의 약 80%를 차지하는 167개 고배출 기업을 대상으로 넷제로 목표 달성을 촉구하고, 기후 거버넌스 개선 및 기후 관련 공시 강화를 요구하기 위해 설립하였다. 약 700개 이상의 기관투자자가 참여하고 있으며, 이들이 관리하는 자산규모는 약 68조 달러 이상에 달한다. CA100+는 투자자의 자본과 영향력을 활용해 글로벌 다배출 기업들의 변화를 유도하면서 파리협정 목표 달성을 지원하는 중요한 역할을 하고 있다.[11]

이젠 실질적인 행동으로 넘어가야 할 때!

기업들의 선언이 증가하고 있음에도, 실질적인 이행은 여전히 더딘 상태다. 선언과 실제 온실가스 감축 행동 간의 격차가 커지고 있으며, 일부 기업들은 선언 이후에도 구체적인 로드맵이나 감축 방안을 마련하지 못한 채 머물러 있다. 국제사회와 이해관계자들은 더 이상 선언만으로는 충분하지 않으며, 실제 행동과 성과를 요구하기 시작했다. 실제 국가·기업 단위에서 넷제로 선언을 가속화하고 있으나 대부분 실질적인 목표-이행체계 없이 '선언'에 머물러 있는 수준으로, 빠르게 강화되는 사회경제적 압박 속에서 넷

---

11) https://www.impacton.net/news/articleView.html?idxno=2625

* ①기후 관련 공개, ②온실가스
  감축 목표, ③온실가스 감축
  성과라는 세 가지 요소에 걸쳐
  기업의 행동을 평가하여 전체
  넷 제로 등급을 A~F까지 부여
  한다. 배출량 감축의 중요성을
  고려할 때, 전체 넷 제로 등급
  은 전년 대비 1.5℃에 맞춰 온
  실가스 감축을 성공적으로 달
  성했는지에 가장 큰 가중치가
  부여된다.[12]

제로의 실현가능성과 사회적 요구 사이의 간극은 오히려 커지고 있다.

기업의 기후행동 수준에 대한 최근 분석*에 따르면, 실제 대부분의 기업들의 넷제로 목표는 야심차고 측정가능한 목표설정과는 거리가 있으며, 온실가스 감축 성과 역시 낮은 수준인 것으로 나타나 2050년까지의 넷

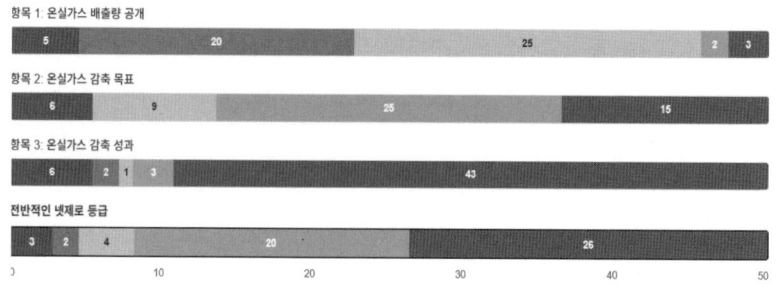

〈표 1〉 2022년 넷제로 평가 등급(100개 기업)

항목 1: 온실가스 배출량 공개 — 51 / 22 / 25 / 2
항목 2: 온실가스 감축 목표 — 1 / 16 / 15 / 52 / 16
항목 3: 온실가스 감축 성과 — 7 / 3 / 22 / 8 / 60
전반적인 넷제로 등급 — 6 / 8 / 23 / 40 / 23

〈표 2〉 2022년 넷제로 평가 등급(55개 기업)

항목 1: 온실가스 배출량 공개 — 5 / 20 / 25 / 2 / 3
항목 2: 온실가스 감축 목표 — 6 / 9 / 25 / 15
항목 3: 온실가스 감축 성과 — 6 / 2 / 1 / 3 / 43
전반적인 넷제로 등급 — 3 / 2 / 4 / 20 / 26

제로 선언과 실제 넷제로 가능성에 대한 격차가 크게 존재하는 것으로 나타났다. 1.5°C 넷제로 목표에 부합하고 기후 위험과 관련된 치명적인 재정적 영향을 피하기 위해서는 긴급하고 야심찬 '조치'가 필요하다. 이를 위해서는 몇가지 해결 또는 개선이 필요한 영역이 있다.

첫째, 실현가능성 문제이다. 전세계 넷제로를 달성하겠다고 선언하는 기업의 수가 증가하고 있는 것은 고무적이나, 그에 상응하는 배출 감축은 매우 더딘 속도로 진행되고 있다. 기업들은 넷제로 선언을 구체적인 행동계획과 연결하고, 투명하게 보고하여 이해관계자들의 신뢰를 얻어야 한다. 이는 사회적 요구일 뿐 아니라 최근 증가하고 있는 기업의 주주들의 요구이기도 하다. 그러나 실제 기후 공약을 한 기업 중 절반 가까운 기업들의 넷제로 목표는 실질적 감축계획이 결여되어 있거나 신뢰성이 낮거나 불분명한 것으로 나타났다. [13] 또한 2023년 기준 전 세계 상장·비상장 상위 2,000개 기업 중 넷제로를 선언한 기업은 27%에 이르렀지만, 이들 중 절반은 실제 배출량을 줄이기보다 오히려 증가시켰으며, 1/3만이 감축을 실현했으나 그 속도는 2050년 목표에 한참 못 미치는 것으로 나타났다. [14] 현 추세대로라면 기업들은 불과 2년여 만에 2050년까지 사용 가능한 '탄소예산'을 모두 소진할 수 있다는 경고도 제기되었다. 지구온난화로 인한 최악의 시나리오를 피하려면 2025년 정점을 찍은 후 2030년까지 매년 약 7%씩 줄어들어야 한다고 분석했다. [15]

---

12) The MSCI Net-Zero Tracker, MSCI. 2024.4
13) Corporate Climate Responsibility Monitor 2024, NEXT CLIMATE, Carbon Market Watch
14) Destination net zero, 2023, accenture

이는 단순한 에너지 효율 개선만으로 달성할 수 없는 수준이며, 공급망 전반에 걸친 구조적 감축 전략과 대규모 기술 투자 없이는 달성 불가능하다.[16]

둘째, 모호한 선언과 이행의 신뢰성 문제이다. 기업들은 책임있는 탄소 감축 활동의 필요성에 대한 공감대의 빠른 확산으로 넷제로를 선언하긴 했으나, 이를 위해서 '무엇을' '어떻게' 해야하는지에 대한 목표와 수단·방법론이 부재하거나 부실한 경우가 많다. 기후행동 100+(Climate Action 100+)는 전 세계 넷제로 선언 기업들의 발표 내용 중 어떻게 목표를 달성할지에 대한 언급이 없는 경우가 상당수 있는 것을 지적한 바 있다.[17] 이는 최근까지 전 세계적으로 기후공시와 환경규제에 대한 룰설정(Rule-setting)이 한창이고, 관련 규제, 표준 등도 매우 많고 복잡하다 보니 기업 자체적으로 이를 따라가기가 어려운 경우가 많은 것이 사실이다. 그렇다 보니, 넷제로 선언에 대한 이행계획을 수립했다 하더라도 공통된 기준이 아닌 기업별 자체적인 기준과 방법론을 기반으로 하는 경우가 여전히 많다. 글로벌 탄소 모니터링 기관인 '넷제로 트래커(Net-Zero Tracker)'에 따르면, 글로벌 기업 2,000개 중 레이스 투 제로의 기준에 부합하는 기업은 4%에 불과한 것으로 나타났다. 레이스 투 제로가 이전 기준보다 강화하여 제시한 '기업탄소중립 기준(Starting Line Criteria)'은 ①2030년까지 탄소배출감축 50% 중간목표 수립 ②2050 탄소

15) The MSCI Net-Zero Tracker, MSCI. 2024. 4
16) https://www.ceopartners.co.kr/news/articleView.html?idxno=14058
17) 넷제로, 선언보다 이행이 중요, 포스코경영연구원, 2023. 07

중립을 위한 단기, 중기, 장기 전환 계획 제시 ③Scope 1-3 배출 모두 포함 ④탄소 상쇄(Offset) 이용 시 방법론 명시 등인데 실제 Scope 3 배출을 포함한 기업은 37%, 탄소상쇄에 관한 방법론을 명시한 기업은 12%에 불과한 것으로 나타났다. [18]

셋째, 기업의 투명성 부족과 그린워싱(Greenwashing) 리스크 문제이다. 이는 기업이 의도적으로 넷제로 선언과 이행계획 및 성과 정보를 누락하거나 모호하게 공개하는 것으로, 기업의 투명성 및 책임성에 대한 문제해결이 시급하다. 기업들은 넷제로를 선언한 뒤 기업 환경성과에 대하여 긍정적인 정보는 공개하고, 부정적인 정보는 비공개하는 선택적 공시(selective disclosure)를 한다거나, 환경성과를 과대포장하는 등 그린워싱에 대한 리스크가 등장하고 있다. 실제 2021년 EU 조사에 따르면 기업들이 이행하고 있는 '그린 온라인 기후행동(green online claims)'의 거의 절반이 과장되거나 거짓임을 발견했다. [19] 2022년 사우스 폴이(South pole)이 실시한 조사에 따르면, 조사 대상 1,200개의 기업 중 1/4이 과학기반 넷제로 배출량 목표를 발표하지 않은 것으로 나타났다. 이는 기업들이 이러한 목표를 설정할 수는 있지만 이에 대해 공개적으로 발표하지 않기로 선택하고 있음을 의미한다. 그린워싱이 점차 대중들에게 이슈화되기 시작하면서 기업의 기후행동에 대한 관행은 점점더 정교해지고 교묘해지고 있다.

---

18) https://www.impacton.net/news/articleView.html?idxno=10259
19) https://lrl.kr/WkmH

이에 따라 EU는 2023년 11월 '그린 클레임 지침(Green Claim Directive)'*을 통과시켜, 넷제로 또는 친환경 마케팅을 주장하려는 기업은 반드시 과학 기반의 제3자 인증을 거쳐야 하며, 이를 위반할 경우 법적 제재를 받도록 하고 있다. 우리나라 또한 환경부를 중심으로 관련 심사지침을 마련하고 규제 체계를 강화하고 있다. [21]

* 그린 클레임 지침(Green Claim Directive) : 넷제로 또는 친환경 라벨을 사용하려는 기업들에게 제3자 독립기관에 의한 과학적인 인증을 요구하며, 이를 어기면 벌금과 제재를 부과한다. [20]

기후위기 대응은 더 이상 선언적 수준에 머물러서는 안 되며, 기업은 이제 탄소 감축의 '책임 주체'로서 기능해야 한다. 생산, 소비, 운송 등 모든 가치사슬 전반에 걸쳐 배출 감축 계획을 수립하고, 그 이행에 필요한 투자와 기술혁신을 병행해야 한다. 「맥킨지」 분석에 따르면, 2050년까지 넷제로를 달성하기 위해 매년 약 9.2조 달러, 총 105조 달러 규모의 글로벌 투자가 필요하며, 특히 탄소집약 산업의 전환에는 막대한 자본이 요구된다. 결국 넷제로의 성공 여부는 선언이 아닌 실행력에 달려 있다. 앞으로의 경쟁력은 선언이 아닌, 감축 목표의 투명성, 실행의 진정성, 그리고 결과의 신뢰성에서 비롯된다. 기후위기 대응은 기업에게 위기가 아닌 기회가 될 수 있으며, 이를 통해 지속가능한 성장의 기반을 확보할 수 있다.

20) https://www.ceopartners.co.kr/news/articleView.html?idxno=14058
21) https://www.impacton.net/news/articleView.html?idxno=6488

탄소시장의 등장, 빠르게 진화하고 있다

탄소시장의 등장과 발전

탄소시장은 기후변화 대응의 핵심적인 경제 수단으로 등장하면서 빠르게 발전하고 있다. 최초의 탄소시장은 1997년 교토의정서에서 부터이다. 이는 청정개발체제(CDM)와 같은 국제적 메커니즘을 통해 모습을 드러냈으며, 이후 EU의 배출권거래제를 비롯해 다양한 국가 및 지역차원에서 활성화되었다. 탄소배출권거래제(ETS, Emission Trading Scheme)는 국제 탄소배출량의 목표치를 설정하고 각 국가에 배출 허용량을 할당한 뒤, 남거나 초과되는 탄소배출량에 대한 거래를 허용하는 것을 의미하며, CDM은 선진국이 개발도상국의 온실가스 감축사업에 투자하여 발생하는 배출 감축분(크레딧)을 자국의 감축실적으로 인정받는 제도를 의미한다.

교토의정서의 출범 이후 탄소시장은 2005년 EU가 배출권 거래제를 시행하면서부터, CDM을 기반으로 활성화되기 시작하였다. EU ETS는 유럽연합 내 국가들이 교토의정서의 기후변화협약에 따라 할당된 감축의무를 달성하기 위해 배출권을 거래할 수 있는 장을 만든 세계 최대의 배출권거래 시장이다. 특히, 유럽의 탄소배출권 거래시장인 유럽기후거래소(ECX)에서 EU ETS는 자체 배출권인 EUA(EU Allowance) 뿐만 아니라, 타 배출권 시장의 크레딧의 사용도 허용하면서 CDM에서 발행된 크레딧 또한 이산화탄소 배출량 처럼 거래될 수 있게 되었다. 즉 탄소배출량 목표를 달성하지 못한 국가나 기업은 탄소배출권을 외부에서 구매할 수 있게 된 것이다. 이는 특히 개발도상국에서 저렴한 비용으로 프로젝트 이행이 가능한 CDM 시장의 거래가 활발해진 계기가 되었다. CDM 크레딧에 대한 수요는 민간 부문에서도 증가하기 시작했고, 이는 대규모의 민간 자본을 탄소시장으로 끌어들이는 효과도 보게 되었다.

CDM 시장의 등장 이후 총 75개국에서 4,500개 이상의 탄소 프로젝트가 착수되었으며, 약 2,150억 달러가 개발도상국이 프로젝트를 이행할 수 있도록 투자된 셈이다.[22] 유럽연합은 적극적으로 탄소시장 활성화를 위해 노력하였다.

그러나 2011년 말부터 급격하게 악화된 유로존의 경기침체로 유럽재정위기가 2013년 이후까지 계속되면서 탄소시장 역시 난관에 부딪쳤다. 경기침체로 인한 제조업 가동률이 떨어져 기업들의 온실가스 배출량 자체가 자연스럽게 줄게되면서 쉽게 온실가스 배출기준을 만족시킬 수 있었다. 이에 따라 탄소배출권의 수요는 줄고, 탄소배출권의 공급만 크게 늘어 수요를 압도하고 있었다. 당시 2013년 4월 말까지 EU의 이산화탄소 감축 목표는 14억t이었는데 이미 비슷한 규모의 탄소배출권이 시장에 풀려있는 상황이었다.[23] 당시 배출권거래제 참가자들의 70%가 실제 배출량보다 더 많은 할당량을 받았다.

이는 EU-ETS 1기(2005~2007) 동안 배출실적에 대한 자료 부실로 인한 예측오류로 산업계의 실제 배출량을 반영하지 못한 이유도 크다. 과도한 배출권 공급은 배출권 가격에 영향을 미쳐 초반에는 약 17파운드에서 거래되던

22) https://www.yna.co.kr/view/AKR20121003061900009
23) https://www.hankyung.com/economy/article/2012100334991

EUA가 2011년에는 6파운드 미만으로 가격이 폭락하게 된다. 또한 중국, 인도 등으로부터 CDM 크레딧이 과잉 공급되면서 톤당 가격이 3달러 미만으로 떨어지게 된다. 2012년, "공급은 넘치고 수요는 거의 없는" 시장이 되면서 탄소시장은 '탄소 공황(Carbon Panic)' 상태로 전환되었다.[24] 탄소배출권 시장이 과도한 공급과 약한 수요 사이에서 붕괴되고 있었다. 실제 전문가들은 단기간에 시장기능을 회복하기는 어려울 것이라고 진단했다. EU 기후변화 대책의 신뢰성에 대해서도 손상을 입을 것이라 우려했고, 배출권 가격 하락문제를 해결하기 위한 근본적인 변화가 필요하다는 공감대가 형성되기 시작되었다.

그럼에도 불구하고 탄소시장은 기후변화 대응의 핵심 정책으로 역할을 할 수 있으며, 그 잠재 발전 가능성이 무궁무진하다고 보았다. 이에 유럽의회는 탄소시장을 실패하도록 내버려두기 보다는 탄소시장 재활성화를 위해 2013년 말 임시적 시장개입을 위한 백로딩(Back-Loading) 정책을 승인했다. 백로딩은 수급조절을 위해 경매될 예정인 신규할당량을 2013~2015년 동안 집중적으로 유보시킨 뒤 이를 2019~2020년에 공급하겠다는 내용이다. EU ETS의 개입은 미국에서도 비슷한 움직임으로 확산되어, 미국 최초 탄소시장 배출권거래시장(RGGI)은 당시 탄소배출한도를 45% 줄이기로 결정하여 공급과잉문제를 일시적으로 해결했다.[25]

탄소가격이 완전히 시장에 의해 결정되도록 하는 것이 아닌 수요에 따라 공급을 조절하는 방식의 일정범위 개입하는 방식의 구조로 (공공이 주도하는) 탄소시장이 발전(진화)하고 있었다.

---

24) https://www.yna.co.kr/view/AKR20121003061900009
25) https://www.dailyimpact.co.kr/news/articleView.html?idxno=4463

<표 3> EU ETS 배출권 가격추이

[자료] 글로벌 탄소배출권 거래제 현황 및 투자전략, 삼성증권, 2021.9

자발적 탄소시장의 성장은 필연적이다

초기 탄소시장은 주로 정부 주도의 규제 기반에서 운영되었으며, 이는 배출권거래제나 탄소세와 같은 강제적 수단을 중심으로 이루어졌다. 그러나 최근 들어 민간 부문을 중심으로 한 VCM이 빠르게 확장되고 있다. VCM은 온실가스 감축 의무와 무관하게, 기업·기관·개인 등이 자발적인 환경책임 이행, 기후 리스크 대응, 지속가능성 마케팅 등의 목적으로 탄소감축 활동에 대한 크레딧을 구매·상쇄하는 시장을 의미한다. 규제 시장과 달리, 참여자 주도의 유연한 접근이 가능하다는 점에서 점차 기후행동의 보완적·확장적 수단으로 주목받고 있다.

이러한 VCM의 부상은 특히 2015년 파리협정의 채택을 계기로 본격화되었다. 파리협정은 지구 평균기온 상승을 산업화 이전 대비 2℃ 이하로 억

제하고, 더 나아가 1.5℃ 이하로 제한할 것을 목표로 설정하였다. 이 협정은 온실가스 감축 노력을 단순한 비용이 아닌 경제적 기회로 전환하는 시장 기반 메커니즘을 제도화하는 데 중점을 두고 있으며, 특히 제6조는 탄소시장 확산을 위한 국제적 기반을 제공한다. 제6.2조는 국가 간 탄소감축 실적의 상호 이전을 허용하는 협력적 접근(CA)을 규정하며, 양자 협정을 통한 유연한 이행 방식을 가능하게 하며, 제6.4조는 CDM을 계승한 지속가능발전 메커니즘(SDM)을 통해, 중앙 기관이 감독하는 신뢰 기반의 감축 실적 인증 및 거래를 가능케 한다. 이러한 조항들은 탄소시장을 과거의 선진국-개도국 간 양방향 구조에서 벗어나, 모든 국가 간 거래가 가능한 포괄적 체계로 전환시키고 있다. 이에 따라 기업과 국가는 공식적으로 인정받는 감축수단으로서 VCM 활용 가능성이 높아지고 있으며, 이는 자발적 시장의 활성화를 이끄는 핵심 요인으로 작용하고 있다.

국제 민간항공 부문에서도 자발적 시장은 중요한 역할을 수행 중이다. 국제민간항공기구(ICAO)가 도입한 CORSIA(Carbon Offsetting and Reduction Scheme for International Aviation)는 국제항공 분야의 배출 증가를 상쇄하기 위한 제도로, VCM에 기반한 탄소상쇄 체계를 구성하고 있다. CORSIA는 다음과 같이 파일럿 단계(2021~2023년), 1단계(2024~2026년), 2단계(2027~2035년)의 3단계로 구분된다. 이는 항공산업 내 탄소크레딧 수요를 폭발적으로 증가시키는 요인이며, 자발적 시장의 제도화된 활용이 확대되고 있음을 보여준다. 2024년 1단계를 시작으로 항공사에게 연간 4,500만~6,100만톤의 탄소를, 1단계 동안 약 1억 600만~1억 3700만 톤의 탄소를 상쇄해야 하며, 이는 글로벌 항공 배출량의 약 34%에 해당된다. 2단계에서는 추가로 5억 200만~13억 톤의 탄소 상쇄가 필요하며, 전체 기간 동안 누적 상쇄 요구량은 최대 14억 3,600만 톤에 이를 수 있다.

또한, 일부 국가에서는 탄소세 및 배출권거래제와 같은 규제제도 내에서 자발적 시장의 크레딧 사용을 허용하고 있어 VCM의 탄소크레딧 수요가 더욱 확대될 전망이다. 예를 들어 싱가포르는 기업이 탄소세 납부 시 국제 탄소크레딧을 최대 5%까지 사용할 수 있도록 허용하고 있으며, 이에 따라 200만~400만 톤 규모의 추가 수요가 발생할 것으로 예측된다. 이는 VCM이 규제 시장과 상호작용하며, 탄소감축의 새로운 보완 수단으로 제도화되고 있음을 보여주는 대표적 사례다.

이와 함께, VCM 성장 잠재력을 높게 평가하는 이유 중 하나는 기업들의 넷제로 동참 증가에 있다, 기업은 NDC 또는 ESG 차원의 넷제로 목표 달성을 위해 기업의 운영과정에서 감축 불가능한 부문에서 발생하는 탄소배출량을 상쇄하기 위해 서로 협력해야 할 필요성이 커졌다. 이렇게 선진국과 개발도상국 할 것 없이 전세계가 모두 감축 의무를 가지면서 각 기후활동 주체가 넷제로에 도달하기 위한 수단, 즉 상쇄를 위한 탄소크레딧을 얻기 위해 필요한 수단으로 VCM의 역할이 부각되고 있다. 넷제로 목표를 달성하기 위해서는 VCM의 등장과 성장은 필연적이라는 분석이다.

TSVCM*에 따르면 파리협정에서 결정한 1.5℃ 경로에 맞추려면, 2030년까지 2020년 대비 탄소상쇄 시장이 최소한 15배, 2050년에는 160배 정도 시장이 확대되어야 한다고 언급한 바 있다.[26]

* TSVCM(Taskforce on Scaling Volun -tary Carbon Markets)은 자발적 탄소시장을 확대하기 위한 글로벌 다자간 플랫폼으로, 자발적 탄소시장의 규모를 확대하고 표준을 확립하는 것을 목적으로 하며, 핵심 탄소원칙 개발, 독립감시기구 출범, 탄소크레딧 품질보증, 시장효율성 및 투명성 강화를 위한 중요한 역할 수행

26) https://www.impacton.net/news/articleView.html?idxno=2585

기후변화 대응은 본질적으로 자발적이어야 한다

기후변화 대응을 강제할 권력은 존재하지 않는다.

기후변화 대응은 초국가적 강제력이 존재하지 않는다는 점에서 본질적으로 자발적인 성격을 갖는다. 국제사회는 강제나 처벌이 아닌 협력과 합의를 통해서만 복잡하고 중대한 기후문제를 해결할 수 있다. 온실가스 감축은 경제적·사회적 비용을 수반하며, 다양한 이해관계가 얽혀 있는 이슈이기 때문에 일방적인 강제 접근은 구조적으로 한계를 가질 수밖에 없다. 따라서 지속가능한 기후 해결책은 자발적인 참여, 유연한 협력, 기술혁신을 통한 공동 대응을 통해 모색되어야 한다.

실제 기후변화에 대한 국제적 대응체계는 법적 구속력을 갖춘 강제적 조약이 아니라, 국가 간 자발적 합의에 기반한 메커니즘으로 발전해 왔다. 이는 과거 교토의정서에서 현재의 파리협정(Paris Agreement)으로의 전환 과정을 통해 잘 드러난다.

교토의정서는 선진국에만 법적 감축 의무를 부과하는 하향식(Top-down) 구조였다. 선진국들은 2012년까지 1990년 대비 평균 5%의 온실가스를 줄이기로 합의했으며, 미국·일본·유럽 등은 각기 상이한 감축목표를 설정했

다. 반면 개발도상국에는 감축 의무가 부과되지 않았고, 선진국의 감축 책임이 강조되었다.[27)]

그러나 문제는 이러한 강제적 접근에는 초국가적 이행 강제력이 존재하지 않는다는 점이었다. 조약 가입과 탈퇴는 국제법상 각국의 자율에 속한다. 이에 미국은 2001년 교토의정서에서, 2019년에는 파리협정에서 탈퇴를 선언했고, 이는 기후 거버넌스에 심각한 공백을 초래했다(이후 바이든 취임 이후 재가입을 하긴 했지만). 따라서 미국 리더십의 신뢰성, 도덕성에는 손상이 갔지만, 그게 다였다. 이후 온실가스 주요 배출국 중 하나였던 미국이 없는 교토의정서의 의미는 퇴색되었고, 이렇게 해서 당시의 기후변화 협약 발효와 이행은 파행했다. 결국 교토의정서는 강제력이 미흡한 상태에서 의무만 부과하려는 구조적 한계를 드러냈고, 실효적인 감축 이행에는 실패했다. 이 경험은 국제기후정책이 규범적 접근만으로는 작동하지 않는다는 교훈을 남겼다.

이러한 반성 위에서 등장한 것이 파리협정이다. 파리협정은 강제나 처벌이 아닌 자발적 이행과 신뢰 기반의 상향식(Bottom-up) 메커니즘을 채택했다. 핵심은 모든 국가가 각자의 여건에 따라 자율적으로 국가 온실가스 감축목표를 설정하고, 이를 주기적으로 보고·갱신함으로써 기후거버넌스의 신뢰성과 유연성을 동시에 확보하는 데 있다. NDC 미준수에 대한 어떠한 처벌 메커니즘도 없고, 목표달성을 위한 국가간 노력 분담에 대한 합의도 없다.

---

27) Future role for voluntary carbon markets in the Paris era, Umwelt Bundesamt, 2020. 1

이에 파리협정은 모든 국가는 온실가스 감축 목표 또는 행동계획을 NDC 형태로 제출해야 하며(제4.2조), 각국은 시간이 지남에 따라 점진적으로 경제 전반의 감축 또는 제한 목표로 나아가야 하며(제4.4조), 목표의 유형, 범위, 기준 등은 국가 자율적으로 결정할 수 있으며(제4.8조), 감축 목표 달성은 법적 강제력이 없으며, 이행을 촉진하기 위한 절차는 비적대적이고 비처벌적인 방식을 따른다(제15조)와 같은 내용을 포함하고 있다. 이처럼 파리협정은 하향식 규범의 한계를 극복하고, 자발적 참여와 국제적 신뢰를 기반으로 한 구조적 전환을 시도하고 있다. 기후위기에 효과적으로 대응하기 위해서는 모든 국가가 자신의 상황에 맞는 책임을 감당하되, 협력적 구조 속에서 지속적으로 상향 갱신된 기여를 이루어야 한다는 방향성이 명확히 제시된 것이다.

〈표 4〉 교토의정서와 파리협정 비교

교토의정서	구분	파리협정
온실가스배출량감축 (1차5.2%, 2차18%)	목표	2℃ 목표 1.5℃ 목표달성 노력
주로 온실가스 감축에 초점	범위	온실가스 감축만이 아니라 적응, 재원, 기술이전, 역량배양, 투명성 등을 포괄
주로 선진국	감축 의무국가	모든 당사국
하향식	목표 설정 방식	상향식
징벌적(미달 성량의 1.3배를 다음 공약기간에 추가)	목표 불이행시 징벌적	비징벌적
특별한 언급 없음	목표 설정 기준	진전원칙
공약 기간에 종료시점이 있어 지속가능한지 의문	지속가능성	종료 시점을 지정하지 않아 지속 가능한 대응 가능
국가 중심	행위자	다양한 행위자의 참여 독려

[자료] 교토의정서 이후 신기후체제 파리협정 길라잡이, 환경부, 2016

<표 5> 파리협정에서의 지속가능한 체제

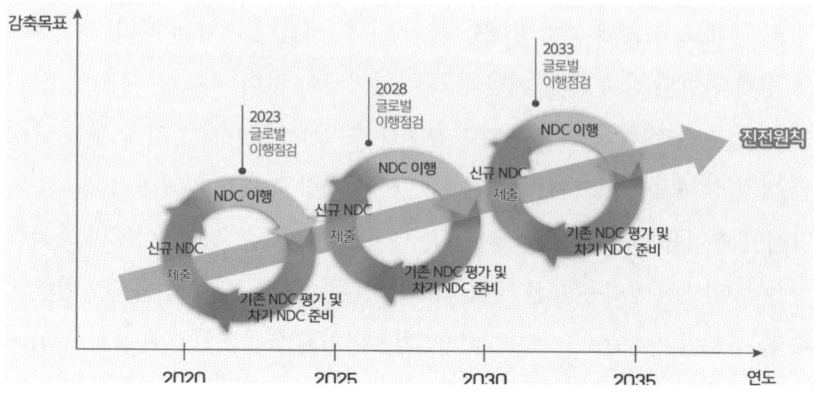

[자료] 교토의정서 이후 신기후체제 파리협정 길라잡이, 환경부, 2016

파리협정은 21세기 말까지 지구 평균기온 상승을 산업화 이전 대비 2℃ 보다 훨씬 아래로 유지하고, 가능하면 1.5℃ 이하로 제한하기 위한 공동의 목표를 제시하고 있다. 그러나 현재 국가들이 제출한 NDC는 이러한 목표를 달성하기에는 상당히 부족한 수준에 머물고 있다. 이에 따라 전 세계는 훨씬 더 야심찬 목표 설정과 함께 보다 빠르고 실질적인 배출 감축 행동이 시급히 요구되는 전환점에 놓여 있다.

이러한 맥락에서 파리협정은 단순한 감축 의무의 분배를 넘어, 기후행동 자체가 국가와 기업 모두에게 기회가 되도록 하는 구조적 설계를 추구한다. 핵심은 각국이 기후위기 대응을 경제적 이익과 산업 전환의 기회로 전환할 수 있는 인센티브 기반 시장 메커니즘을 마련하는 데 있다. 즉, 누가 더 많은 의무를 질 것인가를 놓고 논쟁하는 방식이 아니라, 누가 더 빠르게 혁신을 선점하고 새로운 기후경제 질서에서 경쟁력을 확보할 것인가가 주요 관건이 되고 있다.

이를 실현하기 위해서는 감축 활동을 경제적으로 매력적으로 만드는 정책과 시장 설계가 필요하다. 온실가스 배출에 더 높은 비용을 부과하고, 동시에 친환경 기술 및 저탄소 솔루션이 가격 경쟁력을 갖추도록 유리한 시장 환경을 조성해야 한다. 이는 단순히 '배출하지 말라'는 규제를 넘어서, 감축 활동 자체에 인센티브를 제공하고, 민간 주체의 참여를 촉진하는 긍정적 유인 시스템을 의미한다.

이와 같은 관점에서 파리협정이 강조하는 '자발성'은 단순한 선택의 문제가 아니다. 여기서 '자발적'이라는 개념은 국제사회의 공동목표를 실현하기 위한 책임 있는 주체로서, 참여 여부, 강도, 방식 등을 자율적으로 결정하되, 그 이행과 결과에 대한 사회적·경제적 책임을 감수해야 하는 신뢰 기반의 약속을 의미한다. 이는 '의무'의 외형을 갖춘 규제보다 오히려 더 강한 실효성을 지닐 수 있으며, 참여의 유연성과 다양성을 허용하면서도 실제 행동을 유도할 수 있는 구조적 장점을 지닌다. 우리는 지금, 이러한 자발적 접근이 실제로 규제 중심의 방식보다 더 높은 효과성과 효율성을 보일 수 있다는 것을 정책적으로, 제도적으로, 시장 메커니즘을 통해 입증해내야 하는 시점에 서 있다.

복잡한 문제에 대한 최적의 솔루션을 찾기 위해서

기후변화라는 전대미문의 전지구적 위기상황은 자연과 인간의 삶을 위협하여 빠르고 광범위한 손실과 피해를 가져오고 있다. 너무 복잡하고 거대해서 한눈에 들어오지도 않는다. 각 국가는 이 문제를 해결하기 위한 모든,

최적의 해결수단을 가지고 있지 않으며, 그럼에도 불구하고 위기 대응은 매우 중요하면서 시급해졌다.

시간이 얼마 남지 않았다. 따라서 '최대한' 많은 기후행동 주체들의 '최대한' 적극적인 참여 하에 '최대한' 빠르게, '최대한' 비용효율적으로 문제해결을 위한 '최선의' 수단을 찾아내고 적용해야 한다. 또한 기술·경제적으로 실현 가능한 한도 내에서 NDC를 달성하고, 이 과정에서 어느 한쪽의 희생과 공평성에 미칠 적지 않은 영향(인류의 환경권, 평등권 등 손실과 피해)도 고려하여 포괄적이고 공정한 방식으로 접근해야 한다.

기후활동 주체는 이러한 기후위기에 대응하면서도 지구환경의 수용능력 안에서 경제성장까지 해야하는 이른바 혁신(환경혁신) 해야한다. 이 모든 것의 밸런스가 중요한 어려운 문제이다. 이렇게 기술·경제적으로 실현가능한 한도 내에서 온실가스 감축 목표를 달성하고, 국가간, 국가내에서 환경권, 평등권 등 손실과 피해 영향도 최소화하도록 해야 하는 복잡하면서 다면적인 문제이다.

이러한 복잡한 기후위기 대응에 있어서 상향식의 자발적 방식으로 추진하는 것은 첫째, 법적 의무보다 공식적인 절차·행정 등에 대한 의존도가 낮아지고 갈등이 감소하기 때문에 거래비용이 낮고 빠른 메커니즘이라는 인식에 있다.[28] 둘째, 목표 달성을 위한 보다 많은 유연성을 제공한다는 사실을 반영한다. 셋째, 무엇보다 이러한 문제의 이해당사자간(이해당사국)의 합의를 기반으로 해결하는 것이 중요하기 때문이다. 자발적 합의, 상호간의

---

28) Bryden, Anna, et al. "Voluntary agreements between government and business— a scoping review of the literature with specific reference to the Public Health Responsibility Deal." Health Policy 110. 2-3 (2013): 186-197.

약속에 따라 가능한 비용 절감과 상호이익이 되는 합의, 즉 윈-윈 상황의 잠재력을 창출할 수 있을 것이라 보기 때문이다. 각 기후행동주체(국가 등)가 모두 이러한 최적화 행동에 참여한다면 이 잠재력은 균형있게 발휘될 수 있을 것이다.

기후위기 문제 해결을 위해서는, 즉 기후목표 1.5℃를 달성하기 위해서는 정부가 아닌 기업이 주도적으로 움직이도록 해야 한다. 이를 보다 자발적이고 적극적으로 풀어낼 수 있도록 하려면 이러한 노력을 통한 감축성과에 대한 충분한 보상이 주어지고, 역량있는 기업들 역시 좀 더 적극적으로 기후활동에 앞장설 수 있도록 해야 할 것이다.

또한 자발적 접근방식의 혜택을 충분히 발휘하기 위해서는 자발적 약속에 이행과정 또는 성과(결과) 달성을 기반으로 하는 명확하고 정의된 정량화할 수 있는 목표와 기간, 비교를 위한 기준이 명시되어 진행상황을 평가함으로써 투명성과 신뢰성을 높일 수 있어야 한다. OECD 권고사항에는 명확한 기준선이 명시된 명확한 목표, 강력한 모니터링 시스템, 제3참여, 정보지향적 혜택, 미준수에 대한 제재 및 신뢰할 수 있는 입법 위협 등이 있는 자발적 협약을 개발할 것을 권고하고 있다.[29]

즉 기후목표 달성을 위해 기후활동 주체(기업)의 혁신을 유도하고 사회전반의 사회적 태도 개선하는 등 최적의 솔루션을 찾아가기 위해서는 이러한

---

29) Organisation for Economic Co-operation and Development. Voluntary approaches for environmental policy: An assessment. 1999.

참여촉진, 성과평가, 보상과 제재 등을 모두 고려한 보다 정교한 시장 기반의 자발적 접근 구조 설계가 필요하다.

기후변화 대응, 비용이 아닌 기회

기후변화 대응은 흔히 탄소규제와 같은 부담스러운 비용 문제로 바라보는 경향이 있다. 그러나 실제로는 경제적 기회라는 새로운 시각에서 접근할 필요가 점점 더 커지고 있다. 특히 기후변화로 인해 등장하는 새로운 산업은 기존의 산업 및 경쟁정책 관점에서도 중요한 전환점을 제공하고 있다.[30)]

탄소규제의 경제적 영향 분석은 단순히 비용을 산정하는 것에 그치지 않고 소비, 산업경쟁력, 공급망 등 경제 전반에 미치는 긍정적, 부정적 영향을 모두 종합적으로 고려해야 한다. 예컨대 탈탄소화를 위해 필요한 청정기술을 개발하고 생산하는 유럽의 제조업체들에게는 기후변화 대응이라는 도전이 오히려 글로벌 시장을 선점할 기회로 작용하고 있다. 철강, 알루미늄, 화학 등 에너지와 탄소배출이 집중된 유럽의 전통적인 산업 부문들은 탈탄소 기술의 핵심 소재와 부품을 생산하며 기후변화 대응의 최전선에 위치해 있다. 다만 이러한 산업들이 경쟁력을 유지하면서 탈탄소화를 달성하기 위

---

30) Climate Policy Priorities for the Nest European Commission, CESifo GmbH, 2024

해서는, EU내에서의 공정한 경쟁환경 구축과 함께 무탄소 전력 및 탄소 포집저장(CCS)과 같은 필수 인프라에 보다 용이하게 접근할 수 있는 환경 조성이 필수적이다.

EU가 제시한 야심찬 기후 목표는 정책 설계에 있어 기술중립성과 시장 기반 접근의 중요성을 다시금 부각시킨다. 약 20년 전, 유럽은 미국의 성공적인 ETS 사례에서 영감을 받아 탄소가격과 시장 인센티브라는 유연한 정책 수단을 의식적으로 채택하였다.

교토의정서와 유럽의 EU ETS는 시장 메커니즘이 가져올 수 있는 비용 효율성이라는 강력한 장점을 증명한 바 있다. 그러나 최근 이해관계자의 정치적 영향력과 특정 기술에 대한 지원정책이 증가하면서 불필요한 비용과 비효율성이 발생하고 있다. 특히 최근 들어 탈탄소화 과정에서 세부적이고 제한적인 기술 규제가 증가하면서 오히려 정책적 불확실성이 커지고, 재정적 자원이 효율적이지 않은 곳으로 배분될 위험이 제기되고 있다.

정부의 역할이 시장 실패를 바로잡고 초기 단계의 기술을 지원하는 데 필요한 것은 사실이지만, 성숙한 기술단계에서는 시장 메커니즘을 최대한 활용해 비용 효율적으로 탈탄소화를 추진하는 기술 중립적 접근방식으로 전환하는 것이 필요하다. 특히 국가의 경제 개입은 장기적인 사회적 영향을 신중하게 고려하여, 절대적으로 필요한 분야로 한정하는 것이 바람직하다. 이미 많은 기업과 시민들이 과도한 규제와 행정적 부담으로 인한 피로감을 경험하고 있기 때문에, 공공 부문의 개입은 반드시 필수적인 영역에 한정되어야 한다.

기후변화는 본질적으로 전 지구적 과제로, 기후 보호라는 공공재 특성상 국가 개입이 필수적이다. 이는 시장 경제의 행위자들이 온실가스 배출로 인한 외부효과를 자체적으로 고려하지 않을 가능성이 크기 때문이다. 그러나 국가 개입이 불가피하다고 하여 시장의 역할을 약화시키는 것이 아니라, 오히려 시장 기반 접근 방식을 활용하여 경제 전체의 탈탄소화 비용을 최소화해야 한다. 이러한 균형은 향후 정책 검토와 새로운 정책 제안 과정에서 반드시 고려되어야 하는 핵심 사항이다.

EU는 이미 유럽 그린딜을 통해 약 1조 유로 이상의 녹색투자 계획을 발표했으며, 이는 탈탄소화를 위한 강력한 경제적 추진력으로 작용할 것이다. 그러나 최근 EU ETS의 시장기반 신호가 규제 증가로 인해 희석된 사례는 시장 중심 정책의 중요성을 다시금 강조한다. 명확한 시장 신호와 기술 중립성을 바탕으로 한 유연한 접근방식이야말로, 유럽 경제가 탈탄소화 목표를 가장 효율적으로 달성할 수 있는 최적의 방법이다.

결국, 기후변화 대응을 비용이 아닌 경제적 기회로 바라보고, 시장 메커니즘과 국가의 전략적 역할 간의 균형을 맞추는 것이 유럽뿐 아니라 전 세계적으로 탄소중립을 실현할 수 있는 가장 현명한 길일 것이다.

자발적 탄소시장 없이 기후목표 달성은 불가능하다

NDC를 달성하면 기후목표 1.5℃를 달성할 수 있는가?[31]

파리협정체계 하에서는 기후목표 1.5℃를 달성하기 위해 당사국으로 참여하고 있는 국가들은 '야심찬' NDC(감축목표 : Nationally Determined Contributions)를 제출하고, 그 약속을 지키도록 하기 위해 주기적으로 이행상황을 점검하고 있다.

그렇다면 각 국가가 제출한 감축목표가 파리협정 목표달성에 필요한 만큼 충분히 야심찬 수준일까? 그렇지 않다. 국제사회의 대응속도는 기후변화를 따라잡지 못하고 있다. 실제 기후위기 대응이 세계적인 의제로 설정되며 각국이 온실가스 감축목표를 설정하고 움직이고 있지만, 지금 2024년 화석연료 사용으로 배출된 온실가스는 전년 대비 0.8% 증가한 374억 tCO_2e 로 또다시 사상 최고치를 경신했다.[32] 즉 파리협정에 따라 각 참여국이 제출한 국가 기후목표인 NDC를 종합해 보면, 모든 국가들이 제출한 NDC 목표를 달성할지라도 글로벌 기후목표인 1.5℃ 경로에 비해 약 220억 tCO_2e

---

31) Raising climate ambition with carbon credit, perspectives climate group, 2023.06.21
32) https://www.netzeronews.kr/news/articleView.html?idxno=1690

이상의 이산화탄소가 더 배출될 것으로 나타나[33] 1.5℃ 목표와 NDC간의 야망 격차가 있는 것으로 나타났다(아래 그림의 붉은색 영역). 또한 국가들이 제출한 NDC 마저도 계획대로 이행되고 있지 않은 것으로 나타나 NDC 목표와 목표 달성에 필요한 조치 사이의 행동 격차 역시 존재하는 것으로 나타났다. [34]

〈표6〉 파리협정에서의 행동격차와 야망격차

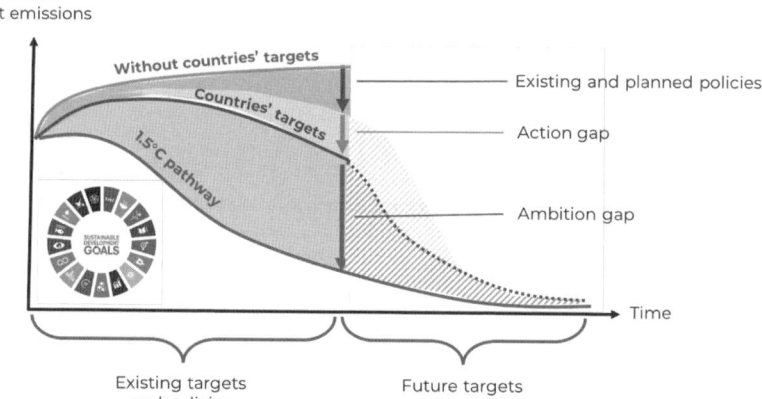

[자료] Action and ambition gaps (Adapted from Laine et al. 2023)

---

33) https://www.unep.org/interactives/emissions-gap-report/2023/#section-4
34) Raising climate ambition with carbon credit, perspectives climate group, 2023.06.21

이는 1.5℃ 목표 달성을 위해서는 모든 부문에서, 모든 주체들의 기후행동을 강화하고 가속화해야 함을 의미한다. 각 국가는 야망격차를 줄이기 위해 목표를 보다 상향할 수 있어야 하며, 행동격차를 줄이기 위한 정책과 조치 또한 강화하는 것이 1.5℃ 목표 달성을 위해 필수적이며 시급하다.

1.5℃를 달성하기 위해서는 시장 메커니즘이 필요하다.[35]

온실가스 감축을 위한 여러 가지 수단 중 감축행동을 가속화 할 수 있는 도구 중 하나로 탄소시장(Carbon market)이 있다. 이는 실제 어떻게 사용되고, 반영·처리되느냐에 따라 기존의 정책 및 계획을 이행하고, 정책 자체를 보완하여 행동격차를 해소하거나, 국가 목표를 넘어서는 감축(완화) 지원을 통하여 야망 격차를 해소하는 역할을 할 수 있다.

탄소시장은 배출허용량 의무를 준수하는데 사용되는 배출권거래제(cap-and-trade)와 자발적 목적으로 사용될 수 있는 탄소크레딧(carbon credit) 프로그램이 있다. 이에 탄소크레딧 프로그램은 계획된 정책을 준수하기 위해 사용될 수도 있고, 이러한 정책을 넘어 국가 목표에 기여함으로써 행동격차를 해소할 수도 있다. 이는 국가 정책과 목표를 강화할 수 있는 길을 열어줌으로써 간접적으로 야망 격차를 줄이는데 기여할 수 있다. 국가 목표에 반영되지 않는 탄소크레딧은 글로벌 야망(야심찬 목표수준) 제고에 직접적으로 기여함으로써 글로벌 야망 격차를 해소할 수 있다.

---

35) Raising climate ambition with carbon credit, perspectives climate group, 2023. 06. 21

기후목표 달성을 위해 각 국가의 사회 각 계층이 수행해야 할 역할이 있지만 실제 가장 중요한 행동(혁신) 주체는 기업이다. 기후위기의 원인 제공자가 기업이고 기업이 이 문제해결의 핵심 주체라면, 기업이 피동적으로 온실가스 감축을 줄이도록 강제하는 규제적 접근이 아니라 시장 메커니즘 기반의 감축성과에 대한 충분한 보상을 통해 자발적으로 감축을 촉진할 수 있도록 하기 위한 시스템이 만들어져야 한다.[36] 정부는 기업의 혁신 없이는 기후위기 대응이 어렵고, 기업은 정부의 정책 없이는 혁신의 시장도입을 성공적으로 이끌어 내기가 어렵다. 왜냐하면 아직까지 기업에게는 환경이슈가 비용으로 인식될 뿐 사업기회로 보기는 어렵기 때문이다. 또한 온실가스 고배출 기업 또는 상품에 대한 패널티를 부과하는 국제사회적 트렌드가 증가하면서 탄소배출이 곧 비용이라는 인식이 만연하다. 기업은 온실가스 감축을 위해 생산 및 운영 시스템을 저탄소 배출구조로 전환하거나, 온실가스를 제거하기 위해 혁신기술을 개발·도입 해야하며, 정부는 이러한 기업의 자발적 참여를 유인할 수 있는 구조를 만들어 주어야 한다. 그래야만 실제 감축역량이 있는 기업들이 온실가스 감축에 앞장서고, 더 줄일 여력이 있는 기업의 경우 추가적인 감축을 유도함으로써 최대한 감축효과를 만들어낼 수 있다.[37]

탄소크레딧 시장은 탄소크레딧 구매를 통해 추가 감축을 지원하고자 하는 구매자와 탄소크레딧 판매 수익으로 추가 감축을 제공할 수 있는 판매자

---

36) https://www.etnews.com/20220914000131
37) https://www.etnews.com/20220914000131

를 연결한다. 탄소크레딧은 검증된 추가 감축 또는 제거한 온실가스에 대해 거래 가능한 '영수증' 역할을 하며, 판매자에게는 금전적 보상(크레딧 가격)을, 구매자에게는 결과를 증명할 수 있는 기회를 제공한다. 공공 및 민간기관은 VCM에서의 탄소크레딧 구매를 통해 추가 감축을 지원할 수 있다.

VCM은 탄소크레딧을 자발적으로 구매하고 사용하는 시장을 말한다. 이러한 탄소크레딧은 다양한 용도로 사용할 수 있는데 국가는 일반적으로 규정준수에 사용할 수 있는 탄소크레딧을 구매하여 NDC에 사용하는 반면, 이외 기후행동 주체(기업 등) 자발적 기후 목표를 달성하거나 자발적 기후 관련 주장을 하는 등 다양한 목적으로 사용할 수 있다. 이러한 시장 기반 협력은 기후행동의 비용 효율성을 높여 동일한 자원으로 더 많은 감축을 달성할 수 있으며, 절감된 비용을 추가 감축에 투자하면 더 많은 감축을 달성할 수 있도록 유도한다.[38]

즉 시장기반의 협력은 비용효율성 뿐만 아니라 민간부문의 혁신과 자원을 활용하여 아직 개발되지 않은 감축(혁신) 잠재력과 정책 격차를 파악하고, 가격 책정, 새로운 솔루션 테스트, 정량화 방법론 개발, 기술 및 지식 이전, 실행을 통한 학습을 통한 역량 구축을 통해 감축을 촉진할 수 있다. 이를 통해 구매자는 더 높은 목표를 달성하고 해당 국가의 목표와 정책을 강화할 수 있는 기반을 마련할 수 있다.

---

38) IETA, University of Maryland and CPLC (2019): The Economic Potential of Article 6 of the Paris Agreement and Implementation Challenges

기업의 넷제로 달성을 위해 자발적 시장이 필요하다.

기업들은 생산 및 운영과정에서 온실가스 감축을 위해 노력한다고 해도 해결할 수 없는 영역이 있다. 일부 산업의 경우 재생에너지를 100% 사용한다고 해도 완전히 탄소배출을 줄일 수 없는 부분이 있다. 예를 들어 발전회사의 경우 화석연료 발전을 멈추지 않는 이상 직접배출량(Scope 1)을 제로(0)로 만들기 어려울 것이며, 비상발전기나 보일러처럼 회사 가동을 위해 사용하는 배출량(Scope 2)을 제로(0)로 만들 수가 없다. 게다가 직접적 탄소배출량을 아무리 최대로 줄인다고 해도, 기업의 규모가 커질수록 가치사슬 상 다양한 협력사가 사업에 연관되어 있기 때문에 간접적 배출(Scope 3)이 있을 수 밖에 없다.

기업이 넷제로를 달성하기 위해서는 이러한 간접적 배출도 추적하고 관리해야 하는데, 직접적으로 해당기업이 관여하는 부분이 아니기 때문에 모든 부분에서 직접 탄소감축을 설계하는 것은 불가능하다. 따라서 기업의 손이 닿지 않는 부분 또는 사업 운영에 있어 탄소감축이 불가능한 부분에서 발생하는 탄소배출량을 상쇄하기 위한 수단(외부에서 인증받은 탄소크레딧)이 필요하다. 이러한 탄소크레딧을 얻기 위해 필요한 핵심수단이 VCM이 될 수 있다. VCM은 정부 정책만으로는 충분하지 않은 기후 대응의 공백을 메우며, 기업들이 온실가스 배출 감축에 자율적으로 참여할 수 있는 실질적인 수단을 제공한다.

실제 SBTi는 최근(2024. 4) 탄소감축이 기업의 운영 또는 공급망 파트너와 직접적으로 연계되어야 한다는 기존의 SBTi의 입장에서 벗어나, 과학적 증거에 기반한 정책, 표준 및 절차가 적절하게 뒷받침 되기만 한다면 Scope 3 배출량 저감 목적으로의 탄소크레딧 사용을 추가적인 도구로 사용할 수 있음을 인정하겠다는 성명을 발표하였다.[39] SBTi는 그간 탄소크레딧의 영향

을 추적하고 계산하기 어렵다는 이유로 기업의 탄소크레딧 포함을 허용하지 않아왔다. [40]

현재 내부 반발 등의 이유로 탄소크레딧 허용 가능성에 대해서는 재검토를 하고 있는 상황이이긴 하나, 이러한 SBTi의 발표는 양질의 탄소크레딧에 대한 수요를 활성화하고 독립적인 프로젝트 수준 평가의 역할을 인정함으로써 탄소시장과 기후행동 확장을 통해 1.5°C로의 전환을 가속화하는 데 있어서 중요한 진전이라 볼 수 있다. 이러한 발전은 더 많은 기업이 야심찬 지속가능성 목표를 향한 일정을 앞당기는 데 있어서 탄소시장의 힘에 대한 과학계의 큰 신뢰를 의미한다. 현재 81%의 기업이 배출량에 대해 아무런 조치를 취하지 않고 있지만, 더 많은 기업들이 이제 장기적인 탈탄소화 전략의 일환으로 고품질 탄소크레딧 사용에 유인될 수 있을 것이다.

실제 지금까지 SBTi가 상쇄크레딧을 인정하지 않았기 때문에, 크레딧을 구매하는 기업의 대다수가 넷제로 서약을 하지 않은 것으로 분석하고, 상쇄크레딧이 인정되면 크레딧 구매 기업 중 두배 이상의 기업이 넷제로 목표를 승인 받을 것으로 예측한 바 있다. [41]

기업들은 혁신을 통해 탄소배출을 완전히 없애기 위한 장기적인 솔루션에 투자하는 동안 탄소 상쇄를 위해 탄소크레딧을 사용할 수 있도록 함으로써 기업이 기후행동에 의미있게 계속 참여하고, 중요한 향후 10년 내에 실행 가능한 솔루션에 자금을 지원할 수 있는 기회가 될 수 있을 것이다.

---

39) https://www.greenbiz.com/article/sbti-yes-companies-can-use-carbon-offsets-abate-certain-scope-3-emissions
40) https://www.greenbiz.com/article/read-leaked-protest-letter-sbti-staff-angry-over-new-carbon-offset-policy
41) https://www.impacton.net/news/articleView.html?idxno=11502

모든 기업이 동일한 수준의 직접적인 탄소 감축 활동에 참여하길 기대하는 것은 현실적으로 어려운 일이다. 기업마다 감축에 드는 비용이 크게 다르기 때문에, 특히 감축 비용이 높은 기업에게는 상당한 부담으로 작용할 수 있다. 이러한 상황에서 탄소시장은 감축 참여의 장벽을 낮추고, 보다 많은 기업이 효율적으로 탄소 감축에 동참할 수 있도록 돕는 유용한 수단이 될 수 있다.

예를들어 A기업이 1톤의 탄소배출량을 줄이는 데 드는 비용을 10원, B기업은 100원, C기업은 1000원이라고 가정했을 때, 세 기업이 각각 1톤씩 감축하면 총 3톤을 감축하는 데는 총 1110원(10+100+1000)이 든다. 그러나 탄소시장에서 A기업이 탄소크레딧을 발행하고 이를 B기업과 C기업이 톤당 10원에 구매한다고 하면, 동일한 3톤의 감축을 단 30원의 비용으로 달성할 수 있다. 동일한 환경적 효과를 훨씬 적은 비용으로 실현하는 셈이다. 이는 탄소시장이 단순히 배출량을 줄이는 도구라기보다, 감축 비용을 최소화해 기업의 참여를 유도하는 효율적 메커니즘임을 보여준다. 즉, 탄소시장은 환경적 목표와 경제적 현실 사이의 간극을 메워주는 전략적 도구로 기능할 수 있다.

특히 이러한 탄소시장 메커니즘은 국제 거래 차원에서 더욱 큰 효과를 발휘한다. 예를 들어, 한국이나 일본처럼 고효율의 기계 설비를 사용하는 제조업 중심 국가들은, 유럽이나 미국에 비해 탄소 감축에 드는 한계 비용이 상대적으로 높게 나타나는 경향이 있다.

이는 후발 산업국가들이 이미 에너지 효율이 높은 첨단 설비를 보유하고 있어, 추가적인 효율 개선 여지가 제한적이기 때문이다. 반면, 상대적으로 저효율 설비를 유지하고 있는 국가들은 동일한 수준의 감축을 훨씬 낮은 비용으로 달성할 수 있다.

MIT의 데니 앨러만(Denny Ellerman) 교수가 1998년에 발표한 연구에 따르면, 국가별 탄소 감축의 경제적 격차가 분명하게 드러난다. 해당 논문은 주요국의 '탄소배출 한계감축비용(Marginal Abatement Cost)'을 분석했으며, 그 결과 미국은 탄소 배출량의 10%를 감축하는 데 톤당 약 10~20달러가 드는 반면, 일본은 톤당 약 100달러가 소요되는 것으로 나타났다. 이는 무려 5배에서 10배 가까운 비용 차이다. 이러한 구조적 요인 때문에, 한국과 같은 국가에서는 자국 내에서 직접 탄소를 감축하기보다는, 감축 비용이 낮은 해외 국가에서 탄소크레딧을 구매하는 것이 경제적으로 더 효율적인 선택이 될 수 있다. 이는 국내 감축보다 국제 탄소시장 참여를 통해 보다 저렴한 방식으로 동일한 환경적 효과를 달성할 수 있다는 의미이기도 하다.

따라서 탄소시장을 국제적으로 확장하고, 국가 간 거래가 원활히 이루어질 수 있도록 제도적 기반을 마련하는 것이 중요하다. 이러한 글로벌 탄소크레딧 시장의 발전은 기업들의 자발적이고 지속가능한 기후 대응 활동을 촉진하는 핵심적인 동력이 될 수 있다.

<표 7> 탄소배출 한계감축 비용곡선

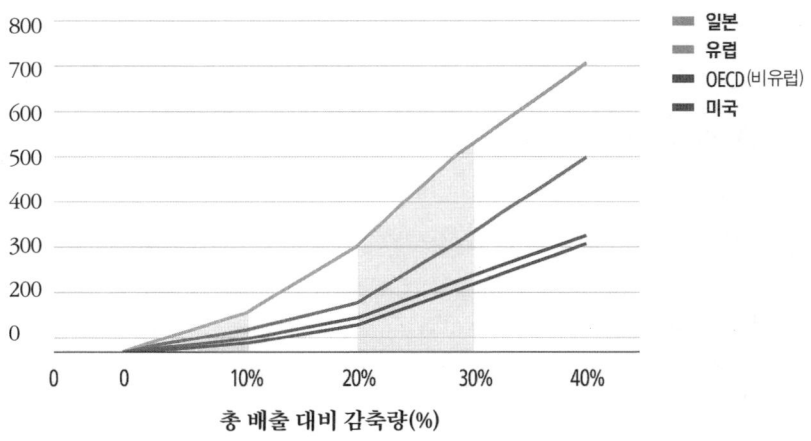

총 배출 대비 감축량(%)

[자료] MIT 공대 지구변화 과학 및 정책 연구소

PART 2

자발적 탄소시장,
어떻게 작동하는가?

자발적 탄소시장 생태계는 어떻게 구성되는가?

자발적 탄소시장의 주요 플레이어

자발적 탄소시장(VCM : Voluntary Carbon Market)은 기업들이 자발적으로 탄소배출량의 일부 또는 전부를 상쇄하기 위해 탄소크레딧을 구매할 수 있는 시장이다. 이 시장에서의 탄소크레딧은 발행→거래→만료(retirement)의 수명주기를 가진다. 이러한 크레딧의 생애주기를 가능하게 하기 위해 VCM에는 다양한 이해관계자가 참여하며, 이들은 탄소크레딧의 발행, 거래, 만료 과정을 전문적으로 지원한다.

특히 탄소크레딧이 시장에 진입하기 위해 반드시 거쳐야 하는 핵심 주체들은 ① 탄소크레딧 발행과 만료의 전체 관리자인 '탄소크레딧 발행기관(Standard 또는 Registry)'과 ② 제3자로써 프로젝트를 모니터링하는 '검증기관(VVBs, Validation & Verification Bodies)', 그리고 탄소크레딧의 거래에 직접적으로 참여하는 플레이어로써, ③크레딧을 공급하는 '프로젝트 개발자(Project Developer)'와 ④크레딧의 수요자인 '탄소크레딧 구매자'의 4개의 핵심주체로 구분된다.

탄소크레딧이 발행되기 위해서는 프로젝트 개발자가 감축 프로젝트를 설계·운영한 후, 검증기관의 감축 실적 검토와 탄소크레딧 발행기관의 인증을 거쳐야 한다. 이러한 절차를 통해 공식적으로 발행된 탄소크레딧은 시장

<표 8> 자발적 탄소시장의 주요 플레이어

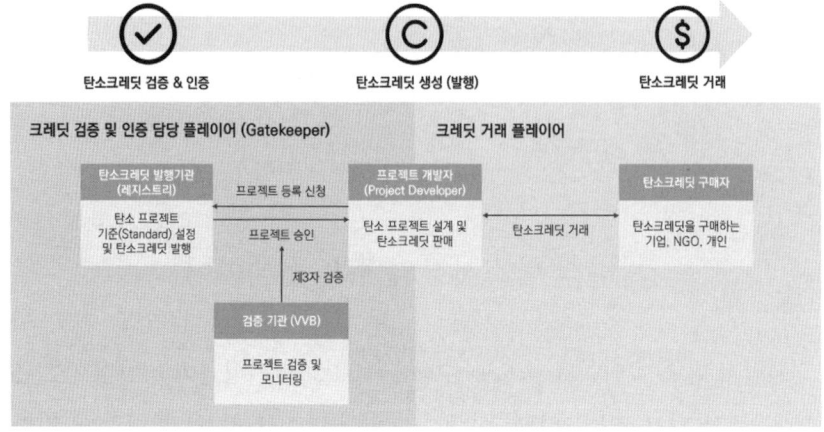

에서 거래될 수 있으며, 이때 소유권은 프로젝트 개발자에서 구매자로 이전된다.

구매자가 해당 크레딧을 자사의 온실가스 배출 감축 실적으로 보고하고자 할 경우, 이를 '만료' 처리해야 한다. 만료된 탄소크레딧은 다시 거래되거나 타 기업에 의해 사용될 수 없도록 시스템 상에서 완전히 소멸 처리된다. 이는 중복 사용을 방지하고 감축 실적의 신뢰성을 확보하기 위한 핵심 장치이다.

주요 플레이어간의 상호관계

탄소크레딧을 둘러싼 4개 플레이어들의 상호관계는 크게 탄소크레딧의 발행 전과 후로 구분할 수 있다. 먼저, 탄소크레딧이 발행되기까지의 단계에서는 검증과 인증 절차가 핵심이며, 이 과정에서 ①탄소크레딧 발행기관↔검증기관, ②프로젝트 개발자↔검증기관, 그리고 ③프로젝트 개발자↔탄소크레딧 발행기관의 세 가지 주요 관계가 형성된다. 먼저, ① 탄소크레딧 발행기관↔검증기관에서 발행기관은 검증기관의 평가 결과를 바탕으로 크레딧 발행 여부를 결정하며, 검증기관은 표준에 따라 프로젝트를 평가한다. ② 프로젝트 개발자↔검증기관에서 프로젝트 개발자는 자신이 설계·운영한 감축 프로젝트의 성과를 입증하기 위해 검증기관에 자료를 제공하고, 현장 점검 등을 수용한다. ③ 프로젝트 개발자↔탄소크레딧 발행기관에서 프로젝트 개발자는 감축 실적이 인증되면, 이를 바탕으로 발행기관에 탄소크레딧 발행을 신청하고 등록 절차를 진행한다.

탄소크레딧이 발행된 이후 시장에서 거래되는 단계에서는 2개의 상호관계, 즉 ① 크레딧 판매자(프로젝트 개발자)↔크레딧 구매자, ② 크레딧 판매자 & 구매자↔탄소크레딧 발행기관의 두가지 상호관계가 중심이 된다. ① 크레딧 판매자(프로젝트 개발자)↔크레딧 구매자는 감축 실적을 기반으로 발행된 탄소크레딧은 시장에서 거래되며, 이를 통해 개발자는 수익을, 구매자는 배출량 상쇄 수단을 확보한다. ② 크레딧 판매자 & 구매자↔탄소크레딧 발행기관은 거래 내역이 발행기관의 시스템에 등록되며, 크레딧이 최종적으로 사용되어 만료되는 과정까지 발행기관이 관리한다.

다음 〈표 9〉는 탄소크레딧의 라이프사이클에 따른 4개의 주요 플레이어들의 활동을 시간 순서로 보여주고 있으며, 그림 하단에는 각 단계별 상호관계 및 역할에 대해 자세히 설명하고자 한다.

<표 9> 자발적 탄소시장의 주요 플레이어 간 상호관계

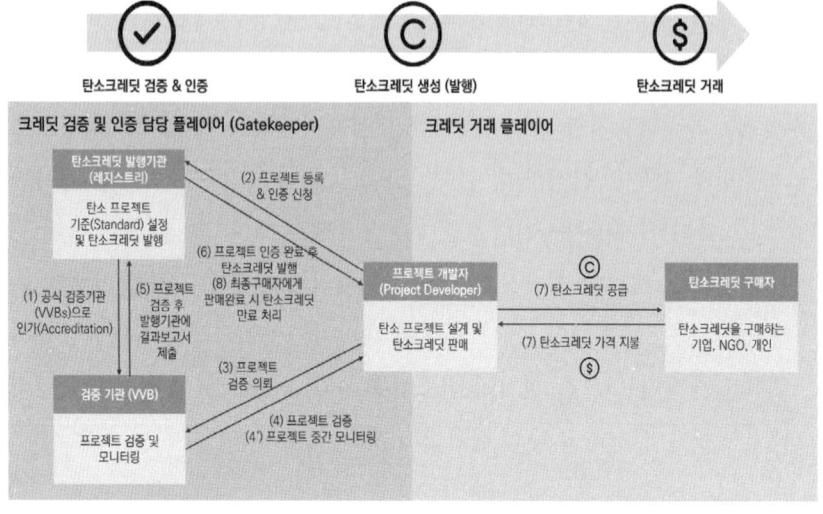

공식 검증기관 승인

검증기관(VVBs)은 탄소크레딧 발행기관의 승인을 받아 공식 검증기관 리스트에 올라야만 해당 발행기관에 등록되는 프로젝트를 검증할 수 있는 권한이 주어진다. 승인을 위해 서비스 수수료를 지불하며, 승인 후 연간 수수료를 통해 자격을 유지한다.

프로젝트 등록 및 인증 신청

프로젝트 개발자는 탄소크레딧 발행기관에 등록 및 인증을 신청한다. 이때 최초 등록 수수료를 지불한다. 수수료는 기관별로 상이하며, 일부 기관은 등록 수수료를 부과하지 않는 경우도 있다. 실제 베라가 등록 수수료가 없는 예에 해당하고, 골드스탠다드는 2,900달러, ACR은 3,500달러, CAR은 500달러 등으로 가격이 천차만별이다.

프로젝트 검증 및 결과보고서 제출

프로젝트 개발자는 공식 검증기관을 선택하여 프로젝트 검증을 의뢰하고, 검증 수수료를 지불한다. 검증기관은 프로젝트를 검증하고 결과보고서를 발행기관에 제출하고 해당 프로젝트를 레지스트리에 등록시킨다. 일부 발행기관은 주기적인 모니터링 검증을 요구하며, 이 경우 좀 더 엄격한 평가를 위해, 일반적으로 처음 검증받을 때와 다른 검증기관을 요구하기도 한다.

프로젝트 인증 완료 후 탄소크레딧 발행

탄소크레딧 발행기관은 프로젝트를 인증한 뒤 탄소배출 감축량에 비례해서 탄소크레딧을 발행한다. 발행 수수료는 발행된 크레딧 수에 따라 결정되며, 기관별로 상이하다. 4대 발행기관을 예로 들면, 베라는 탄소크레딧 1톤당 0.10달러, 골드스탠다드와 ACR은 0.15달러, CAR은 0.19달러를 부과하고 있다.

탄소크레딧 거래: (구매자 → 판매자) 탄소크레딧 가격 지불

발행된 탄소크레딧은 마켓플레이스, 브로커 등 다양한 매개수단을 통해 거래되며, 가격은 프로젝트 유형, 크레딧 품질, 시장 수요에 따라 다양하다. 탄소크레딧 가격은 적게는 톤당 1달러 이하부터 많게는 1,000달러 이상까지 천차만별이며, 2024년 3월 기준 평균 20달러로 추정된다.[42]

---

42) https://about.bnef.com/blog/global-carbon-market-outlook-2024/

최종구매자에게 판매완료 시 탄소크레딧 만료 처리

탄소크레딧을 구매한 기업이나 개인은 이를 만료 처리하여 자사의 탄소 배출을 상쇄시킬 수 있다. 탄소크레딧의 양도나 만료 절차는 모두 레지스트리를 통해 이루어지며, 이 과정에서 계정 생성 및 유지에 따른 수수료가 부과될 수 있다. 최초 레지스트리에 계정 개설시 초기 등록 수수료가 부과되며, 이후에는 연간 수수료를 납부함으로써 거래 자격을 유지한다. 이 수수료는 발행기관마다 다르게 책정되어 있다. 예를 들어 베라(Verra)의 경우 계정 생성 비용은 500달러, 연회비는 2,500달러이며, 골드스탠다드(Gold Standard)는 각각 1,000달러, ACR과 CAR은 각각 500달러씩 부과된다. 이처럼 레지스트리에 납부하는 수수료에는 탄소크레딧 거래를 위한 기본 서비스가 포함되므로, 크레딧의 양도나 만료 처리 시 별도의 추가 비용은 발생하지 않는다.

프로젝트 개발자

프로젝트 개발자는 탄소크레딧의 공급자로써, 탄소감축 또는 제거 프로젝트를 기획·설계·이행하는 핵심 주체다. 이들은 프로젝트 설계와 문서 준비, 현장 실행, 탄소 감축 실적의 도출 및 탄소크레딧 발급까지 전 과정을 주도한다.

예를들어 베라에 등록된 인도네시아 칼리만탄(Kalimantan) 지역의 습지대의 복원·보전하는 자연기반의 탄소감축 프로젝트인 'Katingan Peatland Restoration and Conservation Project(고유번호 : VCS1477)'는 민간기업 PT. 림바 막무르 우타마(Rimba Makmur Utama, PT. RMU)가 프로젝트 설계·개발부터 이행·운영 관리까지 모두 담당하고 있다. PT. RMU는 해당 지역의 토지를 소유하고 생태계 보존을 목적으로 설립된 기업으로, 기술적 지원을 위해 NGO 및 다른 기업과 협력하나 프로젝트의 소유자이자 제안자로 전체를 관리한다.

프로젝트의 특성과 상황에 따라 하나의 주체가 프로젝트 전 과정을 수행하기도 하지만, 프로젝트 소유자(Project Owner)와 프로젝트 제안자(Project Proponent) 등 서로 다른 다양한 주체가 역할을 나누어 운영하기도 한다. 프로젝트 소유자는 실제로 프로젝트 현장에서 운영을 담당하는 주체로, 예를 들어 산림 소유 및 관리자, 재생에너지 공급기관 등이 될 수 있다. 프로젝트 제안자는 기후활동을 탄소감축 프로젝트로 개발하고, 이를 VCM에서 탄소크레딧으로 발행 받을 수 있도록 하기 위한 인증과정 전체를 진행시키는 주체로, 프로젝트 소유자가 직접 프로젝트 제안자가 되기도 하고, 프로젝트 소유자와 파트너를 맺어 컨설턴트 등 전문 서비스 제공기업이 대신 맡기도 한다. 보통 프로젝트 소유자가 탄소크레딧 시장에 대한 전문지식이나 경험이 없는 경우 이를 전문적으로 담당하는 기업이 대신해서 인증 절차를 지원한다. 간단히 말하자면, 프로젝트 제안자는 건축사에, 프로젝트 소유자는 시공사에 비유할 수 있다. 건축가는 건물의 요구사항, 기능, 안전 등을 고려하여 건축을 계획하고, 시공사는 건물을 실제로 건설하는 과정을 담당하는 것과 유사하다.

또한 탄소 프로젝트 개발도 전문 분야에 맞춰 각자의 역할을 수행하기도 한다. 예를 들면, 베라에 등록되어 있는 인도의 4개 지역에서 기존 화석 에너지를 태양열 에너지를 활용한 재생에너지 탄소감축 사업인 '10.9 메가와트(MW) 태양광 발전 통합 프로젝트(고유번호: VCS1486)'는 제안자가 인피니트 솔루션즈(Infinite Solutions)이며, 소유자는 제이브이에스 수출(JVS Export), 수마 실프(Suma Shilp Ltd.), 닥샤 인프라스트럭처(Daksha Infrastructure Pvt. Ltd.), 포르왈 자동차 부품(Porwal Auto Components Ltd.) 등 4개 재생에너지 공급기관 으로 등록되어 있다. 즉, 이 4개 기관은 각각의 시설에서 재생에너지를 활용한 프로젝트를 운영하고 있으며, 인피니트 솔루션즈(Infinite Solutions)는 이를 통합하여 하나의 탄소감축 프로젝트로 등록하였다. 또한 프로젝트 설계 문서 작성과 검증 절차를 수행함으로써, 전체 프로젝트의 인증 과정 지원과 관리 역할을 담당하고 있다.

최근에는 고품질 프로젝트에 대한 수요 증가로, 프로젝트 실적 검증 이전에 기업들이 사전 계약을 통해 공급량을 확보하거나 개발 단계에 직접 투자하는 방식이 확산되고 있다. 이에 따라 프로젝트 개발자도 단순한 실행 주체를 넘어, 투자자이자 브로커 역할을 수행하는 경우가 늘고 있다. 대표적인 사례로 세계 최대의 프로젝트 개발자이자 판매업체인 사우스폴(South Pole)은 2006년 설립 이후 50개국 이상에서 850개가 넘는 프로젝트에 기후금융을 지원해왔다. 사우스폴은 탄소감축 프로젝트에 선투자한 뒤, 이를 통해 발행된 탄소크레딧을 기업에 판매하는 방식으로 운영되고 있다. 카본펀드(Carbonfund)와 테라패스(Terrapass) 등도 자연 기반 프로젝트에 투자하고, 이를 통해 발행된 크레딧을 시장에서 판매하는 방식으로 활동하고 있다. [43]

---

43) Voluntary Carbon Market Developer Overview 2023-2024, 2024. 2, Abatable

<표 10> 주요 프로젝트 개발자 현황

개발사 이름 (Developer name)	포트폴리오 범위 (Portfolio focus)	프로젝트 유형 (Project type focus)	발행된 크레딧 (Issued credits)
Finite Carbon	국가	IFM	98.28 Mt (71)
Wildlife Works Carbon LLCWildlife Works Carbon LLC	글로벌	REDD	92.09 Mt (48)
Permian Global	지역	REDD, IFM	60.24 Mt (16)
Anew Climate (전 Bluesource & Element Markets)	지역	IFM, CMS, 기타	36.13 Mt (31)
CMA, Cordillera Azul	국가	REDD	31.06 Mt (3)
InfiniteEARTH	국가	REDD	30.58 Mt (1)
South Pole Holding Ag	글로벌	REDD, 산업효율성, 재생에너지	29.09 Mt (69)
ACATISEMA	국가	REDD	27.44 Mt (2)
Terra Global Capital	글로벌	REDD	23.94 Mt (4)23.94 Mt (4)
New Forests	글로벌	REDD	22.44 Mt (22)
Bosques Amazónicos	국가	ARR, REDD	19.28 Mt (6)
CarbonCo	국가	REDD	15.34 Mt (14)
Greenoxx NGO	글로벌	REDD	13.56 Mt (6)
Conservation International Foundation	글로벌	REDD	12.81 Mt (12)
The Nature Conservancy	글로벌	REDD, IFM	11.78 Mt (20)
White Mountain Apache Tribe	국가	IFM	10.64 Mt (1)
Avoided Deforestation Project (Manaus) Limited	글로벌	REDD	10.14 Mt (1)
BioCarbon Partners	국가	REDD	10.01 Mt (5)
Green Assets, Inc.	국가	IFM	9.03 Mt (8)
Oromia Coffee Farmers Cooperative Union	국가	REDD, Cookstoves	9.01 Mt (1)
The Conservation Fund	국가	IFM	8.52 Mt (15)
Guanaré SA	국가	ARR	8.34 Mt (1)
Florestal Santa Maria	국가	REDD	8.11 Mt (1)
AIDER	국가	REDD	8.01 Mt (4)
CKBV Florestal Ltda	국가	REDD	7.65 Mt (1)

프로젝트 개발자들이 VCM에 탄소크레딧을 공급하는데는 크게 두가지 목적이 있다.

첫째, 프로젝트 운영 자금 조달이다. 프로젝트 개발에는 타당성 조사, 설계, 인허가, 인프라 구축, 인력 운영, MRV 시스템 구축 등 막대한 비용이 수반된다. 탄소크레딧은 이러한 초기 및 운영 자금의 핵심 원천이다. 프로젝트 개발자는 탄소 감축 실적을 기반으로 탄소크레딧을 발행하고 이를 시장에 판매함으로써, 수익을 창출할 수 있다. 이 수익은 기존 프로젝트의 유지·보수, 추가 감축 설비의 확충, 또는 신규 프로젝트 개발에 재투자될 수 있어, 탈탄소화 활동의 지속 가능성을 높이는 데 중요한 역할을 한다.

특히 직접공기포집(DAC, Direct Air Capture)과 같은 탄소 제거 기술(Carbon Removal Technologies)의 경우, 초기 연구개발(R&D)과 설비 구축, 상업화까지 막대한 비용이 소요되기 때문에 외부 자금 조달이 절실하다. 탄소크레딧은 이러한 초기 비용을 충당하고 기술을 시장에 안착시키는 데 효과적인 수단이 될 수 있다.

예를 들어, 스위스의 기후기술 기업 클라임웍스(Climeworks)는 직접공기포집 기술을 활용해 이산화탄소를 포집·저장하고, 이를 기반으로 탄소크레딧을 발행한다. 이렇게 발행된 크레딧을 시장에 판매하여 수익을 창출하고, 그 자금을 기술 상용화와 확산에 재투자함으로써 프로젝트의 확장성과 시장 진입 속도를 높이고 있다.

둘째, 초과 감축 실적의 수익화 기회다. 감축 목표를 초과 달성한 기업은 잉여 감축량을 크레딧으로 전환해 판매함으로써 추가 수익을 얻을 수 있다.

프로젝트 개발·운영에는 상당한 자원과 준비가 필요하며, 비용은 자본비용(Capital Costs)과 운영비용(Operating Costs)으로 구분된다.

1. 자본비용 (Capital Costs)
·기술·장비 구매: 프로젝트 구현에 필요한 설비 및 장비 구입(예: 태양광 패널, 풍력터빈).
·토지·부지 확보: 프로젝트 대상지 매입·임차 등(예: 산림보전 부지).
·건설·시설 구축: 프로젝트 사업장 조성 및 설비 구축(건축·시공 포함).
·인증·검증: 크레딧 발급을 위한 설계 문서, 검증, 레지스트리 등록 등 절차 비용.

2. 운영비용 (Operating Costs)
·유지보수·운영관리: 점검·수리 등 설비 유지와 운영 전반 비용.
·탄소크레딧 발행·모니터링: 발행 수수료와 정기 모니터링 보고서 작성 비용.
·인건비: 프로젝트 운영을 위해 필요한 관리자·기술자·운영 인력 급여.
·관리·보험·준법: 보험료, 법률·규제 준수 등 관리 비용.
   · 탄소크레딧 발행 : 인증절차를 걸친 프로젝트는 탄소크레딧을 발행받을 때 그 수만큼 발행비용을 지불하며, 프로젝트 기간동안 지속적인 제출해야 하는 모니터링 보고서 준비에도 비용이 든다.
   · 인건비 : 프로젝트 운영을 위해 필요한 인력을 고용하는 비용이 발생하며, 프로젝트 관리자, 기술자, 운영자 등의 급여가 포함된다.
   ·관리 및 보험 비용 : 프로젝트 관리 및 보험에 필요한 비용이 발생하며, 보험료, 법률 및 규제준수 비용 등이 포함된다.

다음은 프로젝트에 따라 각자 다르게 드는 프로젝트 개발 및 운영 비용을 비교한 표이다.

〈표 11〉 프로젝트 개발 및 운영에 드는 비용 예시

비용 항목	정의	Pearson외 (2013) 기준 추정치	Carbon Co. (2018) 기준 추정치	IRB & WB (2020) 기준 추정치	UNEP (2010) 기준 추정치	FAO (2020) 기준 추정치	이해관계자 인터뷰 기반 추정치
탐색 비용	프로젝트 대상지 및 이해관계자 식별	$0 - $2,500	$10,000	NA	NA	NA	NA
타당성 조사 비용	온실가스 감축 평가 및 사전 보고서(idea note) 작성 포함	$10,000 - $58,000	NA	NA	$20,000 - $35,000	$15,000 - $25,000	$10,000 - $150,000
등록 비용	프로젝트 검증 및 인증, 문서 준비, 등록 수수료 포함	$288,000 - $1,992,000	$280,000 - $375,000 + 발행 수수료 (톤당 $0.09)	NA	$115,000 - $220,000 + 발행 수수료	$85,000 - $170,000 + 발행 수수료	$50,000 - $100,000 + 발행 수수료
모니터링 비용	온실가스 감축 성과를 확인하기 위한 모니터링 시스템 구축 및 제3자 검증	$24,000 - $840,000	$25,000 - $55,000	$114,000	$6,000 - $20,000	$3,500 - $25,000	$10,000 - $35,000

대표적으로 테슬라는 유럽의 평균 연비 규제를 충족하지 못한 자동차 기업들에 탄소크레딧을 판매해 2023년 기준 18억 달러의 수익을 올렸다. 유럽연합은 2021년부터 기업 평균 연비 기준(Corporate Average Fuel Economy, CAFE)을 시행하고 있으며, 이 기준에 따라 자동차 제조사는 신차의 평균 이산화탄소 배출량을 1km당 95g 이하로 유지해야 한다.

이 기준을 초과할 경우, 1g/km당 95유로의 과징금이 부과된다. 실제로 미국자동차혁신연합(AAI)에 따르면, 2027~2032년까지 자동차 업계는 약 140억 달러의 벌금을 부과받을 것으로 추정된다. 내연기관 차량을 주력으로 생산해 온 GM, 피아트 크라이슬러(FCA) 등은 이 기준을 충족하지 못해, 2019년부터 전기차 전용 브랜드인 테슬라로부터 탄소크레딧을 구매하기 시작했다.

테슬라는 자사가 초과 달성한 탄소 감축 실적을 기반으로 탄소크레딧을 대량으로 발행해왔으며, 이를 타 제조사에 판매함으로써 안정적인 수익원을 확보해왔다.[44] 이는 같은 해 테슬라의 전체 순이익에서 큰 비중을 차지했다. 이 사례는 탄소 감축 실적의 수익화가 단순한 환경 목표 달성을 넘어, 실질적인 사업 전략이 될 수 있음을 보여준다.

국내 사례로는 후성이 냉매 가스 감축 실적으로 연간 220만 톤의 크레딧을 발행해 2009년 약 160억 원의 수익을 거두었으며, 휴켐스는 질산 공정에

---

44) https://rdata.kbsec.com/pdf_data/20211122082837690K.pdf

<표 12> 테슬라의 연간 탄소크레딧 판매수익

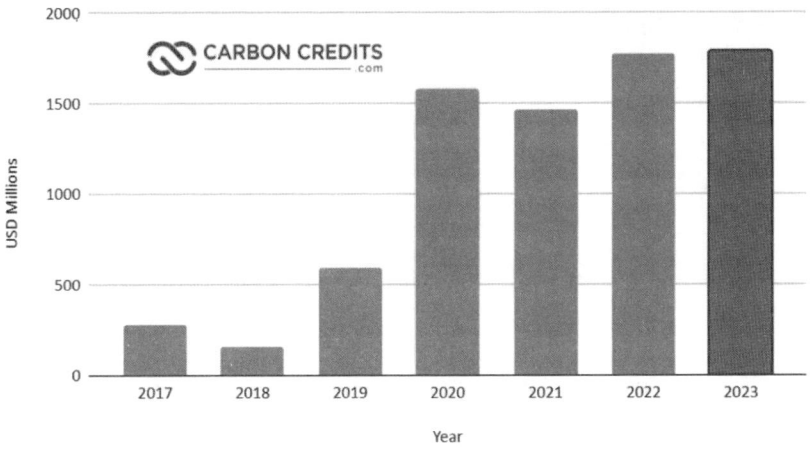

감축 설비를 설치해 매년 15만 톤 규모의 크레딧을 판매하고 있다.

한솔홈데코는 뉴질랜드 조림 프로젝트를 통해 크레딧을 판매하며, 2031년까지 약 55억 원의 수익을 기대하고 있다. [45] [46]

프로젝트 구매자

프로젝트 개발자가 발행한 탄소크레딧은 시장에 공급되며, 개인, 기업, NGO 등 다양한 최종 이용자(End-users)가 각자의 목적과 기준에 따라 이를

---

45) https://rdata.kbsec.com/pdf_data/20211122082837690K.pdf
46) https://m.blog.naver.com/inacien777/222449117303

<표 13> 국내기업 중 CDM 사업으로 확보한 탄소크레딧을 수익화하는 기업들

기업명	감축규모	구매자
후성(구 울산화학)	연간 140만톤	일본 INEOS, Manuberi, 영국 Carbon, Compliance, Acquision 등
로디아	연간 915만톤	프랑스, 일본, 영국, 네덜란드
시화조력발전	연간 31.5만톤	
휴겜스	연간 126만톤	독일 RWE
수도권 매립지 가스	연간 121만톤	
한화	연간 28만톤	일본 미쓰비시
대구방천리 매립지	연간 40.5만톤	
울산 동부한농화학	연간 24.1만톤	영국(N. serve, Johnson Matthey)
제주삼달 풍력	연간 54.4만톤	
카프로 N2O감축사업	연간 66.5만톤	
휴켐스 질산 플랜트	연간 34.2만톤	

[참고] :한국에너지관리공단 CDM 인증센타, KB증권)*주: CDM 사업현황 사업 88개 중 연간 감축량 연간 20만 톤 이상의 프로젝트만 정리

선택해 구매한다. 이때의 '탄소크레딧 구매자'는 단기 수익을 위한 재판매 목적이 아닌, 실제로 구매한 크레딧을 만료시키는 주체를 의미한다. 만료란 해당 크레딧의 고유 일련번호를 레지스트리에서 영구적으로 제거해 더 이상 거래되지 않도록 하는 절차를 말한다.

탄소크레딧의 주된 구매자는 사업 운영 과정에서 발생하는 탄소배출량을 상쇄하고자 하는 기업이며, 이들은 배출량 감축 외에도 지속가능성 이미

---

47) In the Voluntary Carbon Market, Buyers Will Pay for Quality, 2023.9, BCG

지 제고, 브랜드 마케팅 등의 목적을 갖고 시장에 참여한다. [47]

구매자의 유형에 따라 목적도 다양하다. 대기업은 방대한 예산을 바탕으로 가치사슬 전반에서 발생하는 직접 및 간접 배출을 상쇄하기 위해 탄소크레딧을 활용한다. 특히 다양한 공급망에 포함된 협력업체들이 많아 자체 감축이 어려운 범위(scope 3)의 배출에 대한 대응으로 시장 참여가 활발하다. 중소기업은 대기업에 비해 탄소배출량이 적기는 하나, 자체 감축보다는 탄소크레딧 구매가 비용 효율적이어서 탄소시장에 참여하는 경우가 많다.

탄소배출에 막대한 영향을 끼치는 기업들 뿐만 아니라 개인도 탄소크레딧을 이용할 수 있는데, 이들은 환경 보호에 대한 책임 의식과 사회적 가치를 중시하며 크레딧을 구매하는 경향이 있다. 한편, 일부 투자기관 및 금융 전문가들은 탄소크레딧을 잠재적 자산으로 간주하고, ESG투자 및 지속가능성 금융의 수단으로 접근하고 있다. 이들은 탄소크레딧 구매를 통해 환경적 가치를 창출하는 기업들을 지원할 수 있기 때문에 기업들이 기후활동에 적극적으로 참여하도록 촉진하는 데에 큰 영향력을 행사할 수 있다. [48]

현재 탄소크레딧 시장에서 가장 활발한 구매자는 자동차, 에너지, IT, 금융 업종의 글로벌 대기업들이다. 이들이 가장 선호하는 크레딧 유형은 REDD+(Reducing Emissions from Deforestation and Forest Degradation Plus) 프로젝트로, 전체 판매량의 약 52%를 차지한다. 조림·재조림 등 자연기반 솔루션과 신재생에너지 프로젝트도 수요가 높다.

---

48) https://laconicglobal.com/2023/12/voluntary-carbon-markets-the-buyers/

구체적인 사례를 보면, 글로벌 석유기업 쉘은 2020년부터 2022년까지 약 988만 톤의 탄소크레딧을 구매했으며, REDD+, 친환경 쿡스토브, 풍력 발전, 조림 및 산림관리 프로젝트 중심으로 구성되었다. 유럽 최대 자동차 제조업체 폭스바겐은 같은 기간 약 961만 톤을 구매했으며, REDD+, 조림· 재조림, 풍력·지열·수력·태양광 등 다양한 재생에너지 프로젝트를 활용했 다. 마이크로소프트는 약 116만 톤의 탄소크레딧을 구매했으며, REDD+, 조림·재조림, 오존저감, 바이오차 프로젝트 등 다양한 감축 프로젝트를 통 한 구매 전략을 펼치고 있다.

〈그림 1〉 세계 10대 크레딧 구매기업

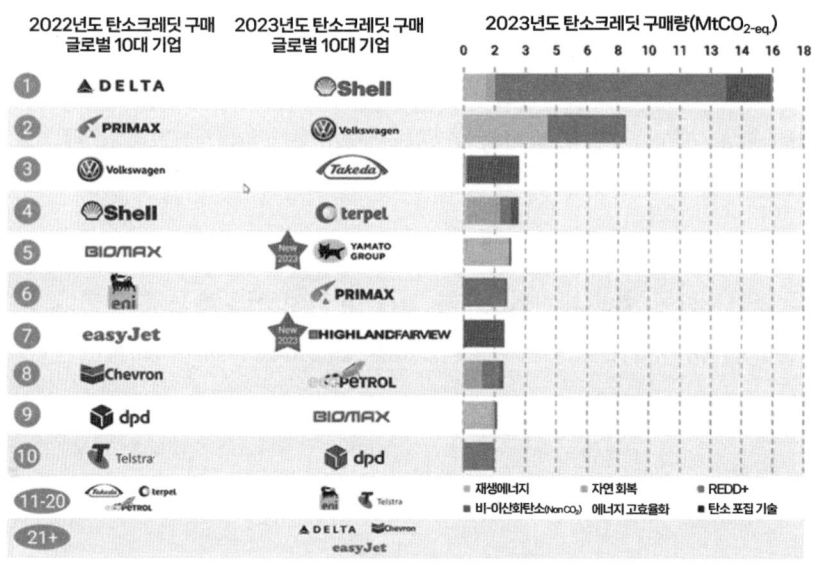

[자료] https://carboncredits.com/carbon-market-chronicles-2023-unveiled-and-2024s-inflection-points/

탄소크레딧 발행기관

탄소크레딧 발행기관은 탄소감축 프로젝트를 인증하고 탄소크레딧을 발행하는 주체로, 레지스트리, 표준화 기구(Standards Body), 탄소크레디팅 프로그램(Carbon Crediting Program) 등 다양한 용어로 불린다. 이들의 주요 역할은 세 가지로 요약된다. 첫째, 프로젝트를 평가하고 검증된 탄소감축 실적에 대해서만 크레딧을 발행함으로써 저품질 또는 허위 크레딧의 유통을 방지한다. 둘째, 표준과 방법론(Methodology)을 개발하고 이를 프로젝트에 적용해 공신력 있는 기준을 제공한다. 셋째, 탄소크레딧의 소유권과 거래 기록을 관리하는 레지스트리 역할을 수행한다.

VCM에서 발행기관은 UNFCCC나 국가기관이 아닌, 민간 주체가 독립적으로 운영하는 것이 특징이다. 발행, 양도, 만료 등의 절차는 각 기관의 자체 규칙에 따라 운영된다. 같은 유형의 프로젝트라도 기관에 따라 평가기준과 방법론이 다를 수 있다. 이를 아이스크림 브랜드와 맛에 비유하면, REDD+라는 맛은 같지만, 베라, 골드스탠다드 등 브랜드마다 레시피가 다른 셈이다.

2020년 이전까지는 베라, 골드 스탠다드, ACR(American Carbon Registry), CAR(Climate Action Reserve)의 4대 기관이 전체 발행량의 80%를 점유하며 시장을 주도해왔다. 현재도 이들 기관은 전체 만료량의 90%를 차지할만큼 거의 독점적인 수준이지만, VCM이 급성장하기 시작한 때인 2020년 이후로 각자만의 특색을 살린 다양한 발행기관들이 등장하기 시작했다.

먼저 4대 탄소크레딧 발행기관에 대해서 간략하게 살펴보면, 세계 최대 탄소크레딧 발행기관인 베라는 2005년 탄소시장의 주요 기관들인 국제배출권거래협회(IETA), 세계지속가능발전협의회(WBCSD), 세계경제포럼(WEF), 국제 비영리 환경단체 클라이밋 그룹(The Climate Group)이 중심이 되어 설립

<표 14> 4대 주요 레지스트리 및 차세대 10개 레지스트리의 연간 탄소크레딧

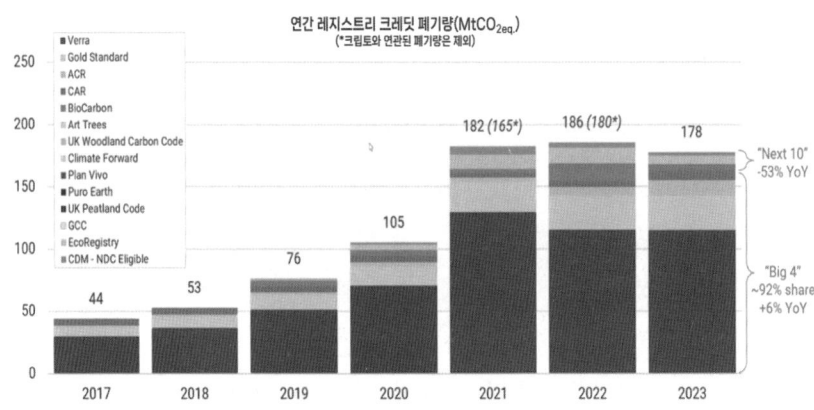

연간 레지스트리 크레딧 폐기량(MtCO$_{2eq}$.)
(*크립토와 연관된 폐기량은 제외)

[출처] https://carboncredits.com/carbon-market-chronicles-2023-unveiled-and-2024s-inflection-points/

되었다. 베라는 표준 및 방법론을 만들고 거의 모든 프로젝트 유형을 커버하고 있는 발행기관 사이의 선두 주자이다. 현재까지 20억 달러(약 2조 6,000억원) 이상의 가치가 있는 10억 톤 이상의 탄소크레딧을 발행해왔다. 이어서 세계에서 두 번째로 큰 골드 스탠다드(Gold Standard)는 2003년 세계자연기금(WWF)과 국제 NGO들이 자발적 탄소 프로젝트의 사회적 영향(예: 지역사회 인력 고용, 건강 증진 등)에 대한 추가적 인증 목적으로 설립되었다. 때문에, 골드 스탠다드는 특히 탄소감축 활동 자체 뿐만 아니라 프로젝트로 인한 사회적 영향(co-benefit)을 인증에 있어 중요한 요소 중 하나로 보고 있다. 이에 따라, 이들은 UN의 SDG 목표*를 충족할 것을 요구하고, 이를 인증과정에 포함시키고 있다.

* 지속가능발전목표: 전 세계 빈곤을 종식시키고 지구를 보호하며, 2030년까지 모든 사람들이 평화와 번영을 누릴 수 있도록 보장하기 위한 17개의 목표로, 2015년 UN에 의해 채택되었다. [49]

또한 ACR은 1996년에 환경보호기금의 지원으로 설립된 세계 최초의 민간 탄소크레딧 발행기관이다. ACR은 자체적인 자발적 탄소시장 운영과 더불어 캘리포니아주의 규제적 탄소시장인 캘리포니아 규제 상쇄 프로그램(California Compliance Offset Program)의 사무국 역할도 함께 수행하고 있다는 점이 특징이다. 또한 2001년 캘리포니아 주가 캘리포니아 기후행동 등록부(California Climate Action Registry, CCAR)를 설립하였다. 온실가스 배출량 등록사업과 탄소크레딧 발행사업을 동시에 운영하던 것을, 2008년 탄소크레딧 발행 프로그램을 북미 전 지역으로 확대할 목적으로 설립한 CAR이 네 번째로 큰 탄소크레딧 발행기관으로 자리잡았다.

위의 4대기관 외에도 퓨로 어스(Puro. Earth)는 탄소 제거 프로젝트만을 다루고 있는 것이 특징이다. 주로 자연 기반의 프로젝트가 아닌 기술을 기반으로 직접적으로 공기 중에서 탄소를 제거하는 프로젝트 유형을 지원하고 있다. 특히, 바이오차(Biochar), 강화된 암석 풍화(Enhanced Rock Weathering), 바이오매스(Biomass) 등 새로운 혁신적인 신기술을 활용한 프로젝트에 대해 공인된 방법론을 개발·제공함으로써 탄소 제거 시장의 발전을 촉진하는 데 중요한 역할을 하고 있다. 이들은 독특하게, 탄소 1톤이 대기로부터 언제 제거되는지 독립적으로 확인하는 탄소제거 인증서(CO_2 Removal Certificate, CORC)를 만들었으며, 이를 대상으로 한 지수의 개발을 통해 가격이 불투명하고 상식적인 경제 원칙을 따르지 않는 탄소크레딧의 가격을 지속적으로 추적하고 비교한다. 이외에도 2009년에 설립된 플랜 비보(Plan Vivo)는 소규

---

49) https://www.undp.org/ko/policy-centre/seoul/sustainable-development-goals

모 프로젝트, 지역사회와 관련된 자연 기반 프로젝트에 특화되어 있는 중소규모의 발행기관이다. 2023년에는 생물다양성(Biodiversity) 관련 탄소감축 프로젝트를 위한 방법론 및 가이던스를 발행함으로써 새로운 자연 기반의 솔루션을 확장해 나가고 있다. 4대 발행기관과 더불어 새롭게 등장하고 있는 주요 발행기관들의 현황 및 특징은 <표15>를 참조하기 바란다.

국내의 경우, 2023년 상반기까지만 해도 아오라, 팝플과 같은 탄소크레딧을 거래하기 위한 마켓플레이스 플랫폼이 먼저 등장하기 시작했으며, 국내 기업이 탄소감축 성과를 탄소크레딧으로 인증받기 위해서는 베라와 골드스탠다드와 같은 해외의 탄소크레딧 발행기관을 거쳐야 했다. 그러나 2023년 1월 대한상공회의소가 탄소감축인증센터를 설립하고, 같은 해 3월부터 탄소크레딧 인증사업을 개시하면서 국내 최초의 발행기관으로 자리매김하였다. 또한 2023년 7월 기준으로 17개 사업을 인증했다.

이 센터는 자연자원 솔루션을 통한 감축활동과 함께 기업이 제품과 기술, 서비스를 통해 탄소를 절감하는 방법과 감축성과를 즉 Scope3 감축활동도 인증대상에 포함하고 있는 것이 특징이다.[50] 그러나 Scope3 감축활동에 대한 인증은 그린 워싱 논란을 불러올 소지가 있어, 다른 글로벌 인증기관들 역시 이를 인정하지 않고 있다. 이에 따라 탄소 감축인증센터 또한 현재로서는 탄소 상쇄나 탄소배출권 매매에는 나서지 않고, 기업 공시에 우선적으로 활용될 것으로 보인다.

---

50) https://www.esgeconomy.com/news/articleView.html?idxno=4183

탄소크레딧 검증기관

검증기관은 탄소크레딧 발행기관을 대신하여 프로젝트의 타당성과 감축 실적을 제3자의 입장에서 검토하는 독립적인 감사기관이다. 일반적으로 민간 기업 형태를 띠며, 객관성과 투명성을 확보하기 위한 핵심 게이트키퍼 역할을 수행한다.

검증기관을 외부에 두는 이유는 첫째, 탄소크레딧 발행기관이 모든 판단을 독점하지 않도록 하기 위함이다. 제3자인 검증기관이 존재함으로써 발행기관이 편향된 평가를 내리는 리스크를 줄이고, 보다 신뢰성 있는 시장 환경을 조성할 수 있다. 두 번째 이유는 등록되는 프로젝트 수가 많아 발행기관 단독으로 인증 업무를 감당하기 어렵기 때문이다. 발행기관은 거시적인 품질관리와 시스템 운영을 담당하고, 검증기관은 개별 프로젝트의 기술적 타당성과 실행 현황을 면밀하게 평가한다.

자발적 탄소 시장에서 검증기관은 이 외에도 그들이 보유하고 있는 탄소 프로젝트 및 크레딧에 대한 전문 지식과 경험을 기반으로 프로젝트가 발행기관의 표준과 방법론을 충실히 따르고 있는지 평가하고, 필요 시 프로젝트 개발자에게 피드백을 제공한다. 수정이 필요한 경우, 검증기관은 이를 사전에 통지하여 보완 기회를 부여하기도 한다.

검증기관은 사전에 해당 발행기관으로부터 공식 승인을 받아야 하며, 이를 통해 공신력을 인정받는다. 프로젝트를 등록하려는 개발자는 해당 발행기관이 승인한 검증기관 리스트에서 한 곳을 선택하여 검증을 의뢰하고, 관련 비용을 지불한다.

검증 절차는 사전 타당성 검토(Validation)와 실행 후 검증(Verification) 두 단계로 나뉜다. 실행 후 검증은 프로젝트 설계 문서(PDD; Project Design Document)를 바탕으로 계획의 적정성을 평가하며, 필요 시 현장 방문이 수

<표 15> 국제 탄소 인증기관 및 레지스트리 현황

기업 이름	기관	본사 위치	설립일	크레디팅 프로그램	레지스트리	크레딧 라벨(단위)
Verra	비영리	미국	2005	VCS(Verified Carbon Standard)	Verra Registry(own)	VCU(Verified Carbon Unit), PCU(Projected Carbon Units)
Gold Standard	비영리	스위스	2003	GS4GG	GSF Registry(own)	VER(Verified Emission Reduction), PER(Planned Emissions Reduction
ACR	비영리	미국	1996	American Carbon Registry Standard	American Carbon Registry(APX)	ERT(Emission Reduction Tonne)
CAR	비영리	미국	2001	Climate Action Reserve	Climate Action Reserve(APX)	CRT(Climate Reserve Tonne)
Puro. Earth	비영리	핀란드	2019	Puro Standard	Puro Registry(own)	CORC(CO_2 Removal Certificates), pre-CORC
Plan Vivo	비영리	영국	1994	Plan Vivo Standard	Plan Vivo(Markit)	PVC(Plan Vivo Certificate)
Social Carbon	비영리	영국	1998 (full standard since 2022)	SOCIALCARBON Standard	SOCIALCARBON (BEF Registry)	SCU(Social Carbon Unit)
Carbon Standards	영리	스위스	2021	Global Rock C-Sink; Global Artisan C-Sink; Carbon sink	Carbon Sink Regisry (own)	C-Sink Credits
Riverse	영리	프랑스	2021	Riverse Standard	Riverse(own)	CRC(Carbon Removal Credits), CAC(Carbon Avoidance Credits)
Trinity AgTech	영리	영국	2021	TNCMCM	Trinityregistry(own)	Removal Credits, Retention Cre
Isometric	영리	영국	2021	Isometric Standard	Isometric carbon removal registry (own)	

발행시기	타행 지역	등록 프로젝트 수 (2024. 3 기준)	발행 크레딧 량 (2024. 3월 기준)	주력 분야	ICROA 인증 여부
ex-ante(PCU), ex-post(VCU)	글로벌	2168	1,218,060,922	재생에너지, 조림	O
ex-ante(PER), ex-post(VER)	개발 도상국	1726	319,442,271	재생에너지, 에너지 전환	O
ex-post only	북미	417	1,137	CCS/CCU, 조림, 제조	O
-ante(Climate Forward), ex-post(CRT)	미국	764	9,863	폐기물, 산업용 가스, 조림	O
ex-ante(pre-CORC), ex-post(CORC)	글로벌	47		바이오차, 바이오매스, 광물화, 기타 토지 이용 관리	O
ex-ante, ex-post	개발 도상국	57		블루카본, 생태계 보존, 생태계 복원, 기타 토지이용 관리	O
ex-post only	글로벌	3		생태계 보존, 생태계 복원, 기타 토지이용 관리	O (조건적)
ex-post only	유럽	n/a		바이오차	X (인증과정 중
ex-ante, ex-post	유럽	12		바이오차, 바이오매스, fugitives	X (인증과정 중)
ex-ante, ex-post	유럽	2		기타 토지이용 관리	X
ex-ante, ex-post				탄소제거 프로젝트	

[참고] 레지스트리를 통해 탄소크레딧을 발행하는 비용 예시

- 계정 소유 요금(Account holder fees): 처음 계정을 만들 때 계정 생성 비용 또는 매년 계정 소유자가 지불 하-계정 소유 요금(Account holder fees): 계정 생성 시 부과되는 초기 비용 또는 계정 소유자가 매년 납 부하는 연회비를 의미한다. 이 요금은 프로젝트 개발자, 직접 크레딧을 상쇄하는 구매자, 그리고 다양한 중간 매개자가 부담한다.
- 프로젝트 등록 요금(Project registration fees): 프로젝트 개발자가 검증 및 등록 과정에서 한 번 납부하는 고정 비용으로, 일반적으로 발행되는 크레딧 수와는 무관하다.
- 크레딧 발행 요금(Ongoing credit issuance fees): 인증 과정을 통과한 프로젝트에서 크레딧이 발행될 때, 발행된 크레딧 수에 비례하여 부과되는 비용이다

〈표 16〉 발행기관에 따른 탄소크레딧 발행 비용 비교

모든 수수료($)	고정 계정 보유자 수수료		프로젝트 고정 등록 수수료	최초 연도 발행 크레딧 당 수수료	등록 및 최초 연도 발행비용 (연간 10,000톤 발행 시)	등록 및 최초 연도 발행비용 (연간 100,000톤 발행 시)	후속 발행 비용 (연간 10,000톤 발행시)	후속 발행 비용 (연간 100,000톤 발행시)
	등록비	연회비						
Verrs	500	2,500	NA	0.10+cumulative VCU Issuance fee	1,000	13,100	500	13,100
GS	1,000	1,000	2,90	0.15	4,900	31,900	1,000	29,000
ACR	500	500	3,500	0.15	5,000	18,500	5,000	18,500
CAR	500	500	500	0.19	2,400	19,500	2,400	19,500

[참고] 구매자가 검증 비용을 지불하는 독특한 비즈니스 모델을 가진 아이소메트릭(Isometric)[51]

- 아이소메트릭(Isometric)은 2021년에 설립된 민간 영리 기관으로, 다른 일반적인 발행기관이 크레딧 검증 요금을 프로젝트 개발자에게서 받는 것과 달리, 구매자에게서 직접 받는 구조를 채택하고 있다는 점에서 주목된다. 즉, 크레딧 구매자는 톤당 비용을 프로젝트 개발자에게 지불하고, 고정된 검증 비용은 발행 기관에 별도로 납부하도록 설계되어 있다. 아이소메트릭은 기존 레지스트리들의 인센티브 구조가 탄소크레딧의 품질을 높게 유지하는 데 오히려 한계를 만든다고 보고 이를 개선하고자 했다. 탄소크레딧 판매 이후 품질 문제가 드러날 경우, 비판과 평판 리스크는 프로젝트 개발자보다는 크레딧을 구매한 기업에 집중된다. 따라서 발행기관이 구매자에게서 수수료를 받는 구조라면, 고객인 구매자를 위해 더 높은 품질의 크레딧을 유지하려는 동기가 강화될 수 있다는 논리다. 또한 기존 구조가 크레딧 발행량에 비례해 수수료를 부과하여 더 많은 크레딧 발행을 유도하는 문제점을 지적하면서, 아이소메트릭은 구매자가 얼마의 크레딧을 구매하든 동일한 고정 비용만 지불하도록 설계하였다.

---

51) https://isometric.com/writing/aligning-incentives

반된다. 실행 후 검증은 프로젝트 시행 이후 실제 감축 실적이 계획과 일치하는지를 확인하는 단계로, 최근에는 IoT 등 디지털 기술을 활용한 원격 검증도 활용되고 있다.[52]

다음 표는 대표적인 탄소크레딧 발행기관(베라, 골드 스탠다드, ACR, 플랜 비보)에 등록된 검증기관을 정리하여 국가, 주력분야 등을 정리하였다. 대부분 검증기관은 다양한 발행기관들로부터 승인을 받아 활동하고 있는 것으로 보인다. 자발적 탄소시장이 급격히 성장함에 따라 검증기관 수에 비해 등록 프로젝트 수가 급증하면서, 일부기관의 경우 과도한 업무를 처리해야 하거나 신뢰성 있는 평가를 제공하기 어려워질 수 있는 위험이 높아지고 있다. 이로 인해 시장의 신뢰도가 저하될 위험이 있어, 검증 품질을 제고하기 위한 제도적 보완이 시급한 상황이다.

〈표 17〉 탄소크레딧 발행기관에 등록된 검증기관 주요 현황

검증기관	국가	국가 주력 분야	등록된 발행기관
4K Earth Science Private Limited	인도	에너지, 건설, 화학, 폐기물 처리, 농업·임업·토지이용, 축산 관리	Verra, Gold Standard, Plan Vivo
AENOR International S.A.U.	스페인	에너지, 제조업, 화학, 건설, 이동수단, 광업, 금속 제조, 폐기물 처리, 비산 배출, 농업·임업·토지이용, 축산 관리	Verra, Gold Standard, Plan Vivo
Agri-Waste Technology, Inc.	미국	폐기물 처리, 축산 관리	Verra, ACR

---

52) https://academy.sustain-cert.com/topic/project-design-review-by-sustaincert-2-3/

검증기관	국가	국가 주력 분야	등록된 발행기관
Applus+ Certification (LGAI Technological Center, S.A.)	스페인	지역사회 서비스 활동, 신재생에너지, 소규모, 지속가능한 도시 개발	Gold Standard
Aster Global Environmental Solutions, Inc.	미국	농업·임업·토지이용	Verra, Plan Vivo, ACR
Bureau Veritas India Private Limited	인도	에너지, 제조업, 화학, 건설, 이동수단, 광업, 금속 제조, 폐기물 처리, 비산 배출, 농업·임업·토지이용, 축산 관리	Verra, Gold Standard
Carbon Check(India) Private Ltd.	인도	에너지, 제조업, 화학, 건설, 이동수단, 광업, 금속 제조, 폐기물 처리, 비산 배출, 농업·임업·토지이용, 축산 관리	Verra, Gold Standard, Plan Vivo
CEPREI Certification Body	중국	지역사회 서비스 활동, 이동수단의 에너지 효율, 신재생에너지, 소규모, 지속가능한 도시 개발	Gold Standard
China Certification Center, Inc. (CCCI)	중국	지역사회 서비스 활동, 이동수단의 에너지 효율, 신재생에너지, 소규모, 지속가능한 도시 개발	Gold Standard
China Testing & Certification International Group Co., Ltd. (CTC)	중국	에너지, 제조업, 화학, 건설, 이동수단, 광업, 금속 제조, 폐기물 처리, 비산 배출, 농업·임업·토지이용, 축산 관리	Verra, Gold Standard
China Classification Society Certification Co. Ltd. (CCSC)	중국	에너지, 제조업, 화학, 건설, 이동수단, 광업, 금속 제조, 폐기물 처리, 비산 배출, 농업·임업·토지이용	Verra, Gold Standard

검증기관	국가	국가 주력 분야	등록된 발행기관
China Quality Certification Center (CQC))	중국	에너지, 제조업, 화학, 건설, 이동수단, 광업, 금속 제조, 폐기물 처리, 비산 배출, 농업·임업·토지이용, 축산 관리	Verra
Colombian Institute for Technical Standards and Certification (ICONTEC)	콜롬비아	에너지, 제조업, 화학, 이동수단, 광업, 폐기물 처리, 농업·임업·토지이용	Verra
Control Union	독일		Plan Vivo
CTI Certification CO., LTD.	중국	에너지, 제조업, 화학, 건설, 이동수단, 광업, 금속 제조, 폐기물 처리, 비산 배출, 농업·임업·토지이용, 축산 관리	Verra, Gold Standard
Dillon Consulting Limited	캐나다	산업공정 과정의 배출 감축, 폐기물 처리	ACR
DNV Business Assurance India PVT LTD	인도	에너지, 제조업, 화학, 건설, 이동수단, 금속 제조, 비산 배출, 폐기물 처리, 농업·임업·토지이용, 축산 관리	Verra
Earthood Services Private Limited	인도	에너지, 제조업, 화학, 건설, 이동수단, 금속 제조, 비산 배출, 폐기물 처리, 농업·임업·토지이용, 축산 관리	Verra, Gold Standard, Plan Vivo
EcoLance Private Limited	인도	에너지, 폐기물 처리, 농업·임업·토지이용	Verra, Plan Vivo
Enviro-Accès Inc	캐나다	농업·임업·토지이용	Verra
EPIC Sustainability Services Pvt. Ltd.	인도	에너지, 제조업, 화학, 건설, 이동수단, 광업, 금속 제조, 폐기물 처리, 비산 배출, 농업·임업·토지이용, 축산 관리	Verra, Gold Standard, Plan Vivo

자발적 탄소시장, 어떻게 작동하는가?

검증기관	국가	국가 주력 분야	등록된 발행기관
ERM Certification and Verification Service	영국	지역사회 서비스 활동, 신재생에너지, 소규모, 지속가능한 도시 개발	Gold Standard
First Environment, Inc.	미국	에너지, 제조업, 화학, 건설, 이동수단, 광업, 금속 제조, 폐기물 처리, 비산 배출, 농업·임업·토지 이용, 축산 관리	Verra, ACR
GFA Certification GmbH	독일	임업·토지이용	Gold Standard
GHD Limited	캐나다	에너지, 제조업, 화학, 건설, 이동수단, 광업, 금속 제조, 폐기물 처리, 비산 배출, 농업·임업·토지이용, 축산 관리, 탄소 포집 및 저장(CCS)	Verra, Plan Vivo, ACR
KBS Certification Services Limited	인도	에너지, 제조업, 화학, 건설, 이동수단, 광업, 금속 제조, 폐기물 처리, 비산 배출, 농업·임업·토지이용, 축산 관리	Verra, Gold Standard
LGAI Technological Center, S. A. (Applus+)	스페인	에너지, 폐기물 처리, 축산 관리	Verra
Pangolin Associates Pty Ltd.	호주	임업·토지이용	Gold Standard
Preferred by Nature	덴마크		Plan Vivo
PT Mutuagungn Lestari(MUTU International)	인도네시아		Plan Vivo
Re Carbon Ltd.	터키	에너지, 폐기물 처리, 축산 관리	Verra, Gold Standard
RINA Services S. p. A	이탈리아 이탈리아	에너지, 제조업, 화학, 건설, 이동수단, 폐기물 처리, 비산 배출(Fugitive emissions), 농업·임업·토지이용, 축산 관리	Verra, Gold Standard

검증기관	국가	국가 주력 분야	등록된 발행기관
Ruby Canyon Environmental, Inc	미국	에너지, 제조업, 화학, 건설, 이동수단, 광업, 금속 제조, 폐기물 처리, 비산 배출, 농업·임업·토지이용, 축산 관리	Verra
S&A Carbon, LLC	미국	농업·임업·토지이용	Verra, ACR
SCS Global Services	미국	에너지, 제조업, 화학, 건설, 이동수단, 광업, 금속 제조, 폐기물 처리, 비산 배출, 농업·임업·토지이용, 축산 관리	Verra, Plan Vivo, ACR
SES, Inc.		산업공정 과정	ACR
Soil Association	영국		Plan Vivo
Standard Carbon Inc	캐나다	에너지	Verra
SustainCert S.A.	룩셈부르크	에너지, 건설, 이동수단	Verra
The Sustainable Future Group(SFG)	스리랑카		Plan Vivo
TÜV Nord Cert GmbH	독일	에너지, 제조업, 화학, 건설, 이동수단, 광업, 금속 제조, 폐기물 처리, 비산 배출, 농업·임업·토지이용, 축산 관리	Verra, Gold Standard
TÜV Rheinland Energy & Environment GmbH	독일	에너지, 제조업, 화학, 건설, 이동수단, 광업, 금속 제조, 폐기물 처리, 비산 배출, 농업·임업·토지이용, 축산 관리	VerraVerra
TÜV SÜD South America Inc. - Ruby Canyon	멕시코	산업공정 과정, 임업·토지이용, 폐기물 관리	ACR
TÜV SÜD South Asia Private Limited	인도	에너지, 제조업, 화학, 건설, 이동수단, 광업, 금속 제조, 폐기물 처리, 비산 배출, 농업·임업·토지이용, 축산 관리	Verra, Gold Standard
VKUCertification Pvt. Ltd.	인도	에너지, 제조업, 건설, 이동수단	Verra

※ 베라 2024. 03. 08 기준, 골드 스탠다드 2021. 06 기준, ACR, Plan Vivo 2024. 03. 13 기준

그 외 플레이어

자발적 탄소시장의 수요가 증가하고 지속적으로 성장함에 따라, 탄소크레딧 거래를 지원하는 새로운 플레이어들이 등장하며 시장은 점차 새로운 생태계를 형성하고 있다. 이들은 주로 자발적 탄소시장의 수요자(탄소크레딧 구매자)와 공급자(프로젝트 개발자)를 연결하는 과정에서 연결성과 투명성이라는 두 가지 핵심 기능을 제공하는 서비스에 집중하고 있다.

먼저 수요자-공급자간 '연결'을 지원하는 중간매개자(Intermediary)는 탄소크레딧 구매자와 프로젝트 개발자 사이 거래를 중개하는 주체를 의미한다. 이들은 프로젝트 개발자로부터 탄소크레딧을 조달해 잠재적 구매자를 발굴하고 연결하는 역할을 한다. 만약 중간매개자가 없다면, 프로젝트 개발자는 직접 구매자를 찾아 가격 협상과 계약 과정을 진행해야 하며, 구매자 역시 탄소시장에 대한 전문 지식 부족으로 어떤 프로젝트를 어디서 찾아야 할지 어려움을 겪게 된다.

이에 중간매개자는 거래 당사자들의 입장에서 필요한 서비스를 제공함으로써 거래 과정을 효율화한다. 프로젝트 개발자에게는 구매자 발굴과 계약 프로세스를 지원해 프로젝트 운영에 집중할 수 있도록 돕고, 구매자에게는 산업, 예산, 전략 등 선호에 맞춘 맞춤형 큐레이션 리스트를 제공한다.

이처럼 중간매개자는 양측 모두에게 불필요하거나 비효율적인 절차를 줄이고, 필요한 지원을 제공하여 탄소크레딧 거래 활성화에 기여한다. 대표적인 중간매개자의 유형으로는 브로커(Broker), 리셀러(Reseller, 재판매자), 마켓플레이스(Marketplace)가 있다.

<표 18> 중간매개자 역할 및 기능

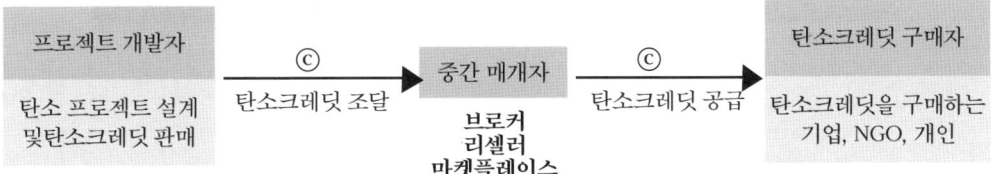

브로커와 리셀러

  자발적 탄소시장에서 탄소크레딧 거래가 처음 시작되었을 때는 대부분 브로커를 통한 장외거래(OTC, Over the Counter) 즉 거래소(Exchange)를 거치지 않고 양 당사자를 직접 연결하는 방식이었다. 브로커는 프로젝트 개발자로부터 직접 크레딧을 구매하지 않고, 탄소시장에 익숙하지 않은 구매자를 대신 찾아 연결해주는 역할을 한다. 이 과정에서 브로커는 거래를 성사시킨 대가로 중개 수수료를 받으며, 크레딧 자체를 소유하지는 않는다. 일반적으로 브로커들은 실제 크레딧의 가격과 중개비를 함께 묶어 청구하기 때문에 구매자 입장에서는 투명한 가격정보를 알기 어렵다. 이를 이용해 일부 브로커들이 높은 중개비를 책정하는 것에 대한 불만이 제기되었다. 대부분의 브로커는 B2B로 운영되며 최초 판매가격이나 최종 구매가격 등 관련 데이터나 정보를 공개하지 않아 거래규모, 가격 등 관련 내용을 파악하는데는 한계가 있다. 다음 표는 지금까지 공개된 데이터를 바탕으로 현재 VCM 내 주요 브로커의 실제 예시와 이들이 중개해서 만료된 크레딧 수를 보여준다.

  다음으로, 리셀러(Reseller)는 탄소크레딧을 직접 구매한 뒤 시세 차익을

<표 19> 주요 브로커 현황 및 중개·만료된 크레딧 수

브로커	중개 후 만료된 크레딧 수
GreenPrint	10,184,733
3Degrees	5,808,172
Natural Capital Partners	4,930,618
Bluesource	4,895,226
Greenchoice	4,763,751
Element Markets	4,604,768
Gold Standard	4,147,834
The Climate Trust	2,982,670
Carbonfund.org	2,820,712
Native	2,447,550

활용해 최종 구매자에게 되팔아 이익을 창출하는 주체로, 브로커와 달리 크레딧의 소유권을 일시적으로 보유한다는 특징이 있다. 리세일의 원리는 탄소크레딧을 소량으로 구매할 때보다 대량으로 구매할 때 톤당 단가가 현저히 낮아지는 점에 기반한다. 따라서 리셀러는 대량의 크레딧을 도매가로 매입한 후, 이를 소량 단위로 필요로 하는 최종 구매자에게 소매가로 재판매하여 수익을 창출한다. 이러한 리셀러의 활동은 탄소크레딧의 총 거래량을 크게 늘리기보다는 거래 빈도를 높이는 데 기여한다고 볼 수 있다. 다음 표는 현재 VCM 내에서 활동 중인 주요 리셀러 사례와 이들이 공개한 수수료 구조를 비교한 것이다. 이를 통해 리세일 모델의 실질적인 작동 방식과 시장 내 포지션을 보다 명확히 이해할 수 있다.

　브로커와 리셀러는 같은 중간매개자이지만 그 목적과 기능은 분명히 다르다. 브로커는 구매자가 프로젝트 개발자와 직접 연결되어 대량의 크레딧을 구매할 수 있도록 중개하는 역할을 한다. 이 경우 거래 규모는 평균 약 11,000톤에 달하며, 주로 탄소배출 감축 의무가 크고 구매 규모가 큰 대기업이 주요 고객이다. 반면, 리셀러는 구매자가 프로젝트 개발자와 직접 거

<표 20> 주요 리셀러 현황 및 수수료 구조

리셀러	수수료(적용분야)
Carbon Credit Cart	3.5%(신용카드 처리), 11.5%(Carbon Credit Cart의 플랫폼 개발을 위한 자금)
Carbonfund.org	5~10%
Carbon Neutral Britain	10%(행정 처리), 10%(자금 조달, 마케팅)
Carbon Removed	30%(사업 확장)
Climate Wise	10%
Greentripper	18%(3%: transfer 요금, 15%: 수수료)
HALO.eco	15%(운영 요금), 3%(결제 처리)
Klima Ohne Grenzen	최대 15%(거래 및 행정 처리)
Klimat Kompensera	20-30%
Offsetra	18%(거래 및 행정 처리)
Persefoni	10% Patch fee, 4.5% Persefoni fee
Plannetzero	최대 15%
Ripple Africa	10%(행정 처리)

래하지 않더라도 사전에 대량으로 확보해 둔 크레딧을 소량 단위로 제공하는 역할을 한다. 리셀러를 이용하는 고객은 비교적 소규모의 탄소감축이 필요한 중소기업 이나 개인이 주를 이룬다.

탄소크레딧 시장에서 브로커와 리셀러는 공급자와 수요자를 연결하는 핵심적인 역할을 수행해왔다. 그러나 이들의 개입이 크레딧 가격 구조의 불투명성을 초래하면서, 시장의 신뢰성과 효율성에 대한 우려도 함께 커지고

<표 21> 브로커와 리셀러 차이

	크레딧 소유 여부	크레딧 공급 사이즈	주요 타겟 고객
브로커	소유하지 않음	대량 공급	B2B(대기업)
리셀러	소유함	소량 공급	B2B(중소기업)

있다. 일반적으로 프로젝트 개발자에게 최초로 판매된 가격과 최종 구매자가 실제로 지불한 가격 사이의 차이는 공개되지 않으며, 유통 과정에서 발생하는 수수료와 마진 역시 명확히 드러나지 않는다. 이로 인해 거래비용에 대한 예측 가능성이 낮아지고, 탄소크레딧 구매가 기후행동에 기여하기보다는 중간 매개자의 수익 창출에 집중된다는 비판이 제기된다. 최종 구매자가 탄소크레딧 구매에 지불하는 비용은 궁극적으로 1.5℃ 목표 달성을 위한 기후 대응 활동에 사용되어야 한다. 그럼에도 불구하고, 상당 부분이 영리 목적의 중간 매매자에게 돌아가는 현상은 VCM의 본래 취지와 어긋난다.

탄소 마켓플레이스

이러한 맥락에서, 시장의 투명성과 신뢰성을 확보하고, 거래의 직접성과 효율성을 높이기 위한 새로운 흐름으로 '탄소 마켓플레이스'가 부상하고 있다. 탄소 마켓플레이스는 프로젝트 개발자와 최종 구매자를 직접 연결하는 온라인 기반 거래 플랫폼이다. 숙박 중개 플랫폼 '에어비앤비(Airbnb)'와 유사하게, 프로젝트 개발자는 마켓플레이스에 자신의 프로젝트 정보를 등록하고 크레딧 가격을 책정하며, 구매자는 이를 비교·선택해 직접 거래할 수 있다. 플랫폼은 계약서 작성, 인보이스 처리, 결제, 만료 증명서 발급 등 행정절차를 자동화하며 거래를 간소화한다. 이러한 구조는 거래과정의 투명성을 확보하고, 중간 유통비용을 줄이며, 플랫폼 내에서 실시간 크레딧 비교와 큐레이션을 가능케 한다. 동시에, 프로젝트 개발자 간의 경쟁을 유도하여 더 높은 품질의 크레딧을 보다 합리적인 가격으로 공급하도록 유도하는 효과도 있다.

다음 그림은 프로젝트 개발자와 구매자가 마켓플레이스를 각 단계에서 어떻게 이용하는지 서비스 시나리오를 보여준다. 먼저, 프로젝트 개발자는 마켓플레이스 플랫폼에 프로젝트를 등록하고 크레딧 가격을 직접 책정해

리스트에 올린다. 구매자는 이 리스트를 확인한 후, 원하는 프로젝트와 구매할 크레딧 수량을 선택한다. 구매 요청이 접수되면 프로젝트 개발자에게 자동 알림이 전송되며, 마켓플레이스가 설정한 가이드에 따라 계약서, 인보이스 등 관련 서류를 준비해 플랫폼에 업로드한다. 이 과정에서 개발자는 별도의 커뮤니케이션 없이 디지털화된 플랫폼을 통해 행정 절차를 간소화할 수 있다. 구매자는 업로드된 서류를 실시간으로 확인하고, 정해진 기간 내에 프로젝트 개발자에게 직접 비용을 지불한다. 마켓플레이스는 크레딧 가격과 별도로 플랫폼 이용 수수료를 부과한다. 마지막으로, 프로젝트 개발자가 해당 크레딧을 레지스트리에서 만료시키고, 크레딧 만료 증명서를 플랫폼을 통해 구매자에게 전달하면 거래가 완료된다. 이와 함께 마켓플레이스는 크레딧 인벤토리 관리, 구매 이력 관리 등 플랫폼별로 특화된 부가기능을 제공하기도 한다.

〈표 22〉 마켓플레이스의 주요 역할 및 기능

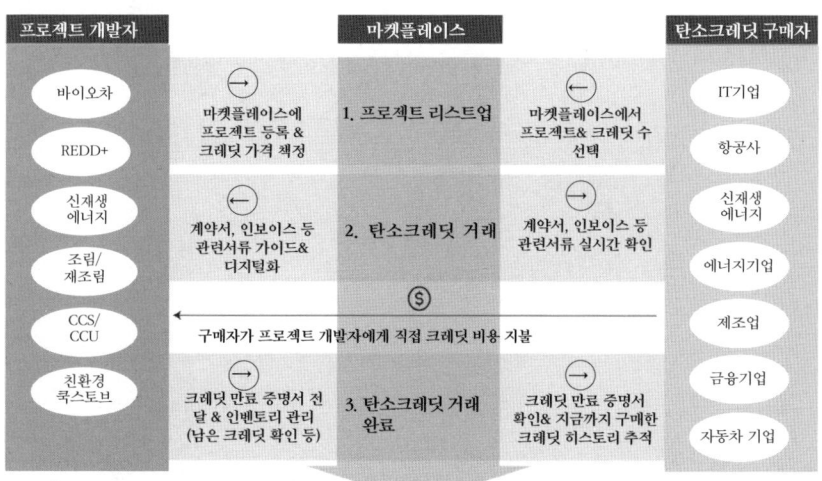

이처럼 탄소 마켓플레이스는 탄소 크레딧 이해관계자 간의 투명성, 편의성, 접근성을 높여, 탄소 크레딧 거래를 활성화하는 데 잠재적으로 핵심적인 역할을 수행한다. 이는 시장 참여자에게 구매, 판매, 정산, 저장, 폐기 등 탄소 크레딧 전주기 과정을 투명하고 안정적으로 추적할 수 있는 수단을 제공한다. 또한 디지털 기술을 활용해 거래 과정을 간편하고 직관적으로 설계함으로써, 이해관계자의 시장 참여율을 높이고 유동성을 강화하는데 기여한다. 예를 들어, 계약서 작성, 인보이스 발급, 크레딧 만료 처리 등 복잡한 거래 절차를 온라인상에서 신속하고 효율적으로 처리할 수 있는 기능을 제공한다. 또한, 다양한 국가와 분야의 탄소 크레딧 프로젝트를 한눈에 비교할 수 있도록 하여, 구매자가 조건, 선호도, 품질 등에 맞는 크레딧을 손쉽게 탐색하고 큐레이션 할 수 있도록 지원한다. 이 구조는 프로젝트 개발자 간의 경쟁을 촉진시켜, 더 우수한 품질의 크레딧을 더 합리적인 가격에 공급하도록 유도하는 효과도 발생시킨다.

VCM의 급성장과 함께, 특정 산업군이나 기술 기반에 특화된 서비스를 제공하는 마켓플레이스 스타트업들도 빠르게 등장하고 있다. [53] [54]

---

53) https://carbonherald.com/top-10-carbon-removal-marketplaces-in-2023/
54) https://www.cdr.fyi/leaderboards

<표 23> 마켓플레이스별 주요 현황 및 특징

마켓 플레이스	국가	등록 프로젝트 수	판매한 크레딧 수	주요 타겟	분야 특징
NetZero Marketplace	미국	40개	-	모든 유형	- 세일즈포스에서 운영하는 마켓플레이스- 개방형 플 랫폼으로 누구든 접근하여 프로젝트 정보를 볼 수 있 음 - 제3자 등급평가기관과의 파트너십을 통해 객관적인 평가결과 공개
Pachama	미국	9개	-	산림/토지 프 로젝트	- AI, 머신러닝 기술로 토지이용 상태, 산림 벌목 상태 등을 추적 및 모니터링하여 프로젝트를 추가 검증함
Puro	핀란드	175개	742,831톤 (2023. 12. 기준)	기술 기반 탄 소제거 프로 젝트(CDR)	- 탄소제거 프로젝트 전문 레지스트리이자 자체 마켓 플레이스 보유- 탄소제거 크레딧의 판매 채널을 늘리 기 위해 타 마켓플레이스들과 파트너십을 맺고 있음
Carbon future	독일	-	80,631톤 (2023. 12. 기준)	기술 기반 탄 소제거 프로 젝트(CDR)	- 탄소제거 프로젝트 전문 마켓플레이스- 혁신기술 이 이용되는 탄소제거 프로젝트를 중점으로 한 '모 니터링, 보고, 검증 체계(MRV)' 개발- 세계 최대 탄소 제거 크레딧 구매기업인 Klarna, Microsoft, SwissRe, SouthPole과 파트너십을 맺음
Senken	독일	-	-	대부분 자연 기반 프로젝 트	- Guarantee: 구매한 프로젝트가 계획대로 크레딧 발행 을 못하는 경우, 동일한 가치를 가진 다른 크레딧으로 교체시켜주는 서비스를 무료로 제공- 산업별 미리 제 작된 포트폴리오 제공- AI 툴킷: 구매자 기업의 탄소배 출 정보를 기반으로 예산에 맞게 포트폴리오 전략을 생성하는 서비스 제공
Supercritical	-	-	15,314톤 (2023. 12. 기준)	탄소제거 프로젝트 (CDR)	- 테크 산업의 기업을 구매자 타겟으로 보고있음 -탄소 보험 전문기업인 Kita와 파트너십: 구매한 탄소크레딧 에 문제 발생시
Patch	미국	160개 이상	2,774톤 (2023. 12. 기준)	모든 유형	- 일반적인 직접 구매 뿐만 아니라 장기 계약도 지원 하고 있음 - 마이크로트랜잭션: 그램 단위의 크레딧 구매가 가 능하도록 구매자 기업의 제품/ 서비스에 연동 시킬 수 있는 API 제공
Stripe Climate	미국	46개	1,255톤 (2023. 12. 기준)	탄소제거 프로젝트	- Off-take와 Pre-purchase 옵션으로 프로젝트들의 초기 자금을 확보할 수 있도록 지원 - Stripe의 과학 및 상업화 전문가로 이루어진 사내 팀 Frontier와 협력하여 과학 지식을 기반으로 한 크레 딧 구매를 지원
CEEZER	독일	-	-	모든 유형	- 데이터 기반의 다양한 서비스 제공: 입력한 예산 & 선호 등 정보에 기반한 포트폴리오 builder, 체계화 된 필터, 크레딧 가격 벤치마킹 - 다양한 계약 형태 지원: spot 거래, 장기 off-take 계약, 투자
Cloverly	미국	-	-	탄소제거 프로젝트	- 탄소제거 프로젝트 전문 마켓 플레이스

대표적인 예로, B₂B 고객관계관리(CRM) 분야에서 잘 알려진 글로벌 IT 기업인 세일즈포스는 기업들의 넷제로 활동을 기록·추적할 수 있는 넷제로 클라우드(Net Zero Cloud)에 이어, 2022년에는 탄소크레딧 거래 플랫폼인 '넷제로 마켓플레이스'를 출시하며 탄소 시장에 진출했다.

넷제로 마켓플레이스는 개방형 플랫폼으로, 로그인이나 계정 등록, 비용 지불 등의 절차 없이 누구나 프로젝트 정보를 열람할 수 있도록 웹사이트가 공개되어 있다. 특히, 파트너십을 맺은 제3자 등급평가기관의 객관적 평가 결과를 함께 제공함으로써, 구매자가 프로젝트별 리스크를 사전에 파악하고 품질을 비교할 수 있도록 돕는다. 이는 마켓플레이스의 투명성과 신뢰성 제고에 중요한 역할을 한다.

현재 이 플랫폼은 아프리카, 아시아, 아메리카 지역의 다양한 프로젝트를 소개하고 있으며, 미국 내 기업을 대상으로 탄소크레딧 판매를 진행하고 있다. 구매자는 플랫폼에서 계정을 생성한 뒤 원하는 크레딧 수량을 선택해 구매하며, 스팟(spot) 구매(발행된 크레딧을 즉시 인도받는 단기 거래 방식)만 지원하고 있다.

가격 구조는 프로젝트 개발자가 책정한 크레딧 가격에 더해, 4%의 거래 수수료와 1%의 플랫폼 이용 수수료가 별도로 부과된다.[55]

55) https://help.salesforce.com/s/articleView?id=ind.Chunk1698635405.htm&type=5

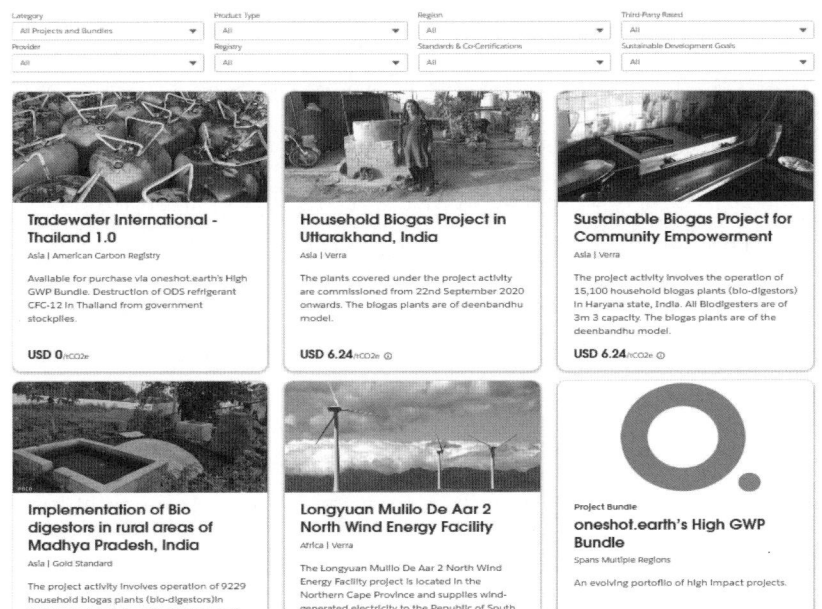

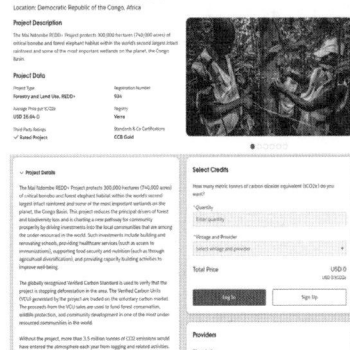

〈그림 3〉 크레딧 상세 페이지 ▲

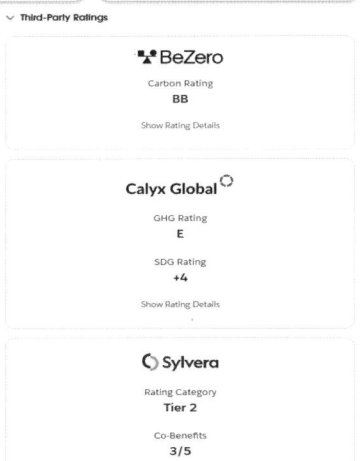

〈그림 4〉 제3자 등급평가기관의 평가 예시 ▶

자발적 탄소시장, 어떻게 작동하는가?

대부분의 민간 탄소 마켓플레이스는 앞서 소개한 공개형 플랫폼과 달리, 폐쇄형 플랫폼(Closed Platform) 형태를 취한다. 즉, 회원 가입 및 계정 생성을 완료한 사용자에게만 정보가 공개되는 구조가 일반적이다. 카본퓨처(Carbonfuture) 역시 이러한 폐쇄형 마켓플레이스 중 하나로, 탄소 제거(Carbon Removal) 프로젝트에 특화된 플랫폼이다.

카본퓨처는 해당 프로젝트들의 특수성을 반영한 맞춤형 서비스를 제공하는 것으로 알려져 있다. 탄소 제거 프로젝트는 대부분 신기술 기반으로, 아직 개발 단계에 있거나 실제 탄소 제거가 완료되지 않은 상태에서 운영되는 경우가 많다. 이로 인해 탄소크레딧이 발행되기까지 상당한 시간이 소요된다. 그러나 이러한 프로젝트는 초기 단계에서 상당한 자본이 선투입되어야 하므로, 탄소크레딧 발행 전부터 구매자에게 노출되어야 하고, 미래 공급을 전제로 사전 계약 및 선지급이 가능한 구조가 필요하다. 이러한 사전 계약 구조는 구매자에게는 향후 크레딧 확보에 대한 확실성을, 프로젝트 개발자에게는 간소화된 지불 절차와 자금 조달의 유연성을 제공한다. 카본퓨처는 이러한 수요에 대응하여 단기 및 장기 계약 형태를 다양하게 지원하며, 프로젝트 개발자와 구매자 모두에게 안정적이고 신뢰 가능한 거래 환경을 보장한다.

제3자 등급평가 기관

앞서 설명한 수요자-공급자 간 '연결'을 지원하는 중간매개자(Intermed -iary)와는 별개로, '투명성'을 지원하는 중간매개자도 존재한다. 이들은 수요자 및 공급자와 독립적이고 중립적인 위치에 있으며, 대표적으로 등급평가기관(Rating Agency)이 이에 해당한다. 등급평가기관은 탄소 감축 프로젝트가 실제로 기후에 긍정적인 영향을 미치는지를 평가하고, 그 결과를 숫자나 알파벳 형태의 등급으로 부여한다. 이는 마치 신용등급처럼, 서로 다른 프로젝트와 크레딧을 비교·분석할 수 있는 기준을 제공한다.

탄소크레딧 등급평가는 구매자가 거래 이전에 해당 크레딧의 가치나 품질을 스스로 판단하기 어려운 점을 고려하여 등장한 제도다. 등급 기관은 객관적이고 검증된 데이터를 기반으로 크레딧이 지닌 기후효과, 추가성, 영속성, 측정가능성 등의 요소를 분석하고, 리스크 수준을 종합적으로 판단해 공개한다.

이러한 등급 평가는 탄소크레딧의 품질에 대한 신뢰성을 제고하고, 시장 전반의 투명성을 높이며, 거래 활성화와 효용성 확대에 기여한다. 또한, 크레딧을 발행하는 프로젝트 개발자나 검증기관이 자체 평가에 편향될 가능성을 줄이고, 외부의 독립적 시각에서 건전한 견제 기능을 수행하는 역할도 한다.

등급평가기관은 제3자의 중립적 위치에서 프로젝트를 평가할 수 있도록 하기 위해 몇가지 세이프가드(Safeguard)를 마련해 운영한다.

첫째, 등급평가기관은 이해관계 충돌(CoI, Conflict of Interest)에 연루되지 않았음을 공식적으로 명시해야 한다. 즉, 특정 프로젝트나 이해관계자로부터 금전적 인센티브를 수수하거나, 탄소크레딧을 직접 구매·소유·개발하지 않는다는 점을 명확히 밝혀야 한다(Carbon Market Watch, 2023). 등급평가 기관의 주요 고객은 탄소크레딧 거래자, 마켓플레이스, 브로커, 기업의 지속가능성 부서 등, 프로젝트의 리스크 평가가 의사결정에 중요한 영향을 미치는 주체들이다. 따라서, 기관은 특정 이해관계에 얽매이지 않고 객관적인 기준에 따라 자유롭게 평가를 수행할 수 있는 환경이 조성된다. 오히려 전문성과 독립성을 증명하기 위해 더 엄격한 평가를 실시할 가능성도 존재한다.

둘째, 등급평가기관은 프로젝트 개발자가 제공하는 자체 보고서나 자료에만 의존하지 않고, 자체적으로 수집한 데이터를 기반으로 분석 및 평가를 진행한다. 이를 위해 위성 관측, 머신러닝, 원격센싱, 데이터 과학 등의 전문 인력을 보유하고 있으며, 캐노피 높이, 초목 변화 등 현장의 탄소감축 현황을 다양한 기술을 통해 직접 추적하고 검증한다. 또한 일부 기관은 외부 전문가와의 협업을 통해 평가의 신뢰성을 강화하기도 한다. 예를 들어, 비제로(BeZero), 레노스터(Renoster), 실베라(Sylvera)는 내부 데이터와 인력만으로 평가를 수행하는 반면, 칼릭스(Calyx)는 자체 평가에 더해 외부 전문가와 협력한다. 칼릭스는 온실가스 및 사회·환경적 영향 분야의 전문가 패널과 협업하여 평가 프레임워크를 정기적으로 업데이트하고 있으며, 외부 의견을 평가 과정에 반영하고 있다(Carbon Market Watch, 2023).

현재 VCM의 탄소크레딧 등급평가는 비제로, 칼릭스, 실베라, 레노스터의 4개의 대표 기관들이 시장을 주도하고 있다. 이들은 서로 다른 비즈니스 모델, 주요 타겟 분야, 평가 프로세스, 평가 기준, 등급 레벨링 시스템 등을 가지고 있으며, 탄소크레딧의 기본적인 리스크 요소인 추가성(Additionality), 영구성(Permanence), 사회·환경적 영향(Co-benefits), 과대 발행(Over-crediting) 등에 대하여 각자 다른 평가기준으로 평가하고 있다. (※ 각각의 리스크 요소에 대한 자세한 설명은 다음 챕터에서 소개된다). 다음 표는 각 기관마다 다르게 구축된 평가 시스템을 비교하여 설명하고 있다.

<표 25> 등급 평가 기관별 주요 현황

등급평가 기관	등급공개여부 (비즈니스모델)	평가 프로젝트 수 (2023년 기준)	주요 프로젝트 분야	평가 프로세스	평가 결과 업데이트 주기	주요 등급 평가 요소	추가적인 평가 요소
비제로	- 등급과 각 등급 결과에 대한 요약설명을 웹사이트에 공개 - 등급에 대한 더 자세한정보를얻으려면 추가적인 비용 지불	315	가장 넓은 분야를 다룸 에너지 가전장치 산업과정 자연기반솔루션 기술개발 솔루션(바이오차 등)	내부 전문가 평가	연간	- 추가성 -과대발행 베이스라인포함 - 유출여부 - 영구성 - Perverse in centives) 정책 및정책적 환경	SDG 점수(전체 평가에서는 제외함)
칼릭스	-세일즈 포스의 넷제로 마켓플레이스(NetZero Marketptace)에 등급평가 결과의 일부 공개 - 등급 평가 결과에 대한 자세한 설명 및 나머지에대한 등급 평가는 칼릭스에 추가적인 비용지불	370	지역기반 솔루션 가전장치 및 지역커뮤니티 관련 제조 및 산업, 폐기물 및 재생에너지	내부 외부 전문가 평가 관련 영역의 동료 전문가의 이차적 평가(peer-review)	연간	- 추가성 -과대발행 베이스라인포함 - 영구성 - Overtapping claims	SDG 점수(전체 평가와 별도로 제공)
실베라	-세일즈 포스의 넷제로 마켓플레이스(NetZero Marketptace)에 등급평가 결과의 일부 공개 - 등급 평가 결과에 대한 자세한 설명 및 나머지에대한 등급 평가는 실베라에 추가적인 비용 지불	150	에너지와 자연 기반 솔루션 중 산림 프로젝트에 특화됨	내부 전문가 평가 -관련 영역 의뢰동료 전문가의이차적 평가(peer-review)	분기 마다	- 추가성 - 베이스라인, 과대발행 - 영구성 - 검증	-사회 / 환경적영향(Co-benefits) 점수(전체 평가와 별도로 제공) -유출 여부(전체 평가에서는 제외함)
레노스터	-평가된지6-12달이 지난 등급 평가에 대해서만 공개-그 전에 결과를 보기 위해서는 추가적인 비용-지불-공개된 등급평가는 30-40분 길이의 영상과 원가 보고서로 어떻게 등급이 매겨졌는지에 대해 자세히 설명	10	산림 프로젝트만 다룸	내부 전문가 평가	모니터링 시스템이아직 구축되지 않았음	- 추가성, 베이스라인, 과대발행 포함 -탄소 점수유출 여부와 과대발행 포함 - 영구성	-사회 / 환경적영향 점수(전체 평가와 별도로 제공)

등급평가기관은 각자의 평가기준에 따라 등급 레벨링 시스템이 구축되어 있다. 등급이 높다는 의미는 1톤의 탄소가 계획된 대로 감축 또는 제거될 가능성이 높다는 것, 즉 리스크가 낮다는 것을 의미한다.

〈표 24〉 자발적 탄소시장주요 평가기관 등급 분류 비교

비제로(BeZero)

등급	AAA	AA	A	BBB	BB	B	C	D

칼릭스(Calyx)

등급	A+	A	B+	B	C+	C	D+	D	E+	E
넷제로마켓플레이스(NZM) 기준	A		B		C		D		E	

실베라(Sylvera)

등급	AAA	AA	A	BBB	BB	B	C	D
잠정적 등급	P+			P			P-	
넷제로마켓플레이스(NZM) 기준	Tier 1 (AAA, AA 포함)			Tier 2 (A 포함)			Tier 3 (BB, B 포함)	

레노스터(Renoster)

점수등급	1.0	0.9	0.8	0.7	0.6	0.5	0.4	0.3	0.2	0.1	0.0

[참고] 등급설명 (예시)
- 넷제로 마켓플레이스 등급: 세일즈포스의 넷제로 마켓플레이스는 실베라와 칼릭스로부터 프로젝트에 대한 평가를 가져오고 있는데, 이때 세일즈포스의 넷제로 마켓플레이스에서 보여지는 등급을 의미한다.

[칼릭스]
- A: 칼릭스 본 등급의 A+와 A 등급을 포함
- B: 칼릭스 본 등급의 B+와 B 등급을 포함
- C: 칼릭스 본 등급의 C+와 C 등급을 포함
- D: 칼릭스 본 등급의 D+와 D 등급을 포함
- E: 칼릭스 본 등급의 E+와 E 등급을 포함

[실베라]
- Tier 1: 실베라 본 등급의 AAA와 AA 등급을 포함
- Tier 2: 실베라 본 등급의 A 등급을 포함
- Tier 3: 실베라 본 등급의 BB와 B 등급을 포함
- 실베라의 임시 등급(Provisional rating): 평가할 수 있는 정보가 한정되거나 불충분할 때 임시로 부과하는 등급을 의미한다.
  · P+: 프로젝트 결과가 합리적일 것으로 보이며, 추가성과 영구성에 있어 높은 잠재력을 가짐
  · P: 리스크에 대한 명확한 증거는 없으나, 불확실성 또는 리스크에 대한 시그널이 있음
  · P-: 추가성, 탄소 감축, 영구성에 있어 적어도 하나 이상의 리스크가 예상됨

    등급평가기관은 각기 다른 평가 기준, 요소, 가중치를 적용하기 때문에, 동일한 프로젝트라도 상이한 등급 결과가 도출될 수 있다. 따라서 각 기관

의 평가 요소와 방식, 기준을 충분히 이해한 뒤, 등급 결과를 보조적 판단 자료로 활용하는 것이 바람직하다(Carbon Market Watch, 2023). 예를 들어, 베라에 VCS1094로 등록되어 있는 이코마푸어 아마존(Ecomapua Amazon REDD+) 프로젝트의 경우, 비제로와 칼릭스에서는 낮은 등급을 부여한 반면, 실베라는 가장 높은 등급으로 평가하였다.

<표 26> 프로젝트별 등급 부여 예시

Ecomapua Amazon REDD+ Project (VCS 1094)	BeZero	AAA	AA	A		BBB	BB	B		C	D
	Calyx NZM scale		A		B		C			D	E
	Sylvera NZM scale	Tier 1			Tier 2			Tier 3			
Keo Seima Wildlife Sanctuary (VCS 1650)	BeZero	AAA	AA	A		BBB	BB	B		C	D
	Calyx NZM scale		A		B		C		D		E
	Sylvera NZM scale	Tier 1 (on watch)				Tier 2			Tier 3		
Mai Ndombe REDD+ (VCS 394)	BeZero	AAA	AA	A		BBB	BB	B		C	D
	Calyx NZM scale		A		B		C		D		E
	Sylvera NZM scale	Tier 1			Tier 2 (on watch)			Tier 3			
Envira Amazonia Project (VCS 1382)	BeZero	AAA	AA	A		BBB	BB	B		C	D
	Calyx NZM scale		A		B		C		D		E
	Sylvera NZM scale	Tier 1			Tier 2			Tier 3			
Luangwa Community Forests Project (VCS 1382)	BeZero	AAA	AA	A		BBB	BB	B		C	D
	Calyx NZM scale		A		B		C		D		E
	Sylvera NZM scale	Tier 1			Tier 2 (on watch)			Tier 3			
Guanaré Forest Restoration Project (VCS 959)	BeZero	AAA	AA	A		BBB	BB	B		C	D
	Calyx NZM scale		A		B		C		D		E
	Sylvera NZM scale	Tier 1			Tier 2			Tier 3			
	Renoster	1.0	0.9	0.8	0.7	0.6	0.5	0.4	0.3	0.2	0.1	0.0

이는 평가기관마다 탄소 추가성, 영속성, 누출 위험, 모니터링의 신뢰도 등 다양한 요소에 부여하는 비중과 해석의 차이에 기인한다. 따라서 구매자는 단일 평가 결과에만 의존하기보다는, 여러 기관의 평가를 종합적으로 비교·검토하는 접근이 필요하다.

실제로 베라 레지스트리에 등록되어 있는 에코마푸아 아마존(Ecomapua Amazon) REDD+ 프로젝트의 연간 예상 탄소감축량은 72,338톤으로 계산되어 있는 반면, 해당 프로젝트의 최신 모니터링 보고서(2020년 4월 업로드)에 따르면 연간 발행가능한 탄소크레딧은 이에 한참 못 미치는 20k - 60k 톤으로 측정되고 있다(자세한 모니터링 결과는 다음 표에서 확인할 수 있다).[56]

이는 다양한 리스크 요소로 인해 사전 계획된 감축 목표를 달성하지 못했을 가능성을 시사한다. 즉, 탄소 1톤이 계획대로 감축되지 않고 있는 상황이며, 이로 인해 비제로와 칼릭스가 해당 프로젝트에 낮은 등급을 부여한 것은 타당하다고 볼 수 있다.

구매자는 이러한 등급 평가 결과를 통해, 해당 프로젝트가 계획대로 실행될 수 있을지 혹은 리스크가 높아 감축 목표를 충족하지 못할 가능성이 있는지를 사전에 판단할 수 있다. 등급은 탄소크레딧 구매 결정을 위한 중요한 참고 파라미터로 작용한다.

<표 27> 이코마푸어 아마존 REDD+ 프로젝트 연도별 사후 탄소배출 감축 실적

연도	기준선 배출량 또는 흡수량 (to_2eq)	프로젝트 배출량 또는 흡수량 (to_2eq)	누출 배출량 (to_2eq)	온실가스 순 감축량 또는 제거량 (to_2eq)	버퍼풀 할당량 (to_2eq)	발행대상 VCU(to_2eq)
2013년	113,778	93,332	0	20,446	2,472	17,975
2014년	102,985	56,125	18	46,843	4,975	41,867
2015년	100,745	32,718	0	68,027	6,965	61,061
2016년	85,997	51,192	0	34,805	3,787	31,017
2017년	85,646	59,654	23	25,969	2,949	23,019
합계	489,151	293,020	41	196,090	21,149	174,939

56) https://registry.verra.org/app/projectDetail/VCS/1094

탄소크레딧은 어떻게 발급되고 만료되는가?

탄소크레딧의 라이프사이클

본 장에서는 앞서 설명한 주요 플레이어들이 다루는 탄소크레딧 자체에 대하여 발행, 거래, 만료되는 전체 라이프사이클의 각 단계별 주요 활동에 대하여 살펴보고자 한다.

탄소크레딧이란 탄소배출의 감축 활동에 대한 성과를 거래가능한 단위로 환산한 것으로, 1탄소크레딧은 1톤의 탄소배출 감축량을 의미한다. 즉, 탄소가 대기 중으로 배출되는 것을 줄이거나 이미 배출된 탄소를 제거한 활동의 결과를 측정해 기후에 기여한 만큼을 탄소크레딧이라는 가상의 거래화폐로 바꾸어 수익을 낼 수 있는 인센티브를 제공하는 것이다. 그리고 기후목표 달성을 위해 감축이 필요한 온실가스는 이산화탄소(CO_2), 메탄(CH_4), 아산화질소(N_2O), 수소불화탄소(HFCs), 과불화탄소(PFCs), 육불화황(SF_6)의 6가지이며, 이 중 전체 온실가스의 80% 이상을 차지하는 것이 이산화탄소이기 때문에 각각의 온실가스 배출량을 비교할 때 나머지 다섯가지 배출량도 이산화탄소 환산량(CO_2eq)로 환산해서 사용한다. 이러한 이산화탄소의 형태로 대기중에 존재하는 온실가스 원소가 탄소이기 때문이다. 이런 이유로 VCM에서 역시 온실가스 배출 감축량에 대한 단위를 탄소크레딧이라는 용어로 사용하고 있다.

"1carbon credit = 1ton CO$_2$eq"

　탄소크레딧은 검증된 탄소감축 프로젝트의 활동으로부터 탄소감축의 결과가 나타나면 이를 톤 단위로 측정한 뒤 발행받게 된다. 이렇게 발행된 탄소크레딧을 거래하여 만든 수익은 다시 탄소감축 프로젝트로 환류되어 투자되는 것이 이상적인 사이클이다. 탄소크레딧을 발행하기 위한 준비과정, 탄소크레딧을 생성하는 발행과정 그리고 생성된 탄소크레딧이 판매되어 시장에서 영구적으로 사라지는 거래 또는 폐기과정의 탄소크레딧의 라이프사이클에서 각 단계별 주요활동에 대하여 알아보고자 한다.

〈그림 5〉 오프셋 크레딧의 라이프 사이클

　그러면 탄소크레딧 발행을 위한 준비과정으로 탄소프로젝트의 검증 및 인증단계, 탄소크레딧 발행 단계, 탄소크레딧 거래단계의 각 단계별 주요 세부 활동에 대하여 알아보고자 한다. 아래 그림에서처럼 탄소 크레딧 검증 및 인증 단계에서는 실제 탄소감축 프로젝트를 기획, 설계 및 사전검증하여 프로젝트를 등록시키는 과정이 수행된다. 그리고 등록된 프로젝트를 이행

하며, 모니터링 및 사후검증을 통해 탄소 크레딧이 발행된다. 그리고 발행된 탄소크레딧의 거래 형태 등을 결정하여 거래하고 활용(상쇄) 후 하는 단계로 탄소크레딧의 라이프사이클은 종료된다.

〈표 28 〉 탄소크레딧의 라이프사이클

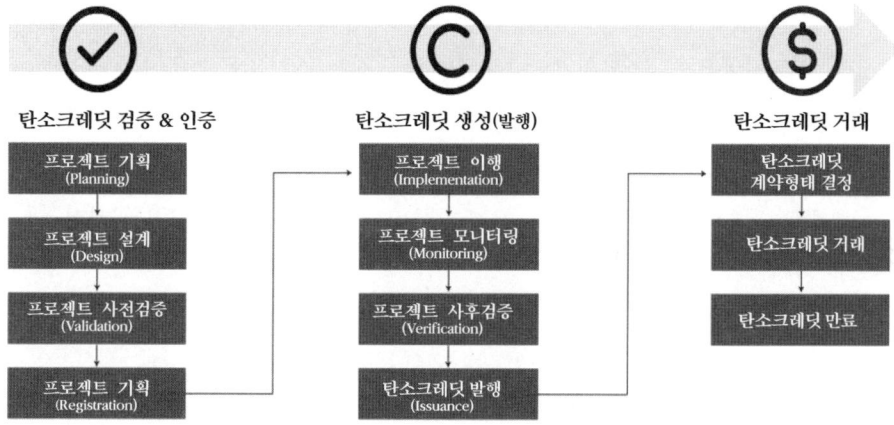

탄소 프로젝트의 검증 & 인증[57]

프로젝트 기획

프로젝트 개발자는 본격적으로 탄소 프로젝트 설계 및 자금 투입에 앞

---

57) What does the VCM project cycle look like?(Streck, Dyck et al., 2021)

서, 프로젝트가 탄소크레딧을 만들 수 있을 정도의 가치가 있는지 조건을 갖추고 있는지 등에 대한 사전타당성 평가(Pre-feasibility assessment)를 수행한다. 이는 탄소감축 성과를 정량화하여 이를 수익화하는 프로젝트 개발에 있어 시장·기술적, 경제적, 법적, 운영적 관점 등 다양한 관점에서 발생가능한 잠재적 이슈를 고려하기 위함이다.

필수적인 단계는 아니지만 최소한의 사전적인 리스크를 식별하기 위해 수행되는 활동으로, 보통 짧게는 1개월에서 길게는 1년 정도 소요되는 편이다. 프로젝트 기획(Planning & pre-feasibility assessment)과정 단계에서의 사전타당성 평가는 프로젝트를 이행할 프로젝트 개발자가 직접 시행하기도 하지만, 이들을 대신해서 기후솔루션 전문 컨설팅 기업 또는 자문회사가 대행하기도 한다.

기술적 분석에서는, 프로젝트 수행시 인증받을 탄소크레딧 발행기관을 미리 선정하여 그들의 방법론의 가이드 및 적용가능한 조건에 맞추어 필요한 정보(데이터)의 확보 및 정량화 가능성을 점검한다. 선택한 방법론의 해당 프로젝트에의 적용가능성(methodology applicablity)을 검토하고, 측정범위 및 대상을 포함한 온실가스 측정방법(GHG accounting approach)을 설정하고, 실제 기획단계에서 이용가능한 데이터를 활용하여 도출하여 대략적인 예상 온실가스 감축량을 예측한다.

경제적 관점에서는, 프로젝트에 드는 비용, 탄소크레딧을 통한 수익, 프로젝트 비용의 회수 기간(Payback period) 등을 계산하여 프로젝트 수행이 경제적 가치가 있는지 관점에서 분석한다. 이때 프로젝트 기획, 제3자 검증($150,000) 및 모니터링 비용($75,000/년), 탄소크레딧 거래 가격(톤당 $5에서 $15

방법론이란 탄소 프로젝트가 환경에 미치는 영향을 정량화하는 방법을 가이드하는 문서이다. 방법론은 감축된 탄소량을 측정하는 수단, 이를 정량화하는 공식, 고려해야 할 리스크 요소, 모니터링 주기 및 방법 등을 구체적으로 제공한다. 방법론은 프로젝트 유형, 규모, 적용 기술 등에 따라 다르게 개발되어 있으며, 탄소 프로젝트 인증과정에 쓰이는 방법론은 발행기관에 의해 공식적으로 검토되어 승인된 것만 이용될 수 있다. 따라서, 탄소크레딧 발행기관의 주요 기능 중 하나로써 방법론은 개발 또는 검토, 승인 그리고 주기적으로 업데이트하는 것이 포함된다. 탄소크레딧의 품질은 얼마나 엄격하고 신뢰성있는 방법론을 적용하느냐에 크게 좌우되게 된다. 시장 및 기술이 발전함에 따라 기존 방법론에서 문제점이 발견되기도 하기 때문에 방법론 또한 계속 업데이트되어야 하는 것이 중요하며, 방법론을 채택한 프로젝트도 가장 최신버전의 방법론을 적용해야 한다.

까지 여러 시나리오 고려), 회수기간(프로젝트 설계에서부터 탄소크레딧 판매를 통해 지출을 회수하고 순수익을 얻기까지 걸리는 시간) 등을 포함하여 비용과 수익을 도출한다.

법적 관점에서는, 탄소크레딧을 통한 수익창출 활동에 이슈가 없는지 관련 정부기관에 권한을 미리 확인하고, 이해관계자 간 탄소크레딧 소유권(자연기반 프로젝트의 경우 토지 소유권 등 포함)이나 프로젝트 영역 내 지역 커뮤니티 또는 개인의 생활권 침해 등의 잠재적인 법적 이슈가 없는지를 확인한다. 이슈가 발견될 경우, 프로젝트를 본격적으로 설계하기 전 이해관계자들과의 면담을 통해 절충안을 도출하거나 프로젝트 영역을 변경하는 등의 솔루션을 도출할 수 있도록 하는 등 대응 방안을 도출한다.

운영적 타당성의 경우, 프로젝트 운영에 관여할 주요 이해관계자들과 그들이 책임져야 하는 역할을 식별한다. 더 나아가, 각 역할을 맡을 실제 주체(기관, 기업)들을 미리 선별해놓기도 한다. 주요 이해관계자의 예로는, 프로젝트 운영 파트너, 기술적 파트너, 레지스트리, 펀딩 파트너, 토지 소유자 등이 있다.

그 외에도, 사전 타당성 평가 단계의 장점은 실제로 프로젝트 설계 문서를 작성함에 있어 추가적으로 수집이 필요한 데이터, 심층 조사가 필요한 부분, 당국의 공식적인 검토를 받아야 하는 부분 및 일정 등을 미리 파악할 수 있어 프로젝트 설계 단계에서 필요한 시간과 노력을 줄일 수 있다.

프로젝트 설계

프로젝트 설계 단계부터는 프로젝트를 인증받기 위한 여정이 본격적으로 시작된다. 이 단계에서는 탄소크레딧 발행기관과 검증기관이 프로젝트의 품질을 평가하기 위해 필요한 정보와 데이터를 포함한 '프로젝트 설계 문서(PDD, Project Design Document)'라는 것을 작성하게 된다. PDD 문서는 탄소크레딧 발행기관마다 비슷하지만 다르게 가이드하고 있으며, 프로젝트를 등록하기로 결정한 발행기관에서 제공하는 템플릿에 따라 작성해야 한다. 이 PDD 문서는 검증기관이 프로젝트를 사전 검증하는 데에 가장 기초적인 자료로 쓰이기도 한다. 보통 프로젝트 설계 단계는 6개월에서 1년정도 소요되는 것이 일반적이다.

한 예로, 베라에서 제공하는 PDD 템플릿(version 4.4, 2019 발행, 2024 업데이트)을 기준으로 PDD에 필수적으로 포함되어야 하는 정보를 살펴보면, 크게 5가지 부문인 ① 프로젝트 상세정보, ② 평가요소, ③ 리스크 분석 및 세이프가드 구축, ④ 탄소감축량 정량화, ⑤ 모니터링 계획으로 나뉜다. 프로젝트 상세 정보를 제외한 나머지 4개 부문은 선택한 방법론 가이드를 따른다.

〈표 29〉 베라의 PDD Tepmlate(version 4.4) (예시)

CONTENTS

1 **PROJECT DETAILS**
   1.1 Summary Description of the Project
   1.2 Audit History
   1.3 Sectoral Scope and Project Type
   1.4 Project Eligibility
   1.5 Project Design
   1.6 Project Proponent
   1.7 Other Entities Involved in the Project
   1.8 Ownership
   1.9 Project Start Date
   1.10 Project Crediting Period
   1.11 Project Scale and Estimated GHG Emission Reductions or Removals
   1.12 Description of the Project Activity
   1.13 Project Location
   1.14 Conditions Prior to Project Initiation
   1.15 Compliance with Laws, Statutes and Other Regulatory Frameworks
   1.16 Double Counting and Participation under Other GHG Programs
   1.17 Double Claiming, Other Forms of Credit, and Scope 3 Emissions
   1.18 Sustainable Development Contributions
   1.19 Additional Information Relevant to the Project
2 **SAFEGUARDS AND STAKEHOLDER ENGAGEMENT**
   2.1 Stakeholder Engagement and Consultation
   2.2 Risks to Stakeholders and the Environment
   2.3 Respect for Human Rights and Equity
   2.4 Ecosystem Health
3 **APPLICATION OF METHODOLOGY**
   3.1 Title and Reference of Methodology
   3.2 Applicability of Methodology
   3.3 Project Boundary
   3.4 Baseline Scenario
   3.5 Additionality
   3.6 Methodology Deviations
4 **QUANTIFICATION OF ESTIMATED GHG EMISSION REDUCTIONS AND REMOVALS**
   4.1 Baseline Emissions
   4.2 Project Emissions
   4.3 Leakage Emissions
   4.4 Estimated GHG Emission Reductions and Carbon Dioxide Removals
5 **MONITORING**
   5.1 Data and Parameters Available at Validation
   5.2 Data and Parameters Monitored
   5.3 Monitoring Plan
APPENDIX 1: COMMERCIALLY SENSITIVE INFORMATION
APPENDIX X: <TITLE OF APPENDIX>

① 프로젝트 상세정보

프로젝트는 기본적으로 프로파일 정보를 의미하며, 여기에는 프로젝트 위치 및 지리적 범위, 시작일 및 운영 기간, 프로젝트 소유 주체, 제안자의 정보 및 연락처 등이 포함된다. 또한, 프로젝트의 배경과 활동 계획을 간략히 서술해야 한다. 예를 들어, 프로젝트 시작 이전 해당 지역에서 이루어졌던 기존 활동이나 상태, 프로젝트 기획의 배경과 필요성, 프로젝트를 통해 어떻게 탄소 감축을 달성할 것인지, 활용될 기술, 장치 또는 솔루션, 프로젝트 활동의 구체적인 실행 과정 등을 설명해야 한다. 이러한 정보는 프로젝트의 목적과 실행 가능성 그리고 기대되는 환경적 효과를 평가하는 데 있어 중요한 기초 자료로 작용한다.

② 평가요소

먼저, 〈방법론 적용(Application of methodology)의 적합성〉에서 프로젝트 특징(유형, 규모 등)에 따른 적절한 방법론 선정 여부 및 방법론에서 제시하는 조건을 충족했다는 것을 증명해야 한다.

베이스라인 시나리오

다음으로, 베이스라인 시나리오(baseline scenario)를 정의한다. 베이스라인 시나리오란 프로젝트가 이행되지 않았을 경우, 인간 활동으로 인한 탄소배출이 가장 높은 가능성으로 발생할 상황을 의미한다. 즉, 프로젝트가 실행되지 않고 기존의 배출 활동이 그대로 지속되는 상황을 기준으로 삼아, 프로젝트가 실제로 얼마나 탄소배출을 감축할 수 있는지를 측정하는 기준이 된다.

따라서 정확한 베이스라인 설정은 매우 중요하다. 프로젝트로 인한 탄소배출 감축량은 베이스라인 시나리오에서의 예상 배출량에서 프로젝트 수행으로 발생한 실제 배출량을 차감한 값으로 계산된다. 아래 그림은 베이스라인을 활용한 탄소배출 감축량(=탄소크레딧 발행량) 산정 개념을 시각적으로 나타낸 것이며, 가로축은 시간, 세로축은 탄소배출량을 의미한다.

"프로젝트로 인한 탄소배출 감축량 (탄소크레딧 발행량) = 베이스라인 시나리오에서의 배출량 - 프로젝트로 인한 배출량"

베이스라인 시나리오 정의를 위해서는 일반적으로 배출전망치(BAU, Business-As-Usual)가 고려된다. 탄소시장에서의 배출전망치란, 탄소감축을

<표 30> 베이스라인을 이용한 탄소크레딧 발행량 계산

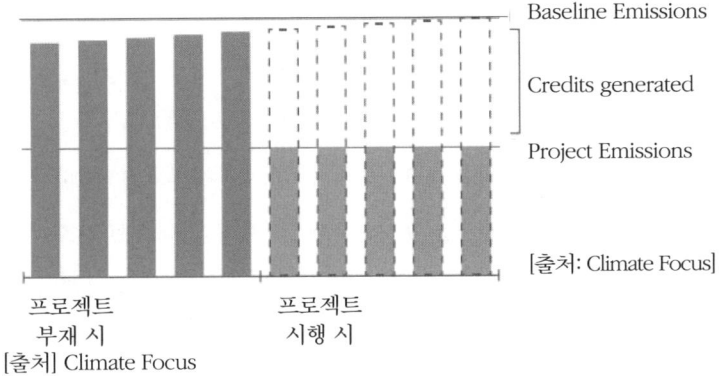

[출처] Climate Focus

위한 특별한 조치를 취하지 않을 경우 현 시점에서 예상되는 목표연도의 탄소 배출량를 의미한다. 예를 들어, 목표연도 2050년의 BAU란 인위적인 감축 노력을 전혀 하지 않을 경우 현재의 추세로 볼 때 2050년에 배출될 탄소량의 추정치를 의미한다. 이때 현재 시점만 보는 것이 아닌 미래 변동 추세, 정책 방향 등을 기준으로 목표연도에 어떻게 변화해 있을지를 반영하는 것이 중요하다. 따라서 배출전망치를 추정할 때는 경제성장률, 국제유가변동, 인구변동, 에너지효율 개선추이, 환경정책, 산업구조 변화 등 다양한 요소들이 영향을 주게 된다.[58]

예를 들어, 재생에너지 프로젝트의 경우 친환경 에너지 정책 등 국가에서 추진하는 환경규제로 인해 이미 산업현장에서 에너지로 인한 탄소배출이 적을 경우, 베이스라인 배출량이 현저히 낮게 계산된다. 즉, 이미 다른

---

58) https://lrl.kr/WkmL

외부적인 요소로 인해 탄소배출이 줄어들었기 때문에 해당 프로젝트로 인한 효과가 크지 않다는 것을 의미한다. 베이스라인은 프로젝트 기획단계에서만 고려하는 것이 아닌, 프로젝트를 이행하는 단계에서도 지속적으로 최신 외부환경을 반영하여 주기적 정확하게 업데이트하는 것이 중요하다. 예를 들어, 프로젝트 시작 당시에는 산림 보존에 대한 환경규제가 심하지 않아 해당 지역에서의 무분별한 산업 확장이 예상됨에 따라 예측된 탄소배출량이 높게 계산된 반면, 시간이 흘러 국가의 강화된 환경규제로 인해 산림 보존 활동이 만연하게 일어나게 되면서 예상되는 탄소배출량이 줄어드는 경우가 있다. 이때 프로젝트가 운영되고 있는 시점의 베이스라인이 업데이트되지 않을 경우, 베이스라인이 실제보다 과장되어 계산되는 문제가 발생할 수 있다.

베이스라인을 정확히 정의하는 것이 중요한 이유는, 베이스라인 배출량이 과장되어 계산될 경우 실제 감축된 탄소보다 더 많이 감축시키는 것으로 계산되어서 실제 결과보다 크레딧이 더 많이 발행될 우려가 있기 때문이다. 과장된 탄소크레딧 발행은 프로젝트는 물론 시장의 신뢰성을 떨어뜨리고 실제 프로젝트의 효과보다 더 많은 이익을 가져가는 그린워싱의 리스크가 커지게 된다.

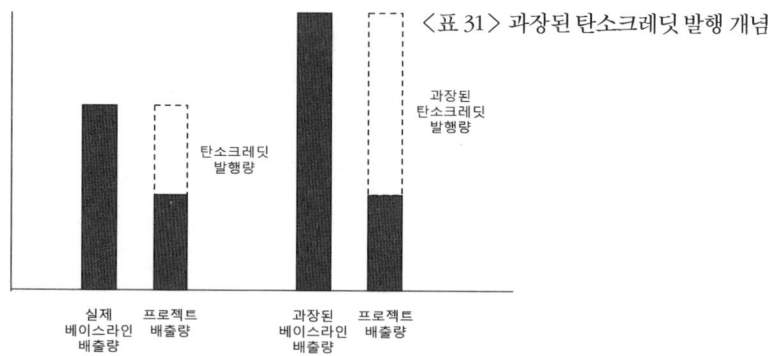

〈표 31〉 과장된 탄소크레딧 발행 개념

추가성

또한 추가성을 증명하는 것은 프로젝트 설계에 있어 가장 중요하게 평가되는 항목 중 하나이다. 프로젝트 개발자는 프로젝트의 탄소감축 활동이 추가적임을 증명해야 한다. 즉, 프로젝트의 탄소감축 활동은 탄소크레딧의 수익 또는 영향력 없이는 해당 프로젝트 활동이 자연적으로 일어나지 않을 것이기 때문에 현재의 기후활동에 부가적인 이익을 가져다준다는 것을 의미한다. 추가성이 고려되지 않을 경우 국가의 기후활동과 중복되거나 이미 경제성이 있는 산업의 중복 수익화로 인해 본질적인 탄소감축 활동의 효과성이 우려되기 때문이다. 예를 들어, 2020년 블룸버그는 필라델피아 근처 1200ha 산림에서 산림 보존 및 황폐화 방지를 목적으로 REDD+ 프로젝트로 탄소크레딧을 발행한 것을 사기라고 보도했다. 이 산림은 이미 환경 NGO인 TNC(The Nature Conservancy, 자연보호협회)가 토지를 소유해 보호하고 있으므로 해당 프로젝트 없이도 산림이 보존되는 지역이기 때문에 추가성을 충족하지 못한다는 게 이유였다. 한국을 예시로 들면, 이미 국가에서 보호하고 있는 북한산이나 지리산국립공원의 산림을 보존하는 프로젝트를 통해 탄소크레딧을 발행한다는 것과 마찬가지인 것이다.[59]

추가성은 경제적, 기술적, 생태학적, 사회적, 정책적의 다섯가지 항목으로 나누어 증명할 수 있다.

경제적 추가성은 사업적으로 경쟁력이 없어 해당 탄소크레딧에 의한 수익 없이는 프로젝트가 운영되지 않아 탄소 감축·제거가 일어나지 않음을 증명하는 것을 의미한다.

---

59) https://dbr.donga.com/article/view/1101/article_no/10878/ac/m_best

기술적 추가성은 해당 프로젝트 활동에서 이용되는 기술, 장비, 인프라 등 없이는 탄소 감축·제거가 일어나지 않는다.

생태학적 추가성은 해당 프로젝트 활동 없이는 자연적으로 생태계에서 탄소 감축·제거가 일어나지 않는다.

또한 사회적 추가성은 해당 프로젝트의 활동으로 인한 거버넌스 또는 현지 관습의 변화 없이는 탄소 감축·제거가 일어나지 않는다.

정책적 추가성은 해당 국가가 해당 프로젝트의 활동을 지원·강제하는 정책 또는 정부 프로그램이 일어나지 않음을 증명하는 것을 의미한다. 이중, 경제적 추가성과 정책적 추가성이 가장 중요하게 평가되곤 한다.

영구성보장 & 역배출 예방 계획 여부

다음으로 영구성 보장 & 역배출 예방 계획 여부에 대한 사전 위험요소를 분석하고 이를 예방하는 계획 또는 솔루션을 포함해야 한다. 영구성이란 감축된 탄소가 생태계에 얼마나 오래 보존되는지에 대해 예상되는 기한을 의미한다. 여기서 영구성이 높다는 것은 역배출의 위험도가 낮다는 것을 의미한다. 역배출이 된다는 것은 해당 프로젝트 활동으로 감축된 탄소가 공기 중으로 다시 배출되는 것으로, 대부분 자연현상 또는 인간의 산업활동으로 인해 일어난다.

보통 기술 기반의 탄소 제거 프로젝트가 낮은 역배출의 위험성을 보이고, 자연 기반의 탄소 회피 프로젝트가 높은 역배출의 위험성을 보이는데, 산림 및 토지 관련 프로젝트는 산불, 토양침식, 홍수 등의 자연재해로 인해 탄소가 공기 중으로 다시 배출될 가능성이 높기 때문이다.

<그림 6> 자연기반 탄소회피 프로젝트의 역배출 개념

프로젝트
시작 전

프로젝트
시작

역배출(Reversal)
발생

보통 방법론에는 프로젝트 유형과 규모에 맞춰 영구성 리스크를 일반적인 산업기준으로 분석해 놓고, 그에 따른 일정량의 버퍼 풀을 총 탄소크레딧에서 제외하도록 가이드하고 있다. 버퍼풀이란 역배출 될 가능성을 예측하여 발행된 탄소크레딧의 일정 퍼센트가 거래되지 않도록 따로 빼놓는 것을 의미한다. 이를 통해 실제 역배출이 일어나지 않더라도 좀 더 보수적으로 탄소크레딧을 발행하는 것이다. 예를 들면, 한 산림 프로젝트에서 연간 50,000톤의 탄소를 제거한다고 설계된 경우, 그 중 5,000톤은 시장에서 거래될 수 없도록 버퍼풀로 남겨놓아야 하며, 프로젝트 운영 과정에서 산불 등 역배출이 일어나는 경우 미리 사전에 할당해놓은 버퍼 크레딧으로 그 손실을 채우게 될 것이라는 원리이다.

특히 자연 기반의 프로젝트 AFOLU(Agriculture, Forestry and Land Use; 농업, 산림, 토지 관련 프로젝트를 통합하여 지칭)는 자연재해에 취약하기 때문에 비영구성 리스크(Non-Permanence Risk) 분석을 시행하고 리스크 분석 결과를 보고서로 작성하여 탄소크레딧 발행기관에 등록 시 같이 제출하는 것이 필수로 요구되기도 한다.

<표 32> 프로젝트 타입별 영구성 기간 및 역배출 리스크 비교

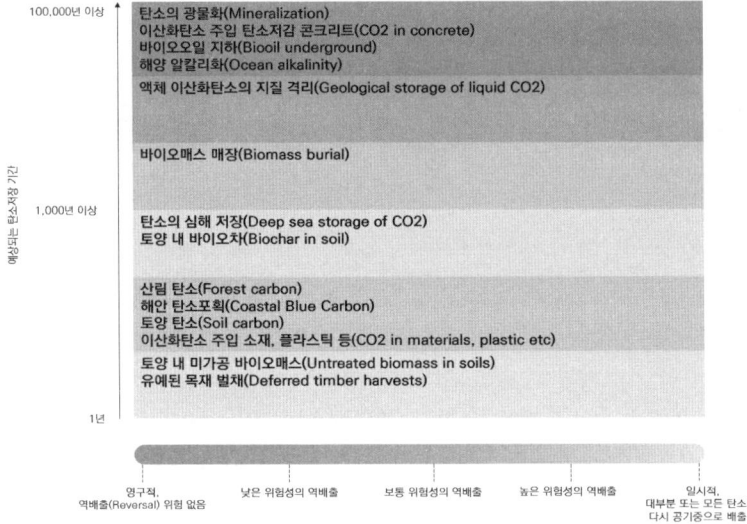

[자료: Sylvera]
[참고] 프로젝트 유형에 따른 영구성기간과 역배출 리스크 비교

중복성

지금까지는 프로젝트의 베이스라인, 영구성 및 추가성 등 프로젝트 자체 측면에서의 평가요소라면, 이제 프로젝트 수행을 통해 발급될 탄소크레딧 활용 관점에서 중복성을 방지하기 위한 부문을 검토해야 한다. 프로젝트 개발자는 해당 프로젝트의 결과로 나오는 탄소크레딧이 중복되어 이용되지 않도록 주의사항을 인지하고 있음을 체크해야 한다. 중복성을 방지한다는 것은 한 번 탄소크레딧으로 판매된 감축량은 다른 감축 목표에 다시 사용되어서는 안된다는 의미이다.

중복성을 고려하지 않아 하나의 탄소감축량으로 탄소크레딧이 여러번 이용될 경우, 실제 탄소감축량보다 더 많이 감축한 것으로 측정되어 감축 목표가 달성하지 않았음에도 수치상으로 목표에 달성한 것으로 나타나 실제로 기후변화에 기여하지 않는 결과를 낳을 우려가 있다. 중복성은 중복 발행, 중복 이용, 중복 청구의 3가지의 케이스를 조심해야 한다.

중복 발행은 동일 프로젝트의 탄소감축량이 하나 이상의 크레딧으로 발행됨을 의미한다. 이 케이스는 동일한 프로젝트가 여러 개의 레지스트리에 등록하면 여러 개의 크레딧을 발행할 때 일어난다. 따라서 PDD에는 해당 프로젝트는 해당 발행기관에만 등록함을 확인하는 항목이 있다.

〈그림 33〉 중복 등록에 따른 탄소크레딧 이중 발행 구조

중복 이용은 동일 프로젝트의 탄소크레딧이 두 번 사용됨을 의미한다. 이런 경우, 한 크레딧이 여러 곳에 이용되어 탄소감축 효과를 부풀리는 셈이 되기 때문에 주의해야 한다.

탄소크레딧 발행기관은 탄소크레딧이 발행되면 각 크레딧에 고유 번호를 부여하고 그 거래를 지속적으로 추적해 전용 레지스트리에 기록한다. 이러한 시스템으로 한 탄소크레딧이 여러 번 판매되지 않도록 방지하는 것이다.

〈그림 7〉 이중 사용 사례

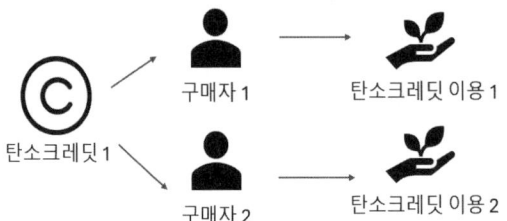

1개 탄소크레딧을 2개의
다른 구매자에게 판매 ->
탄소크레딧이 2번 이용됨

중복 청구는 동일 프로젝트의 탄소감축 결과가 구매자와 판매자 또는 구매자의 국가와 판매자의 국가 두 군데에서 모두 인정되는 것을 의미한다. 이는 판매자 쪽에서 국가의 기후정책을 고려하지 않았거나 탄소감축 결과를 측정할 때 이러한 효과 이전(transfer)을 고려하지 않았기 때문에 발생한다. 프로젝트 개발자 레벨에서 이를 방지하기 위해서는 프로젝트 설계 단계에서 먼저 국가의 기후정책과 중복되지 않는 활동으로 계획해야 한다.

<그림 8> 중복 청구 사례

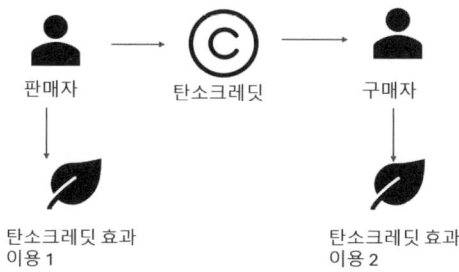

1개 탄소크레딧을
구매자에게 판매->
탄소크레딧의 효과가
판매자(국가)와
구매자(국가)에서 2번
이용됨

누출 관리 계획

또한 프로젝트 개발자는 프로젝트 기간 동안 프로젝트 활동으로 인해 탄소 누출이 일어날 여부가 있는지, 그렇다면 어떻게 예방하고 관리할 것인지에 대한 누출관리 계획을 제시해야 한다. 탄소 누출이란, 프로젝트 영역에서 프로젝트로 인해 탄소감축 활동이 일어남에 따라 기존에 해당 영역에서 이루어지던 산업 활동 및 시설이 상대적으로 탄소배출규제가 느슨한 지역으로 이전하는 것을 의미한다.

이는 주로 탄소 제거보다는 탄소 회피(Avoidance) 프로젝트 유형에서 많이 일어나는데, 이는 보통 기존의 탄소배출을 일으키는 활동을 억제하는 활동으로 성과를 얻기 때문이다.

예를 들어, 산림 보존 프로젝트가 시작되기 전 해당 지역에서 빈번히 일어나던 축산, 벌채 등의 산업 활동이 프로젝트가 시작됨에 따라 산림 보존을 위해 규제가 강화되면서 해당 지역을 벗어나 프로젝트 영역 근처에서 같은 산업 활동을 이어나가는 경우가 있다.

　이러한 누출이 발생하면, 탄소감축을 위한 프로젝트를 이행함에도 불구하고 결국 궁극적인 탄소감축에 기여하지 못하는 것이다. 탄소 누출이 발생할 가능성이 높은 프로젝트는 그 환경적 영향에 있어 실제 효과보다 과대평가되어 탄소크레딧이 과도하게 발행될 위험(Over-crediting)이 상당히 높다. 때문에, 프로젝트 설계 단계부터 사전에 누출 발생 가능성을 파악하고 해당 산업의 이해관계자들과의 소통을 통해 이를 방지할 수 있는 솔루션을 구축하는 것이 중요하다.

<그림 9> 탄소 누출 발생 사례

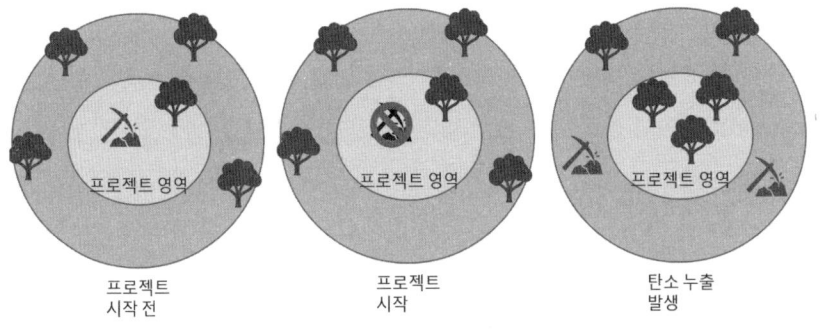

프로젝트
시작 전

프로젝트
시작

탄소 누출
발생

사회 & 환경적 영향

　마지막으로 최근 점점 중요해지고 있는 사회 & 환경적 영향을 평가이다. VCM의 프로젝트는 단순히 탄소 감축·제거 활동을 넘어서 지역사회에 투명하게 소통하지 않거나 불이익이 가도록 하는 활동을 하지 말아야 하며, 프로젝트 활동으로 인해 환경 및 생태계에 또다른 부정적인 영향이 미쳐서는 안된다. 따라서 프로젝트 개발자는 해당 프로젝트가 탄소감축 활동 외에 사회적·환경적으로 피해를 주지 않을 것을 사전에 평가하고 증명해야 한다.

특히, 자연 기반 프로젝트와 같이 지역 커뮤니티와 함께 작업해야 하거나 영향을 줄 가능성이 높은 프로젝트의 경우, 이해관계자와의 면담이 사전에 필수로 이루어져야 한다. 지역 이해관계자에게 프로젝트에 대해 설명하고 이들이 우려하는 부분, 탄소크레딧 수익 분배 등을 의논해야 하고, 이에 대한 결과를 PDD에 포함해야 한다. 〈표 33〉은 사회적·환경적 영향을 평가할 때 일반적으로 고려해야 하는 항목이 정리되었다.

〈표 33〉 환경적·사회적 영향 평가 요소

환경적 영향	사회적 영향
- 생물 다양성(Biodiversity) - 지역 대기질 - 수자원 가용성 - 토양 오염 - 소음 수준 - 천연자원의 이용 - 화학물질 사용 및 폐기 - 경관 오염(예: 풍력발전소) - 전반적인 공정 효율성 및 폐기물 관리	- 이해 관계자 식별 및 미치는 영향 파악 -이해관계자의 관여 방식 - 이해관계자와의 면담(consultation) 결과를 통해 이해 관계자가 우려하는 부분 파악 - 사회경제적 영향(예: 일자리 창출, 관련 산업 활성화 등)

이와 함께, 탄소크레딧 발행기관에서는 지역사회 및 환경에 긍정적인 영향을 더하는 프로젝트를 추가적으로 인증하는 프로그램을 개발 및 운영함으로써 프로젝트의 품질을 높이는 데에 이용하고 있다. 특히, 베라, 골드 스텐다드와 같은 대표 크레딧 발행기관에서는 SDGs*에 기여하고 있는지에 대한 추가적인 긍정적인 영향을 평가하고 있다.

베라는 CCB(Climate, Community & Biodiversity Standards), SD-VISta(Sustain

* 지속가능발전목표(SDGs)는 '전 세계 빈곤을 종식시키고 지구를 보호하며, 2030년까지 모든 사람들이 평화와 번영을 누릴 수 있도록 보장하기 위한 목표'로 2015년 UN에 의해 채택되었다. 개발을 통해 사회·경제·환경적 지속가능성이 균형있게 조정되어야 한다는 인식이 총 17개의 SDGs 목표 전반에 반영되어 있다.[60]

-able Development Verified Impact Standard)와 같은 하위 스탠다드 프로그램도 개발하여 프로젝트의 지속가능 발전에 기여하는 긍정적인 영향에 대한 평가·인증 및 모니터링을 실시하고 있다. CCB는 기후, 지역 커뮤니티, 생물다양성에 긍정적인 영향을 미치는 프로젝트를 인증하는 프로그램으로, 주로 산림, 토지관리, 농업 등 자연에 직접적인 프로젝트 활동을 대상으로 한다.

<그림 10> 지속가능발전목표 17대 목표

---

60)https://lrl.kr/WkmN

SD-VISta는 UN의 SDGs 중 사회 및 환경에 긍정적인 영향을 미치는 목표를 포함하는 프로젝트를 인증하는 프로그램이다. 프로젝트 개발자들은 프로젝트를 등록하면서 동시에 CCB나 SD-VISta와 같은 프로그램에도 함께 등록하면서 긍정적인 사회·환경 영향을 준다는 것을 공식적으로 인증받을 수 있다. 이러한 부가적인 부분을 함께 인증받은 프로젝트는 시장에서 더 높은 품질을 가진 것으로 평가되어, 크레딧의 가치가 올라가 더 높은 가격으로 책정되는 경향이 있다. 구매자들 사이에서도 그린워싱을 피하고자 높은 품질의 크레딧을 선호하는 트렌드가 강해지면서 사회환경적 영향을 중요하게 확인하고 있다.

골드 스텐다드는 파리협정과 SDGs 목표를 모두 달성하고자 하는 차세대 스탠다드가 되고자 하는 목표를 내세우고 있다. 이에 따라, 골드 스텐다드의 인증을 받고자 하는 모든 프로젝트는 SDG 13(기후변화 대응: Climate Action)을 포함해 적어도 3가지의 SDGs에 기여해야만 한다.

③ 탄소감축량 정량화

프로젝트 기간 동안 프로젝트 수행을 통해 얼만큼의 탄소가 감축될 것인지를 계산하여 기후활동에 주는 영향을 예측하게 된다. 프로젝트 설계 단계에서는 보통 아직 프로젝트가 시작되기 전이기 때문에 실제 데이터로 계산할 수는 없지만 최대한 정확한 수치를 낼 수 있도록 방법론에 의해 가이드된다. 방법론은 일반적으로 해당 산업에서 탄소배출량 측정 시 어떤 부분에서 어떤 배출가스를 어떻게 측정해서 어떻게 계산해야 하는지 등의 일반화된 계산 과정을 제공한다. 탄소감축량의 계산 과정은 프로젝트 유형마다 다르지만 기본적인 원리는 동일하다(Verra Project Description Template, 2024).

(총 예상 탄소감축량) = (베이스라인 배출량) - (프로젝트 배출량) - (누출 배출량) - (해당하는 경우, 버퍼)

먼저, 앞서 정리된 베이스라인 시나리오대로 이루어질 경우 발생하는 탄소배출량을 기준으로, 프로젝트 이행 중 발생할 배출량을 제외한다. 누출리스크가 있는 경우, 누출로 인해 발생할 배출량을 예측하여 함께 제외한다. 여기에 더해, 프로젝트 유형에 따라 영구성 또는 그외 부분에서 리스크가 파악되는 경우, 계산된 총 예상 감축량에 일정 퍼센트의 버퍼를 제외한다.

<표 34> 검증된 탄소 단위(VCU) 예상 발행량 산정표

빈티지 기간 (tCO2eq)	예상 기준선 배출량 (tCO2eq)	예상 프로젝트 배출량 (tCO2eq)	예상 누출 배출량 (tCO2eq)	예상 버퍼풀 할당량 (tCO2eq)	예상 감축 VCU (tCO2eq)	예상제거 VCU (tCO2eq)	예상 총 VCU발행량 (tCO2eq)

④ 모니터링 계획

모니터링 계획은 프로젝트 설계단계에서 함께 계획된다. 프로젝트 착수 후 검증기관에 사후검증을 요청할 때 이 모니터링 계획대로 이행한 결과를 보내서 평가받아야 탄소크레딧이 공식적으로 발행이 된다. 방법론마다 포함되어야 하는 모니터링 범위가 다르지만 일반적으로는 모니터링에 필요한 데이터를 수집, 기록, 통합, 분석하기 위한 방식과 주기 등을 결정해야 한다. 다음 리스트는 모니터링 계획에 포함되어야 하는 항목들이 열거되어 있다.

<표 35> 탄소크레딧 발행을 위한 검증·모니터링 체계

· 모니터링 계획
· 모니터링 대상의경계 정의 · 관련 자료를 수집하고 보관하는 수단(모니터링 자료는 탄소크레딧 발행 이후 2년까지 보관) · 데이터 수집 빈도 · 향후 누출 평가 및 추정 방법 · 모니터링 프로세스에 대한 관리 절차 · 비온실가스 환경영향에 대한 데이터 수집 및 보관방법 · 모니터링 방법론 선택의 정당성 · 수행할 검증 활동 명시 · 측정 및 교정 방법 · 해당되는 경우 누락된 데이터 처리에 대한 설명 · 측정기간 · 자료 수집의 책임자, 모니터링 데이터의 보관 책임자, 모니터링 프로세스 전 단계의 최종 책임자 · 데이터 수집을 위한 백업 시스템

프로젝트 사전검증

사전 검증은 프로젝트 착수 전 등록할 때 프로젝트가 이행할만한 조건을 갖추었는지를 평가하는 과정이며, 프로젝트 개발자가 해당 탄소크레딧 발행기관에 의해 공식 승인된 제3자 검증기관을 선택하여 이루어진다. 사전 검증의 목적은 해당 탄소크레딧 발행기관의 규칙을 준수하는지, 적용된 방법론에 명시된 대로 설계되었는지, 프로젝트 설계에 따라 실행될 때 향후 검증 가능한 탄소 데이터와 정보를 생성할 가능성이 충분히 있는지 등을 평가하기 위함이다(Validation and Verification Manual, Verra, 2016).

보통 프로젝트 개발자가 제출한 PDD 등의 자료를 기반으로 서면 평가가 이루어지며, 프로젝트 특성에 따라 현장 방문과 이해관계자와의 면담을 포함하기도 한다. 사전 검증은 과정에 따라 2~18개월 정도 소요되는 것이 일반적이다(Streck, Dyck et al., 2021). 사전 검증 과정을 통과하지 못한 프로젝트의 경우, 계획을 수정하여 다시 신청할 수 있다.

프로젝트 등록

사전검증을 통과한, 즉 해당 탄소크레딧 발행기관의 규칙과 조건을 모두 충족한 프로젝트는 레지스트리의 프로젝트 리스트에 추가되어 공개적으로 보여진다(아래 그림 참고). 레지스트리에 등록된 프로젝트는 프로젝트 고유의 코드/ID가 부여된다. 프로젝트는 레지스트리에 등록된 후 시작될 수 있다.

〈그림 11〉 베라에 등록된 프로젝트 리스트 및 상세 페이지 예시

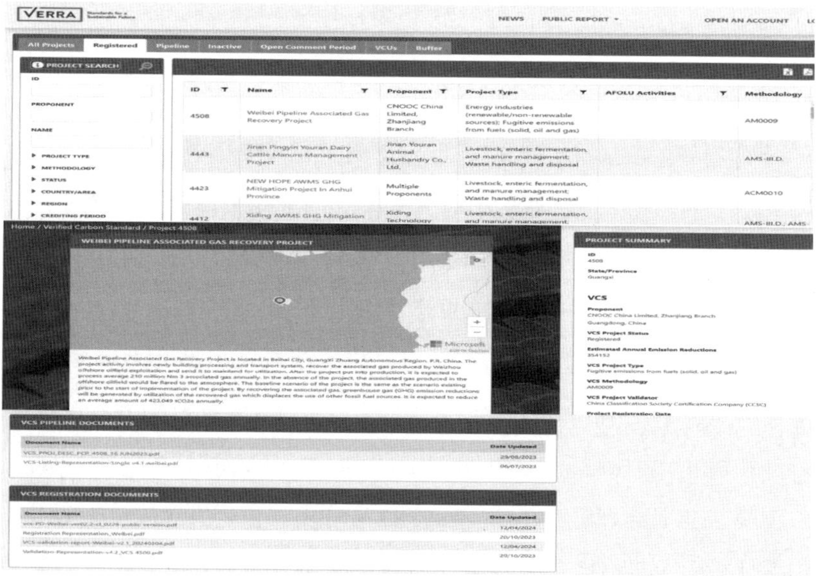

탄소 프로젝트 생성 및 발행

프로젝트 이행

프로젝트 개발자는 제출한 PDD에 설계된 대로 프로젝트를 이행 (Implementation)하기 시작한다. 탄소크레딧은 실제 프로젝트 활동을 통해 탄소감축이 일어나기 전까지는 발행되지 않는다. 예를 들어, 자연기반의 프로젝트인 조림 활동의 경우, 나무를 심어서 이 나무가 충분히 자라 탄소를 흡수할 때까지 몇 년의 시간이 걸리기도 한다. 또는, 기술 기반의 탄소제거 프로젝트의 경우, 프로젝트 설계 과정에서는 개발 단계였던 기술이 실제로 현장에 도입되어 탄소제거 효과를 내기까지 꽤 오랜 시간이 걸릴 수도 있다. 때문에, 프로젝트 개발자는 탄소크레딧으로 인한 수익을 계산할 때 이를 고려해서 자금운영 계획을 세워야 한다.

프로젝트 모니터링

프로젝트 개발자는 PDD에 사전 설계한 계획에 따라 모니터링을 시행함으로써 실제 프로젝트 활동으로 인한 탄소감축량을 추적해야 하는데, 이 과정에서 프로젝트 개발자는 MRV(Monitoring, Reporting and Verification; 모니터링, 보고, 인증) 단계를 거친다.

탄소크레딧 발행 전 필수적으로 거쳐야하는 단계로써, 모니터링, 보고, 검증 체계를 의미하는 MRV시스템은 탄소프로젝트 활동에 의해 감축·제거된 온실가스 배출량을 시간의 흐름에 따라 측정 및 모니터링하고, 그 결과를 보고서 형태로 작성하여 제3자 검증기관에 보고하고, 탄소크레딧을 발행받기 위해 인증 받는 일련의 과정을 의미한다. MRV는 프로젝트 활동이 실제로 탄소를 감축·제거했음을 증명함으로써 탄소크레딧이 거래 가능한

화폐로서의 가치로 변환될 수 있도록 하는 역할을 한다. 프로젝트를 설계하고 이행하는 것도 중요하지만, 현재 진행 중인 프로젝트의 탄소감축 활동의 정확성을 평가하고 그 사회적·환경적 영향을 보장하는 것도 매우 중요하다. 베라, 골드 스텐다드와 같은 탄소크레딧 발행기관들은 다양한 베이스라인을 가진 프로젝트들의 MRV 결과에 대한 신뢰성을 높게 유지하기 위해 베이스라인 측정과 MRV 이행계획에 있어 일정 요구사항을 규정하고 있다.

모니터링: 프로젝트 활동이 진행되기 시작하면, MRV 활동의 기초로써 모니터링 데이터를 수집하고 처리한다. 이러한 데이터는 베이스라인과 비교되어 감축·제거된 탄소배출량을 계산하는 데에 이용된다. 이때 수집 대상 데이터, 데이터 수집 과정 및 범위 등은 프로젝트 활동에 따라 다양하다. 수집 대상 모니터링 데이터의 예로는, 클린 쿡스토브의 자동 추적, 가정용 태양광 발전장치의 전기계량기 판독, 나무의 울창함 변화 비교 등이 있다. 특히 지역 커뮤니티와의 협업은 접근하기 어려운 지역에서의 활동을 모니터링하는 데 도움이 되기도 한다.

보고: 이러한 모니터링 결과는 해당 탄소프로젝트를 등록한 탄소크레딧 발행기관에 의해 인증된 제3자 기관의 검증을 받기위해 제출해야 하는 보고서 형태로 작성된다. 검증기관은 많은 양의 데이터를 정밀 조사하고, 필요한 경우 현장에 직접 감사를 나가기도 한다. 따라서, 프로젝트 개발자들은 보고서 작성시 정확성, 투명성, 표준 준수를 철저히 입증하는 결과를 잘 문서화함으로써 검증 프로세스를 원활하게 진행시킬 수 있다.

검증: 독립적인 제3자 기관이 작성된 모니터링 보고서를 검토하고 관련 프로젝트의 표준 준수 여부를 확인한다. 여기에는 현장 방문, 데이터 교차 확

인, 방법론 검증 등이 포함된다.

프로젝트 사후검증

MRV의 V(검증)에 해당하는 사후 검증 단계를 통과해야만 최종적으로 탄소크레딧이 발행될 수 있는 조건을 만족한다. 사후 검증은 프로젝트가 시작된 이후에 모니터링된 탄소 데이터와 정보를 평가하는 과정이며, 이 또한 사전 검증과 마찬가지로 제3자 검증기관에 의해 이행된다. 사후 검증의 목적은 프로젝트 개발자가 제출한 모니터링 보고서를 기반으로 모니터링이 PDD에 설계된 계획을 준수하는지, 모니터링 보고서에 보고된 탄소배출량 감축 정도가 정확히 계산되었는지 등을 평가한다(Validation and Verification Manual, Verra, 2016). 사후 검증은 사전 검증과 달리 실제 프로젝트의 성과를 평가하는 단계이기 때문에 탄소크레딧은 사후 검증이 이행된 후에만 발행이 가능하다. 사후 검증은 과정에 따라 보통 1~6개월이 소요된다(Streck, Dyck et al., 2021).

프로젝트 발행

프로젝트(크레딧)가 사후 검증을 통과하여 탄소크레딧 발행기관의 공식적인 검토를 받은 후 드디어 감축된 탄소배출량만큼 탄소크레딧이 발행된다. 프로젝트 개발자가 발행된 탄소크레딧 수만큼 레지스트리에 발행 수수료를 지불하면, 해당 크레딧이 프로젝트 개발자의 레지스트리 계정에 저장된다. 이렇게 만들어진 탄소크레딧은 거래, 이전, 만료가 허용되는 화폐단위로 이용되는 것이다.

탄소크레딧 거래

탄소크레딧 거래 계약형태 결정[61] [62]

발행된 탄소크레딧은 기업을 비롯한 다양한 기후활동 주체의 탄소 상쇄를 목적으로 거래된다. 이때, 탄소크레딧 거래 방식은 크게 사후(Ex-post), 사전(Ex-ante), 선구매(Pre-purchase)의 세 가지로 구분된다. 기존에는 프로젝트가 검증을 완료한 이후 크레딧이 발행되고 거래되는 사후 거래 방식이 일반적이었다. 그러나 최근 탄소시장에 대한 관심과 수요가 증가하면서, 더 많은 크레딧 확보, 장기 공급 계약 체결, 프로젝트 개발 및 확장을 위한 자금 조달 확보 등의 필요성에 따라, 사전 및 선구매 방식 등 선계약 기반 거래가 활발히 시도되고 있다. 다음은 이 3가지 거래 형태의 기본 개념과 각각의 장단점을 설명한 것이다.

먼저, 사후 탄소크레딧은 이미 발생한 탄소감축 성과를 기반으로 발행된 크레딧을 구매하는 방식이다. 이 유형은 현재까지 가장 일반적으로 사용되어 온 거래 형태이며, 구매 직후 만료가 즉시 가능하다는 점이 특징이다. 구매자는 비용 지불과 동시에 '탄소크레딧 만료증명서'를 받을 수 있다. 이 증명서는 일종의 영수증으로, 해당 크레딧이 공식적으로 만료되었음을 확인해준다. 탄소크레딧은 가상의 자산이기 때문에, 만료 여부를 공식적으로 증명할 수 있는 문서가 반드시 필요하다. 만료증명서는 크레딧이 더 이상 재

---

61) https://illuminem.com/illuminemvoices/types-of-carbon-credits-exante-expost-prepurchase
62) https://illuminem.com/illuminemvoices/types-of-carbon-credits-exante-expost-prepurchase

판매될 수 없음을 명시하는 문서로 활용된다. 사후 탄소크레딧은 프로젝트의 탄소 배출 감축 또는 제거 활동이 이미 완료되고 검증된 상태이기 때문에, 구매자 입장에서는 리스크가 낮고, 구매 즉시 탄소 상쇄 활동에 활용 가능하다는 점에서 장점이 크다. 그러나 탄소크레딧의 가격이 시기에 따라 변동되기 때문에, 지속적인 상쇄 수요가 있는 기업의 경우 예산 수립과 비용 예측이 어렵다는 점, 대량 구매 시, 상쇄 수요를 충족할 만큼의 크레딧을 보유한 프로젝트를 찾기 어려울 수 있다는 측면에서의 단점도 존재한다.

사전 탄소크레딧은 탄소감축 효과가 실제로 발생하기 이전, 미래에 예상되는 효과를 기반으로 발행되는 크레딧이다. 구매자는 거래 시 탄소 인증서(Carbon Certificate)를 수령하지만, 해당 프로젝트에서 실제 감축 효과가 발생하기 전에는 크레딧을 만료시킬 수 없다. 예를 들어, 조림 프로젝트의 경우 묘목을 심고 성장하는 초기 단계에서 예상 감축 효과를 바탕으로 사전 탄소크레딧이 발행될 수 있다. 그러나 묘목이 충분히 성장하여 탄소 제거 효과가 실질적으로 발생하고 검증되기 전까지는, 이 크레딧을 탄소 상쇄 용도로 만료할 수 없다. 이러한 크레딧은 프로젝트 초기 단계에 필요한 자금 조달 수단으로 기능한다. 구매자는 사전 탄소크레딧을 구매함으로써 프로젝트 실행과 성공에 직접 기여하게 되며, 이는 VCM에서 점점 중요해지는 기후재정의 조기 투자 방식으로 주목받고 있다.

그러나 사전 탄소크레딧은 몇가지 리스크를 내포하는데, 이는 실제 감축 효과가 계획보다 적게 발생하거나, 지속 가능성이 불확실할 수 있으며, 검증 실패로 인해 크레딧이 만료되지 못할 가능성이 존재한다. 따라서 구매자는 프로젝트의 신뢰성과 리스크에 대해 보다 신중한 검토가 필요하다. 사전 탄소크레딧은 다음과 같은 주요 발행기관에서 구분하여 발행되며, 사전과 사후 크레딧을 서로 다른 라벨로 표기한다.

<표 36> 탄소크레딧 발행 기관별 사전·사후 크레딧 라벨

발행기관	사전 크레딧 라벨	사후 크레딧 라벨
Verra	PCU(Projected Carbon Units)	VCU(Verified Carbon Units)
Gold Standard	Per(Planned Emission Reduction)	VER(Voluntary Emission Reductions)
CAR	Climate Forward	CRT(Climate Reserve Tonnes)
Puro. earth	pre- CORC	CORC(CO$_2$ Removal Certificate)

선구매 탄소크레딧은 판매는 되고 있으나 실제 아직 발행되지는 않은 것을 의미한다. 이는 기본적으로 탄소 프로젝트가 향후 가동되면 탄소 크레딧을 발행하겠다는 약속을 의미하며, 현재 탄소 제거량을 구매하는 유일한 방법인 경우가 많다.

이 역시 앞의 사전 탄소크레딧과 마찬가지로 크레딧 선구매에 대한 증명서는 받을 수 있지만 만료증명서는 미래에 탄소 감축 영향이 일어난 뒤 크레딧이 정식으로 발행되면 받을 수 있게 된다. 아직 설계 및 건설 단계에 있는 DACCS(Direct Air Carbon Capture and Storage) 프로젝트의 경우 탄소크레딧은 실제 공장이 가동될 때 발행될 수 있으며, 실제 탄소감축 효과만큼 정확하게 만료(상쇄)된다.

사전 구매의 경우 일반적으로 탄소감축 잠재력이 매우 높은 초기단계 혁신 프로젝트이나 단기간 확장이 쉽지 않고 프로젝트 이행 및 상용화에 막대한 재정투입이 필요한 기술인 경우가 많다. 이러한 선구매 방식을 통해 프로젝트 개발자는 장기적으로 안정적인 투자 및 구매자를 확보할 수 있고, 구매자는 탄소제거 효과가 큰 프로젝트에 대해 미리 공급을 확보해 놓을 수 있는 장점이 있다. 그러나 사전 탄소크레딧과 마찬가지로 프로젝트의 성과는 아직 측정되기 이전이므로 불확실성에 대한 리스크가 있다. 따라서 구매자들은 여러 가지 리스크 요소를 고려하여 선구매 계약을 결정할 필요가 있다. 또한 현재 측정된 가치로 탄소크레딧 비용을 지불하므로 미래 실제 탄소크레딧 발행 시점에서 그 가치가 달라질 수 있다.

선구매 탄소크레딧은 아직 발행되지 않은 탄소크레딧을 사전에 구매하는 계약 형태를 의미한다. 이는 기본적으로, 향후 프로젝트가 가동되면 크레딧을 발행하겠다는 판매자의 약속에 근거한 거래이며, 특히 현재 탄소 제거량을 확보하는 유일한 수단으로 활용되는 경우가 많다. 이 거래 방식에서도 선구매 계약에 대한 증명서는 발급되지만, 실제로 탄소감축 효과가 발생하고 정식 크레딧이 발행된 이후에야 탄소크레딧 만료증명서를 받을 수 있다. 예를 들어, 아직 설계 및 건설 단계에 있는 DACCS 프로젝트의 경우, 공장이 완공되어 실제로 가동된 이후에야 탄소 제거가 발생하고, 이에 상응하는 크레딧이 발행 및 만료된다. 이 과정은 정확한 탄소감축량에 따라 상쇄가 이루어진다는 점에서 높은 정밀도를 요구한다. 선구매 계약은 일반적으로 탄소감축 잠재력은 높지만, 기술적·재정적 진입장벽이 높고, 단기 확장이 어려운 초기 단계의 혁신 기술 기반 프로젝트에서 활용된다. 이러한 거래 방식은 프로젝트 개발자에게 장기적이고 안정적인 투자 확보 수단이 되며, 구매자에게는 탄소감축 효과가 높은 프로젝트에 대한 조기 접근 및 공급선 확보라는 전략적 이점을 제공한다. 그러나 이 역시 몇가지 리스크 요소를 고려해야할 필요가 있는데, 프로젝트의 감축 효과는 아직 실현되지 않았기 때문에, 성과 불확실성과 실행 실패의 가능성이 존재한다. 또한 크레딧 비용이 계약 시점의 가치로 지불되기 때문에, 이로 인해 미래 발행 시점에서 시장가치가 달라질 수 있는 가격 변동 리스크도 있다. 따라서 구매자는 프로젝트의 기술 신뢰성, 이행 가능성, 가격 적정성 등을 종합적으로 고려해서 신중한 판단을 내려야 한다.

탄소크레딧 거래

VCM에는 하나의 중앙 기관에서 운영하는 공식 마켓플레이스가 존재하지 않는다. 앞에서 언급한 것처럼, 프로젝트 개발자가 직접 구매자를 찾거나 브로커, 리셀러 등 중간매개자를 통해 탄소크레딧을 거래하는 것이 전통적인 거래 방법이었다. 최근에는 다양한 서비스를 제공하는 민간 마켓플레이스를 통한 거래가 활발해지면서 자발적 시장의 투명성과 유동성이 동시에 발전하고 있다.

어떤 경로로 거래가 이루어지든, 최종적으로 판매가 완료된 탄소크레딧은 해당 레지스트리에 거래량, 거래일자, 크레딧 상태, 소유권 이전 또는 만료 대상 구매자 등 관련 히스토리가 업데이트 되어야 한다. 이러한 장치를 통해 레지스트리는 하나의 크레딧이 이중 사용되는 것을 예방하고 그 상태를 추적할 수 있다.

프로젝트 개발자의 경우, 탄소크레딧을 판매한 수익으로 기존 프로젝트를 운영하거나 새로운 탄소감축 프로젝트를 기획하게 된다. 이상적으로 탄소크레딧 판매수익은 개인 또는 기업의 이익이 아닌 다시 기후활동으로 돌아가는 것을 목적으로 해야한다.

탄소크레딧 소유권 이전 또는 만료

구매자가 탄소크레딧을 구매했을 때 크레딧의 탄소감축 영향이 바로 기후활동 성과로 연결되는 것은 아니다. 구매자는 구매한 크레딧을 만료할 때까지 소유권을 유지하는 것이며, 그 전까지는 탄소상쇄 활동에 기여한 것으로 인정되지 않는다. 이는 탄소크레딧이 다양한 시장참여자들 사이에서 여러 번 거래될 수 있는 특성을 가지고 있기 때문이다. 즉, 탄소크레딧은 거래 후 일정기간 만료 없이 누군가에 의해 소유되고 있을 수 있다는 것을 의미한다. 따라서, 탄소크레딧 거래 시 제공되는 증명서는 구매 증명서와 만료 증명서로 구별되어 있다. 거래된 탄소크레딧이 최종사용자의 탄소상쇄에 쓰인다면 탄소크레딧이 만료되어야 하며, 이를 위해서는 프로젝트 개발자가 레지스트리에서 직접 탄소크레딧을 만료시키고 최종사용자의 이름으로 탄소크레딧 만료 증명서를 발급받아 전달한다. 반면 거래된 탄소크레딧이 탄소상쇄가 아닌 소유의 목적이라면 탄소크레딧의 소유권을 이전시킬 수 있다. 이를 위해서는 프로젝트 개발자가 레지스트리에서 직접 탄소크레딧의 소유권을 구매자의 이름으로 변경할 수 있다.[63]

〈표 37〉베라 레지스트리에서 탄소크레딧 만료 처리 화면 예시

---

63) https://vcmintegrity.org/wp-content/uploads/2023/09/Verra-Registry-User-Guide.pdf

<그림 12> 탄소 크레딧 만료인증서

프로젝트 개발자 또는 탄소크레딧 공급 주체가 레지스트리에서 거래를
원하는 크레딧 수, 구매 주체 등의 정보를 입력하고 크레딧을 만료시키면
이메일을 통해 다음 예시와 같은 탄소크레딧 만료 증명서를 받게 된다.

공급 주체는 이 증명서를 구매 주체에게 전달함으로써 탄소크레딧 거
래가 마무리되게 된다.

만료 증명서에는 구매한 크레딧 수, 크레딧 상태(만료), 프로젝트 명, 프
로젝트가 등록된 레지스트리, 프로젝트 고유 ID, 공급 주체, 구매 주체 및
대표자 이름 등의 정보가 포함된다. [64]

---

64) https://www.ecosoul.io/anatomy-of-a-carbon-credit-cart-certificate/

탄소크레딧의 가격은 무엇에 의해 결정되는가?

VCM의 탄소크레딧 가격은 부동산 시장과 유사하게 수요와 공급, 정책 및 규제, 경제 상황 등에 따라 역동적으로 변화한다. 따라서 우리가 부동산 투자시 잠재가치가 높은 부동산을 찾는 것이 중요한 것처럼, 탄소시장에서도 적합한 솔루션(프로젝트)을 찾기 위해서는 해당 프로젝트의 탄소크레딧의 가격, 기후에 미치는 영향 등을 고려한 잠재가치를 평가할 수 있는 능력이 필요하다.

탄소크레딧 가격은 공급자와 수요자 모두에게 중요한 정보이다. 수요자 입장에서는 최종구매자인 기업이 기후목표를 달성하는데 드는 비용을 사전에 평가하고 해당 목표를 달성하기 위해 탄소크레딧을 어떻게 이용할지에 대한 의사결정을 위해 가격정보가 필요하다. 또한 공급자 입장에서는 프로젝트 개발자가 해당 프로젝트 유형이 시장에서 얼마만큼의 가치를 가지고 있는지, 탄소크레딧 판매를 통한 수익이 프로젝트를 개발하고 운영하는데 드는 비용을 충당할 수 있는지 등을 사전에 평가하여 프로젝트 착수 여부를 결정하는데 중요한 정보로 활용된다(VCM explained).

탄소크레딧 가격은 매우 복잡하고 주관적인 요소들에 의해 영향을 받는다. VCM은 공통의 메커니즘이 없어 실제 톤당 1달러부터 톤당 500달러 이상까지 다양하게 책정되고 있다. 또한 현재는 탄소크레딧 가격을 공개하는 것이 의무사항이 아닌 선택사항이므로, 모든 탄소크레딧이 등록된 공식 마켓플레이스가 등장하지 않는 한 가격정보를 쉽게 알아보고 비교하는 것은 어렵다. 이로 인해 종종 VCM의 가격 투명성, 공정성에 대한 이슈가 제기되고 있다.

이러한 탄소크레딧의 가격의 투명성, 불확실성에 대한 이슈에도 불구하고, 탄소크레딧의 가격결정에 영향을 미치는 중요한 5가지 요소가 있다. ① 프로젝트 유형, ② 레지스트리 및 방법론, ③ 빈티지, ④ 프로젝트 품질, ⑤ 프로젝트 규모 및 위치가 그것이다. 아래에서 각각에 대하여 보다 상세하게 알아보고자 한다.

〈표 38〉 일반적인 탄소크레딧 가격 형성의 예시

구 분	높은 가격	낮은 가격
탄소크레딧 유형	·기술기반의 탄소 ·제거 유형	·자연기반의 탄소 ·회피 유형
레지스트리 및 방법론	·최신 방법론	·오래된 방법론
빈티지	·최신 빈티지	·오래된 빈티지
프로젝트 품질	·설계, 모니터링, 검증과정의 신뢰도가 높음 ·사회·환경적 긍정적 영향이 증명됨 ·낮은 리스크 또는 리스크에 대한 엄격한 조치	·설계, 모니터링, 검증과정이 투명하지 않음 ·증명할 수 있는 사회·환경적 영향이 없음 ·높은 리스크 또는 리스크에 대한 조치가 불투명함
프로젝트 규모 및 위치	·소규모/고위험 지역	·대규모/저위험 지역

프로젝트 유형

탄소크레딧 가격에 가장 큰 영향을 미치는 요소는 탄소 프로젝트 유형이다. 탄소 프로젝트는 크게 회피 유형과 제거 유형으로 구분된다.

회피유형은 탄소가 대기 중으로 배출되지 않도록 사전에 예방하는 방식으로 탄소배출량을 감축시키는 활동을 의미한다. 예를 들어, 재생 에너지를 생산하거나, 친환경 쿡스토브를 사용하거나, 운송 수단의 연료 효율성을 개선하는 등의 방식이 있다. 이러한 활동은 화석연료 사용을 줄이거나 대체하여 탄소 배출을 감소시킨다.

반면, 제거유형은 이미 대기 중으로 배출된 탄소를 혁신 기술을 이용해 포집하거나 나무와 같은 바이오매스로 격리함으로써 대기에서 직접적으로 제거하는 활동을 의미한다.[65] 이 유형은 자연기반과 기술기반으로 구분된다. 자연 기반의 경우, 나무를 심어 나무가 광합성 작용을 통해 탄소를 흡수하는 조림/재조림 활동이 있다. 기술 기반의 경우, 탄소를 포집하고 처리하여 광물이나 바이오매스 등에 격리하는 방법이 포함된다. 대표적인 예로는 DACCS, 탄소의 광물화, 바이오차 등이 있다.[66]

VCM에서 탄소 제거 유형은 탄소 회피 유형보다 훨씬 높은 가격으로 책정된다. 〈표 39〉에서 보는 것처럼, 평균 탄소크레딧 가격은 3~4배 이상 차이가 나는 것으로 보인다. 그럼에도 불구하고 탄소 제거 유형에 대한 수요가 지속적으로 증가하는 것은 바로 넷제로 달성을 위해 탄소제거가 필수

---

65) Ecosystem Marketplace
66) https://www.climateneutralgroup.com/wp-content/uploads/2022/018-CNG-whitepaper-offsetting.pdf

<표 39> 탄소프로젝트 유형에 따른 탄소 감축 방법

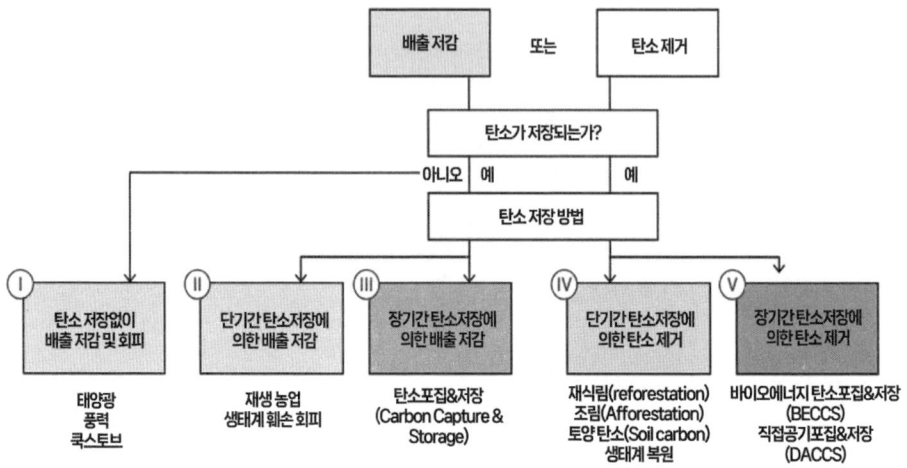

[출처] Climate Neutral Group

적이기 때문이다.

탄소 회피 유형은 현재 배출되는 탄소량을 줄이는데 그친다. 예를 들어, 화석 연료 사용을 줄이거나 대체 에너지를 사용하여 배출량을 감소시키는 방식이다. 그러나 이는 과거에 이미 배출된 탄소를 처리하지는 않는다. 반면, 탄소 제거 유형은 과거에 배출된 탄소를 직접 제거한다. 이를 통해 대기 중의 탄소 농도를 감소시키는 효과를 갖는다.

넷제로 목표를 달성하기 위해서는 순 배출량을 0으로 만들어야 한다. 이는 배출량(+)과 흡수량(-)이 같아야 함을 의미한다. 따라서, 현재 배출량을 줄이는 것만으로는 충분하지 않으며, 과거에 배출된 탄소를 제거하는 과정이 반드시 필요하다. 이것이 탄소 제거 크레딧이 높은 가격에도 불구하고 넷제로 목표를 달성하고자 하는 구매자들에게 선호되는 이유이다.

<표 40> 회피, 제거 유형에 따른 탄소크레딧 가격

구 분	2022		2023	
	거래량 (MtCO2e)	가격 (USD)	거래량 (MtCO2e)	가격 (USD)
회피 유형	128.4	$ 4.76	58	$ 4.61
제거 유형	13.6	$ 12.01	4.2	$ 15.91

[자료] Ecosystem Marketplace

　　탄소 회피 유형과 탄소 제거 유형 간의 가격 차이가 큰 주된 이유는 '영구성'의 차이이다. 영구성은 감축되거나 제거된 탄소가 생태계에 얼마나 오래 보존될 수 있는지를 의미한다. 영구성이 높다는 것은 프로젝트가 종료된 후에도 탄소 감축의 효과가 장기적으로 지속된다는 것을 의미하며, 이는 탄소크레딧의 가치를 높이는 요소로 작용한다.

　　지구 온난화의 효과는 1,000년 이상 지속될 수 있기 때문에, 이와 같은 기간 동안 탄소 저장이 유지되어야 넷제로를 유지할 수 있다. 영구성이 낮은 활동은 탄소 배출과 흡수의 균형을 맞추는 데에 한계가 있으며, 넷제로 목표에 미치는 영향이 적다고 보고 있다.

　　<표41>은 같은 회피 또는 제거 유형 내에서도 영구성의 차이에 따라 가격 차이가 발생하는 것을 보여준다. 예를 들어, 탄소 제거 유형에서는 자연 기반의 프로젝트는 산불, 토양 침식, 홍수 등의 자연 재해로 인해 탄소가 다시 대기 중으로 배출될 가능성이 있다. 이러한 역배출 리스크 때문에 자연 기반 프로젝트는 기술 기반 프로젝트보다 영구성이 낮게 평가되어 가격이 더 낮게 책정된다. 또한, 탄소 회피 유형에서도 프로젝트에 따라 영구성이 다르다. 재생에너지나 에너지 효율화 프로젝트는 운영 중일 때만 탄소 감

축 효과가 있으며, 프로젝트 종료 후에는 영구성이 없다고 판단한다. 반면, REDD+와 같은 자연기반 프로젝트는 보존된 산림이 프로젝트 종료 후에도 일정 기간 유지될 것으로 예상돼 가격이 상대적으로 약간 높게 책정된다.

〈표 41〉 영구성에 따른 탄소크레딧 가격

구분	없음(0년)	낮음	중간	약간 높음	높음(1000년 이상)
영구성	영구성이 없는 탄소 회피 유형	자연기반의 탄소 회피 유형	탈탄소화 유형	자연기반의 탄소 제거 유형	기술기반의 탄소제거 유형
예시	재생에너지, 에너지효율화	REDD+	산업공정의 배출감출	조림/재조림, 해양/해안 탄소포획	탄소의 광물화, DACCS
탄소크레딧 가격 (달러/톤)	3~5	10~20	25~75	50~200	150~700

[자료] Ecosystem Marketplace

이와 같이 영구성은 탄소 크레딧 가격 결정에 중요한 요소로 작용하며, 높은 영구성을 가진 프로젝트는 더 높은 가격으로 거래되는 경향이 있다. 위 〈표 41〉에서 보듯이 탄소제거 프로젝트들은 제거 유형내에서도 적게는 톤당 50달러에서 많게는 700달러 이상까지 광범위한 가격 편차를 보인다. 이는 탄소 제거 시장이 여전히 유동성이 높고, 개별 거래 조건과 협상에 크게 의존하기 때문이다.

장기적인 넷제로 목표를 가진 구매자는 탄소 크레딧의 영구성을 특히 중요하게 고려해야 한다. 높은 영구성을 가진 프로젝트를 선택하는 것은 장기적인 환경적 효과뿐만 아니라 비용 효율성 측면에서도 훨씬 가치가 있다.

예를 들어, 한 탄소 회피 프로젝트의 영구성이 30~50년이고, 다른 탄소 제거 프로젝트의 영구성이 1,000년 이상이라고 가정시, 탄소 크레딧 가격을 기반으로 계산하면, 100년 기준으로 탄소 회피 프로젝트는 톤당 100~400달러가 필요하지만, 탄소 제거 프로젝트는 톤당 15~70달러로 오히려 장기적으로 비용이 적게 든다. 따라서 크레딧을 구매하는 입장에서도 영

<표 42> 탄소제거 유형별 크레딧 가격 범위

[출처] CDR.fyi

<표 43> 탄소제거 유형별 크레딧 발행량 및 크레딧 가격 범위

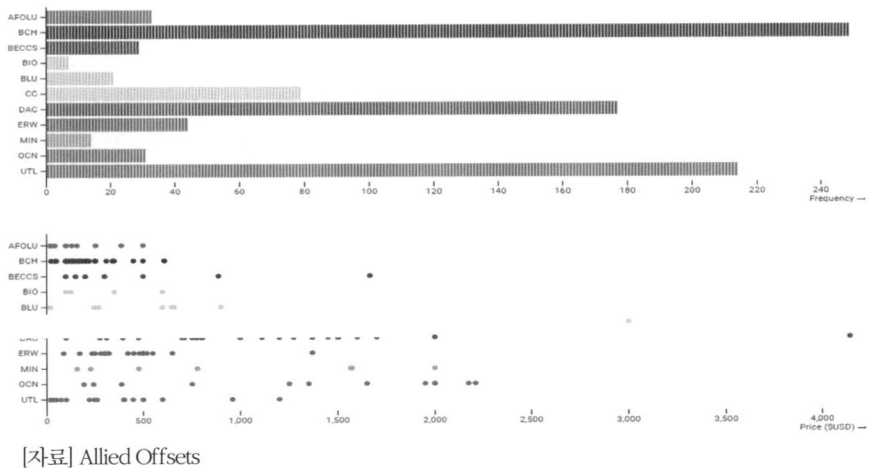

[자료] Allied Offsets

구성이 보장된 프로젝트를 선택하는 것이 전략적으로 유리하다.

탄소 제거 유형 사이에서는 영구성뿐만 아니라 연구개발 투자 필요 여부가 가격 책정에 영향을 미친다. 기술 기반의 탄소 제거 프로젝트는 초기 기술 개발과 시설 운영 비용이 높아 자연 기반 프로젝트보다 가격이 훨씬 높게 형성된다. 그럼에도 불구하고 기술 기반의 탄소 제거 유형에 대한 수요가 증가하고 있는 이유는, 자연 기반 유형은 새로 심은 나무가 성장하고 탄소를 포집하기까지 약 10년의 시간이 걸리는 반면, 기술 기반 유형은 즉각적인 탄소 포집이 가능하며, 기술이 발전함에 따라 규모가 커질 잠재력이 있기 때문이다. 이러한 이유로, 일부 기업들은 미래 가치와 장기적인 넷제로 목표 달성을 고려하여 기술 기반 유형을 포트폴리오에 포함시키고 있다.

지금까지 탄소 프로젝트를 자연기반과 기술기반이라는 두 가지 큰 범주로 나누어, 가격에 영향을 미치는 요인을 살펴보았다. 이제는 각 프로젝트 유형별로 실제 시장에서 가격이 어떻게 형성되어 있는지 간단히 살펴보고자 한다. 다만, 주의할 점이 있다. 모든 탄소크레딧 가격은 공개되어 있지 않기 때문에, 가격 정보를 정확히 파악하기는 어렵다. 이에 따라 본 분석에서는 매년 약 150개의 탄소크레딧 공급자를 대상으로 한 설문조사를 기반으로 한 보고서인 「에코시스템 마켓플레이스」의 「State of the Voluntary Carbon Market」 자료를 활용하였다. 이 보고서는 VCM에서 거래되는 프로젝트를 8가지 유형으로 구분하여 평균 가격 및 가격 분포 등을 분석하고 있다.[67]

8가지 카테고리: (1) 산림 & 토지 이용 (2) 재생에너지 (3) 가정 & 지역 커뮤니티 (4) 화학 공정 & 산업 제조 (5) 에너지 효율화 및 연료 전환(6) 폐

---

67) 2024 state of the voluntary carbon market (SOVCM), Ecosystem marketplace

기물 처리 (7) 농업 (8) 이동수단

2024년 「에코시스템 마켓플레이스」 보고서에 따르면, 산림 및 토지 이용과 농업 유형의 평균 탄소크레딧 가격이 가장 높은 수준으로 나타났다. 이는 해당 범주에 조림/재조림 바이오차, 강화된 풍화작용 등과 같은 탄소 제거 프로젝트가 포함되어 있기 때문으로 분석된다. 이러한 프로젝트는 영구성과 추가성 측면에서 상대적으로 높은 신뢰도를 가지며, 시장 수요도 빠르게 증가하고 있다. 반면, 재생에너지, 에너지 효율 및 연료 전환(Energy Efficiency & Fuel Switching), 이동수단 유형은 최근 몇 년간 가격이 점진적으로 상승하고 있음에도 불구하고, 여전히 다른 유형에 비해 낮은 가격 수준을 유지하고 있다.

이는 해당 프로젝트들이 주로 탄소 배출을 '회피'하는 방식으로, 탄소 제거의 '영구성(Permanence)'이나 추가성에 대한 평가가 상대적으로 낮게 적용되기 때문인 것으로 보인다. 각 프로젝트 유형에 대한 정의, 감축 원리, 주요 적용 지역 등은 아래 표 이후에 함께 설명되어 있다.

2024년에 발행된 「Ecosystem Marketplace」의 보고서에 의하면, 평균적으로 산림 & 토지 이용 유형과 농업 유형의 가격이 높은 것으로 보인다. 그 이유는 대표적인 탄소 제거 프로젝트인 조림/재조림 유형과 바이오차, 강화된 풍화작용 유형 등이 포함되었기 때문인 것으로 추측된다. 그와 반대로, 재생에너지, 에너지 효율화 및 연료 전환, 운송수단 유형들은 시간이 지남에 따라 꾸준히 가격이 상승하고 있음에도 불구하고 다른 유형에 비해 현저히 낮은 가격을 유지하고 있다. 그 이유는 이 유형들이 대표적으로 영구성이 없다고 평가되는 탄소 회피 유형이기 때문인 것으로 보인다. 각 유형에 대한 개념, 탄소감축 원리 및 주요 프로젝트 지역에 대해서는 〈표 44〉에 설명되어 있다.

<표 44> 프로젝트 유형에 따라 다른 탄소크레딧 가격

구분	2020		2021		2022		2023	
	거래량 (MtCO2e)	가격 (USD)	거래량 (MtCO2e)	가격 (USD)	거래량 (MtCO2e)	가격 (USD)	거래량 (MtCO2e)	가격 (USD)
산림 및 토지 이용	57.8	5.40	227.7	5.80	113	10.14	36.2	9.72
재생에너지	93.8	1.08	211.4	2.26	92.7	4.16	28.6	3.88
화학공정 / 산업 제조	1.8	2.15	17.3	3.12	13.3	5.14	12.2	4.10
폐기물 처리	8.5	2.69	11.4	3.62	6.2	7.23	1.5	7.48
에너지 효율 / 연료전환	30.9	0.98	10.9	1.99	6.6	5.39	9.4	3.65
가정용 / 커뮤니티 기기	8.3	4.34	8.0	5.36	9.1	8.55	9.9	7.70
운송	1.1	0.64	5.4	1.16	0.18	4.37	-	-
농업	0.5	10.08	1.0	8.81	3.8	11.03	4.7	6.51

[출처] Ecosystem Marketplace

<표 45> 프로젝트 유형별 탄소크레딧 가격 히스토리(2020~2023)

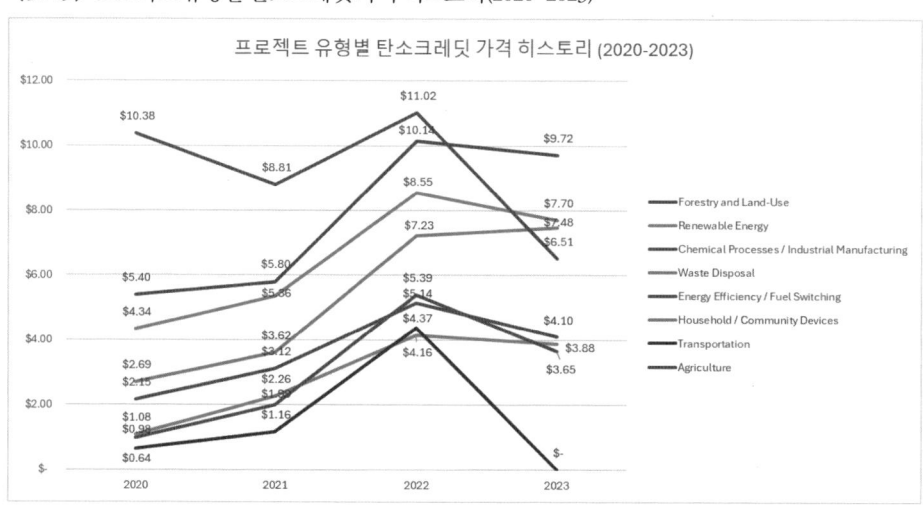

[자료] Ecosystem Marketplace

<표 46> 회피, 제거 유형에 따른 탄소크레딧 가격

구분	개요(예시)	주요지역
산림 & 토지 이용 (Forestry and Land-Use)	황폐화된 기존의 숲을 보존하는 REDD+*, 황폐화된 숲 또는 토지에 나무를 심는 조림/재조림, 해양 또는 습지 연안 (예: 맹그로브)에 식물을 심는 블루 카본 등	라틴 아메리카와 카리브해(36%), 아프리카(25%), 아시아(18%)
재생에너지 (Renewable Energy)	재생 에너지를 사용하여 화석 연료 소비를 대체함으로써 탄소 배출을 감축시키는 활동 (예) 풍력, 태양열, 수력, 지열, 바이오가스 등	아시아(37%), 라틴 아메리카와 카리브해(11%)
화학 공정 & 산업 제조(Chemical Processes & Industrial Manufacturing)	화학 공정이나 제조 과정에서 배출되는 온실가스 생산을 없애거나 온실가스 양을 줄이는 프로젝트 (예) 화학적인 생산 과정에서 배출되는 아산화질소 제거, 냉매 또는 폼 생산 등의 분야에서 플루오로 카본의 매립 및 교체, 석탄 광산의 메탄 등 비산 배출 포집 및 제거, 기타 산업 공정에서 발행하는 배출 감축 등	북미(66%), 아시아(8%)
폐기물 처리 (Waste Disposal)	부패하는 유기물에서 배출되는 메탄을 포집하여 온실가스 배출을 감소시키는 유형, 메탄 포집 및 제거, 재활용 및 퇴비화	북미(28%), 라틴 아메리카와 카리브해(13%)
에너지 효율화 및 연료 전환(Energy Efficiency & Fuel Switching)	화석 연료의 효율성을 증가시키거나 친환경 연료로 교체함으로써 화석 연료의 소비를 줄이는 프로젝트 (예) 산업 공정 과정, 주거 및 상업용 난방, 조명에 있어 효율성을 높이거나, 발전 과정에서 쓰이던 화석 연료를 바이오매스나 천연가스처럼 덜 탄소집약적인 연료로 전환하는 활동 등	북미(39%), 아시아(17%)
가정 & 지역 커뮤니티(Household & Community Devices)	가정 또는 지역사회 차원에서 탄소 배출을 줄이는 프로젝트(예) 친환경 쿡스토브나 정수 장치를 배포하는 활동이 포함가정 또는 지역사회 차원에서 탄소 배출을 줄이는 프로젝트 (예) 친환경 쿡스토브나 정수 장치를 배포하는 활동이 포함	아프리카(56%), 아시아(15%)
운송(Transportation)	운송 시스템의 연료 효율성을 높임으로써 탄소 배출을 줄이는 프로젝트(예) 전기자동차나 대중교통에 새로운 시스템을 개발하는 활동 등	
농업(Agriculture)	농지나 목초지의 지속가능한 관리를 통한 토양 탄소 격리), 가축 폐기물 메탄 관리, 초원 서식지 보전, 벼 재배과정의 메탄 배출 관리, 탄소 광물화, 바이오차(Biochar), 강화된 풍화작용 등	아시아(42%), 라틴 아메리카와 카리브해(38%)

* REDD+: 개발도상국의 산림 보존, 지속가능한 산림 관리 등의 활동을 통해 기후변화를 완화하는 프로젝트들을 통틀어 일컫는 용어[자료] Ecosystem Marketplace

[자료] Ecosystem Marketplace

레지스트리 및 방법론

    탄소크레딧 가격은 동일한 프로젝트 유형일지라도, 등록된 레지스트리의 신뢰도와 적용된 방법론의 정밀성과 엄격성에 따라 크게 달라질 수 있다. 레지스트리는 탄소 프로젝트의 등록, 검증, 발행을 담당하는 기관으로, 탄소 시장에서 일종의 공인 기관 역할을 한다. 구매자들은 레지스트리의 평판과 신뢰도를 기반으로 탄소크레딧을 선택하는 경향이 있으며, 신뢰도 높은 레지스트리에서 발행된 크레딧에 더 높은 가격을 지불한다. 예를 들어, 베라와 골드 스탠다드는 엄격한 검증 절차와 투명한 데이터 요구 기준으로 높은 신뢰도를 유지하고 있어 시장에서 프리미엄 가격을 형성한다. 그러나 레지스트리의 신뢰도는 고정된 것이 아니다. 실제 2023년 베라와 관련된 일부 REDD+ 프로젝트의 실질 감축량 과장 논란은 투자자와 시장의 신뢰를 흔들며 가격 하락으로 이어졌다. 또한 레지스트리는 프로젝트 등록, 검증, 발행 시 수수료를 부과하며, 이러한 행정 비용은 최종 탄소크레딧 가격에 영향을 미친다. 예를 들어, 발행 수수료가 높은 레지스트리의 경우 동일한 프로젝트라도 단가가 더 높게 책정될 수 있다.

    레지스트리는 자체적으로 승인한 방법론을 프로젝트에 적용할 것을 요구하고 있으며, 이는 크레딧 발행 기준과 감축량 산정 방식에 직접 영향을 준다. 동일한 프로젝트 유형이라도, 레지스트리별로 요구하는 방법론이 다르기 때문에 적용 방식과 계산 모델의 차이로 인해 가격 격차가 발생한다. 더욱 보수적이고 정밀한 방법론(예: 고해상도 위성 데이터, AI 기반 원격 모니터링, 보수적 기준값 적용 등)을 사용하는 경우, 검증 신뢰도가 높아져 시장에서 높은 평가를 받으며, 탄소크레딧 가격도 상승하는 경향이 있다. 반면, 검증 기준이 완화된 방법론이나 레지스트리 독자적 방식은 시장에서 신뢰를 덜 받을 수 있으며, 가격이 낮게 형성될 수 있다. 글로벌 표준화된 방법론은 여러 레지스트리 또는 기관에서 광범위하게 채택되므로 시장에서 더 높은 신뢰도와 접근성을 갖는다. 국제적으로 널리 인정받은 방법론은 크레딧의 유통성 및 재판매 가능성도 높이기 때문에 가격 경쟁력이 강화된다.

빈티지

빈티지(Vintage)는 탄소크레딧의 발행 연도, 즉 실제 탄소 감축이 이루어진 시점을 의미하며, 탄소크레딧의 '나이'로 볼 수 있다. 이는 탄소크레딧의 품질과 시장 가치 평가에 있어 중요한 요소로 작용한다. 탄소크레딧은 프로젝트가 등록되었다고 바로 발행되는 것이 아니라, 실제 감축 활동이 발생한 이후에 검증을 거쳐 발행된다. 따라서 같은 프로젝트에서 발행된 크레딧이라도 발행 시점에 따라 빈티지가 다를 수 있으며, 이로 인해 품질과 가격에서도 차이가 발생한다.

VCM에서는 일반적으로 5년 이상 된 빈티지의 크레딧은 품질이 낮은 것으로 간주되며, 시장 가격도 상대적으로 하락하는 경향이 있다.

빈티지에 따라 같은 탄소크레딧의 가격이 달라지는 이유는 방법론이 큰 영향을 미친다. 자발적 탄소 시장의 전문가들의 비판, 대중의 높아진 기대, 발달하는 시장 조사 등에 의해 프로젝트의 방법론은 계속 업데이트되고 진화하고 있다. 이는 오래된 빈티지의 탄소크레딧이 현재보다 덜 엄격하고 구식의 방법론을 적용했을 가능성이 높다는 것을 의미한다. 따라서 빈티지가 오래될수록 크레딧의 품질이 낮아질 가능성도 높아진다.

〈표 47〉 빈티지에 따라 다른 탄소크레딧 가격

구분	설명
방법론의 진화	시간이 지남에 따라 탄소 감축 프로젝트의 방법론이 지속적으로 업데이트 되며, 최근의 방법론은 더 엄격하고 정밀한 기준을 반영함.
데이터의 신뢰성	과거에는 모니터링 기술이 부족하거나 불완전한 데이터에 의존했을 가능성이 높아 감축량의 신뢰성이 낮을 수 있음.
사회적 기대치 변화	최근에는 지속가능성, 지역사회 기여, 생물다양성 등 부가적 가치에 대한 기준이 강화되고 있어, 구식 프로젝트는 상대적으로 평가절하됨.

이러한 이유로 구매자들은 더 최근 빈티지의 탄소크레딧을 선호하며, 이는 시장 수요를 끌어올리고 가격을 상승시키는 결과를 낳는다. 〈표 47〉에서 보듯이, 5년 이상 된 빈티지의 탄소크레딧보다 5년 이하의 크레딧 가격이 약 1.5배 더 높은 것을 확인할 수 있다.

〈표 48〉 빈티지에 따라 다른 탄소크레딧 가격

빈티지	2022 Price(USD)	2023 Price(USD)
5년이상	$5.56	$5.18
5년 이하	$8.58	$7.77

탄소크레딧의 품질

탄소크레딧의 가격을 결정하는 데 있어 프로젝트의 품질은 매우 중요한 요소 중 하나이다. 최근 일부 프로젝트의 실질적인 탄소감축 효과에 대한 의문이 제기되면서, 이와 관련된 신뢰성 논란과 스캔들이 발생하고 있다. 그 결과, 해당 크레딧을 구매한 기업들이 '그린워싱' 혐의로 사회적 비난을 받는 사례가 증가하고 있다. 기업들이 탄소크레딧을 구매하는 과정에서 프로젝트의 품질을 충분히 검토하지 않고 거래에 참여한 결과, 탄소감축 효과가 과대평가된 프로젝트에 투자했다는 비판을 받고 있는 것이다. 이러한 상황은 기업의 환경·사회·지배구조(ESG) 평판에 악영향을 미칠 뿐만 아니라, 탄소시장 전반에 대한 신뢰도 저하로도 이어질 수 있다. 이에 따라, 최근 기업들 사이에서는 고품질 탄소 프로젝트를 식별하고 선별하려는 수요와 관심이 빠르게 증가하고 있다. 크레딧의 진정한 기후 효과와 투명성을 보장할 수 있는 프로젝트에 대한 평가 기준을 명확히 이해하고 적용하려는 움직임도 활발히 나타나고 있다. 프로젝트를 고품질로 평가하는 데 있어 일반적으로 다음 세 가지 요소가 중요하다고 여겨진다. [68]

높은 신뢰도의 설계, 모니터링, 검증 과정

고품질 프로젝트는 설계된 대로 정확하게 탄소가 감축되고, 이 감축량이 정밀하게 측정된 후, 그에 상응하는 양만큼 크레딧이 발행되는 것을 의미한다. 최근 발생한 일련의 그린워싱 스캔들은 실제 감축된 탄소량보다 과도하

---

68) The Voluntary Carbon Market Explained, 2023. 10, VCM Primer [https://vcmprimer.org/report-downloads/]

게 크레딧이 발행된 경우에서 비롯되었다. 이를 방지하기 위해서는 정확한 감축량 측정 기술과 엄격한 검증 절차가 필수적이며, 이를 가능하게 하는 설계, 모니터링, 검증 과정의 신뢰도 확보가 핵심이다. 이와 같은 신뢰도를 보장하기 위해서는 전문 인력과 고도화된 기술, 그리고 이에 수반되는 비용이 필요하다. 이러한 요소들은 결과적으로 탄소크레딧 가격에 반영되며, 시장에서 프리미엄으로 작용한다.

낮은 리스크 보유 또는 리스크에 대한 엄격한 조치

탄소크레딧의 가격은 프로젝트와 관련된 다양한 리스크 요소에도 영향을 받는다. 리스크가 낮거나, 리스크가 발생하더라도 이에 대한 철저하고 신속한 대응 조치가 마련된 프로젝트는 보다 신뢰할 수 있는 고품질 프로젝트로 평가되어 가격이 상승하는 경향이 있다. 반대로 탄소감축 성과가 예상대로 실현되지 않거나, 운영 중단 위험이 있는 프로젝트는 리스크가 크기 때문에 투자자와 구매자에게 외면받을 수 있다. 특히, 선구매 형태의 거래에서는 리스크가 더욱 부각된다. 미래의 탄소 감축을 전제로 크레딧을 사전에 구매하는 계약에서는, 프로젝트가 계획대로 실행되지 않을 가능성에 대한 불확실성을 구매자와 개발자가 함께 부담하게 된다. 물론, 가격을 사전에 고정함으로써 장기적 이익을 얻을 수 있는 기회도 존재하지만, 시장 가격 하락 또는 프로젝트 실패로 인한 손실 위험도 함께 따른다.

이러한 신뢰성과 리스크는 정량적으로 평가하기 어려운 특성이 있으며, 전문적인 분석 능력이 필요하다. 그러나 대부분의 기업은 이를 수행할 내부 전문 인력과 체계를 갖추지 못하고 있는 경우가 많다. 이러한 한계를 보완하기 위해 등급평가기관(Rating Agency)이 등장하였으며, 프로젝트의 위험도와 품질을 외부에서 객관적으로 평가하는 역할을 수행하면서 점점 더 중요한 위치를 차지하고 있다.

증명된 사회·환경적 긍정적 영향

고품질 프로젝트는 단순히 탄소 감축에 그치지 않고, 지속가능한 개발, 생물다양성 보전, 지역사회 경제 기여 등 사회적·환경적 부가 가치를 함께 제공하는 것이 특징이다. 탄소 감축만을 지나치게 중시할 경우, 오히려 사회적 갈등이나 환경 파괴를 초래할 수 있는 프로젝트가 발생할 우려도 있다. 예를 들어, 특정 조림 프로젝트가 지역 주민을 이주시키거나, 생태계에 부적합한 외래종을 심어 자연환경을 훼손하는 사례는 고품질 프로젝트로 간주될 수 없다.

이에 따라 자발적 탄소 시장은 프로젝트의 공동편익을 공식적으로 인증하고, 프로젝트 가치에 반영하려는 노력을 강화하고 있다. 예를 들어, 지역 주민 고용, 지역자원을 활용한 경제 활동 지원, 현지 생태계 전문가와 협력한 종 선택 및 관리 등을 통해 사회적·환경적 긍정 효과를 실현하는 프로젝트가 점점 더 높은 평가를 받고 있다. 특히, 일부 레지스트리는 공식적인 인증 프로그램을 통해 이러한 부가 가치를 검증하고 있다.

베라는 CCB(Climate, Community & Biodiversity)* 및 SD-VISta*와 같은 스탠다드를 통해 사회·환경적 효과를 추가로 인증하고 있으며, 골드 스탠다드는 모든 프로젝트가 최소 3개의 SDGs를 포함하도록 요구하고, 이를 검증 및 색상 표시를 통해 명시하고 있다. 이러한 인증은 구매자에게 프로젝트의 포괄적 효과에 대한 신뢰를 제공하며, 고품질 크레딧으로서의 시장 가치를 높이는 역할을 한다. 인증된 SDG는 다음 스크린샷 예시와 같이 레지스트리 목록

* CCB: 산림 및 토지이용 관련 프로젝트 유형에 한해서 사회 및 환경적 영향을 평가하는 스탠다드이다.
**SD-VISta(Sustainable Development Verified Impact Standard): 모든 프로젝트 유형에 대해 UN의 지속가능한 개발 목표(SDGs, Sustainable Development Goals)를 포함하고 있음을 평가하는 스탠다드이다.

〈그림 13〉 베라에서 CCB 인증을 받은 프로젝트의 상세 페이지 예시

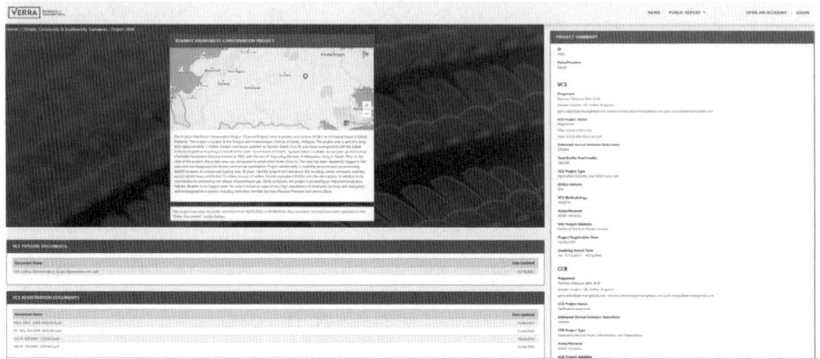

[출처] Verra Registry

〈그림 14〉 골드스탠다드에서 SDG 인증을 받은 프로젝트 예시

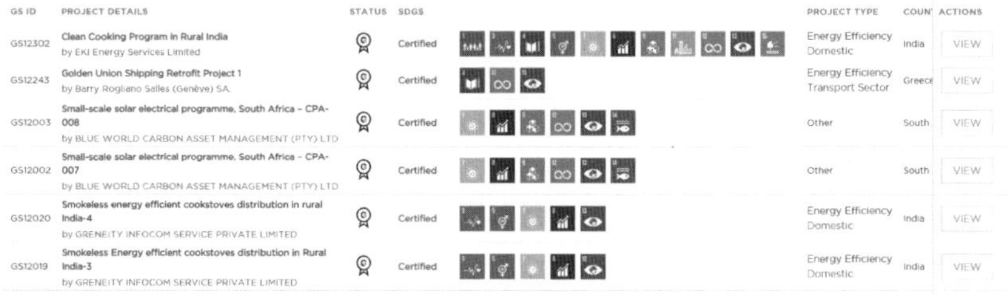

GS ID	PROJECT DETAILS	STATUS	SDGS		PROJECT TYPE	COUN'	ACTIONS
GS12302	Clean Cooking Program in Rural India by EKI Energy Services Limited		Certified		Energy Efficiency Domestic	India	VIEW
GS12243	Golden Union Shipping Retrofit Project 1 by Barry Rogliano Salles (Genève) SA		Certified		Energy Efficiency Transport Sector	Greece	VIEW
GS12003	Small-scale solar electrical programme, South Africa - CPA-008 by BLUE WORLD CARBON ASSET MANAGEMENT (PTY) LTD		Certified		Other	South	VIEW
GS12002	Small-scale solar electrical programme, South Africa - CPA-007 by BLUE WORLD CARBON ASSET MANAGEMENT (PTY) LTD		Certified		Other	South	VIEW
GS12020	Smokeless energy efficient cookstoves distribution in rural India-4 by GRENEITY INFOCOM SERVICE PRIVATE LIMITED		Certified		Energy Efficiency Domestic	India	VIEW
GS12019	Smokeless Energy efficient cookstoves distribution in Rural India-3 by GRENEITY INFOCOM SERVICE PRIVATE LIMITED		Certified		Energy Efficiency Domestic	India	VIEW

[자료] Gold Standard Registry

에 색깔로 표시되고 있다.

공식적으로 사회적·환경적 영향을 인증받은 프로젝트는 그렇지 않은 프로젝트보다 더 높은 가격에 거래된다. 〈표 49〉는 공동편익(co-benefits) 여부에 따라 크레딧 가격이 어떻게 달라지는지를 보여준다. 이러한 이유로 많은 프로젝트 개발자들은 자사의 크레딧 가치를 높이기 위해 사회적·환경적

<표 49> 공동편익 또는 SDG 보유 여부에 따라 다른 탄소크레딧 가격

구 분	2022		2023	
	거래량 (MtCO₂e)	가격 (USD)	거래량 (MtCO2e)	가격 (USD)
공동편익 보유	56.4	$10.51	31.1	$8.11
공동편익 미보유	197.4	$6.46	79.7	$5.91
SDG 보유	44.7	$11.64	28.8	$8.03
SDG 미보유	209.1	$6.49	82.1	$6.00

[자료] Ecosystem Marketplace

영향에 대한 추가 인증 절차를 병행하는 추세다.

또 다른 흥미로운 점은, 비슷한 유형의 프로젝트라 하더라도 제공하는 가치의 범위와 깊이에 따라 크레딧 가격에 상당한 차이가 발생한다는 것이다. 즉, 단순히 감축된 탄소 1톤의 양이 동일하더라도, 해당 프로젝트가 창출하는 부가적 사회·환경적 가치가 크면 더 높은 가격을 형성할 수 있다. 이는 분명 중요한 가치지만, 그 효과가 지역사회에 직접적으로 체감되기까지는 시간이 필요하며, 일반 시민의 삶과의 연결성은 상대적으로 간접적일 수 있다. 반면, 친환경 쿡스토브 프로젝트는 실내 공기 오염을 감소시켜 지역 주민의 건강을 직접 개선하며, 목재나 연료 수집에 소요되는 시간과 노동을 줄여 삶의 질 향상, 산림 보호, 여성과 아동의 사회 참여 확대 등 즉각적이고 실질적인 생활 개선 효과를 제공한다. 즉, 같은 탄소 감축 효과를 내더라도 영향을 미치는 대상과 범위에 따라 사회적 가치의 인식도와 평가가 달라질 수 있다.

골드 스탠다드의 분석 보고서[69]에 따르면, 쿡스토브 프로젝트가 취약 지역사회의 삶과 건강에 더 깊은 영향을 미치기 때문에 더 큰 가치를 가진다

고 평가하고 있다. 실제로 보고서 내 비교 그래프에 따르면, 풍력 프로젝트
는 톤당 21달러, 쿡스토브 프로젝트는 톤당 267달러로 가치가 산정되어, 무
려 12배 이상의 가격 차이를 보인다. 이 사례는 동일한 1톤의 탄소 감축이
라도, 어떤 방식으로, 누구에게, 어떤 파급력을 가지고 영향을 미치는지에
따라 투자 및 구매 결정을 달리할 수 있음을 보여준다. 다시 말해, 탄소크레
딧의 '양'뿐 아니라 '맥락'과 '의미'가 가격에 반영되고 있다는 점이 자발적 탄
소시장의 중요한 특징이다.

<그림 15> SDGs 영향의 차이에 따른 골드 스탠다드 프로젝트 유형의 금전적 가치 비교
(2019. 12. 기준)

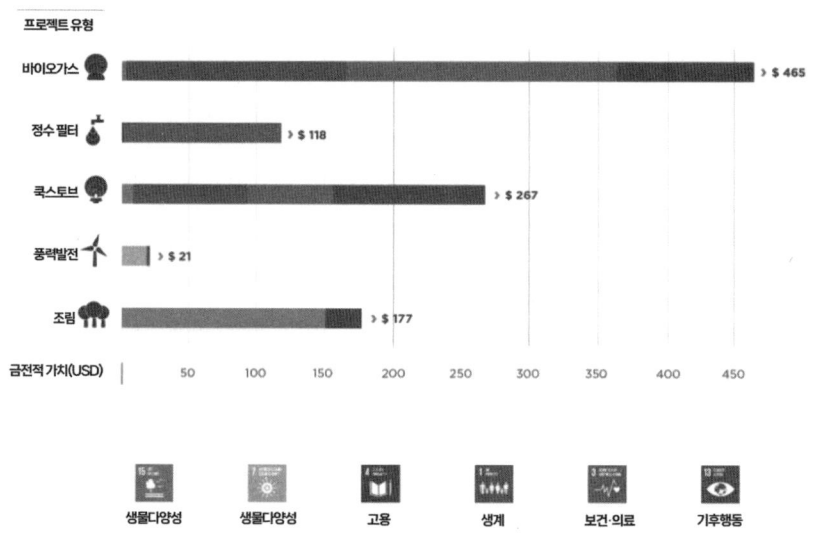

69) https://www.goldstandard.org/news/why-do-prices-vary-by-project-type(Why
do prices vary by project type?)

프로젝트 규모 및 위치

먼저, 프로젝트의 규모를 살펴보면, 일반적으로 소규모 프로젝트가 대규모 프로젝트보다 더 높은 가격에 책정되는 경향이 있다. 소규모 프로젝트는 대부분 지역 사회 수준에서 운영되며, 대규모 자본이 투입되지 않는 경우가 많다. 이들 프로젝트는 운영 비용이 상대적으로 높음에도 불구하고, 생산 가능한 탄소크레딧의 양이 제한적이기 때문에, 적정 수준 이상의 가격으로 판매되지 않으면 비용 회수가 어려운 구조를 가지고 있다. 이로 인해 단가가 높게 형성되는 경향이 있으며, 이는 자발적 탄소 시장 내에서 꾸준히 관찰되는 특징이다.[70]

또한, 프로젝트가 고위험 지역에서 시행되는 경우, 탄소크레딧이 상대적으로 높은 가격에 책정되는 사례도 많다. 자발적 탄소 시장에서 말하는 '고위험 지역'이란, 정치적 불안정성, 부패, 환경 규제 미비, 경제적 위기, 보안 문제 등으로 인해 프로젝트 실행의 지속성과 안정성이 낮은 지역을 의미한다. 이러한 환경에서는 프로젝트가 계획대로 운영되지 않거나 중단될 위험이 높기 때문에, 크레딧 발행에 더 많은 위험 보정 프리미엄이 반영된다.

대표적인 고위험 국가로는 콩고민주공화국, 남수단, 중앙아프리카공화국, 아프가니스탄, 파키스탄, 시리아, 예멘, 베네수엘라, 온두라스, 엘살바도르, 미얀마 등이 있다. 이들 지역은 막대한 탄소감축 잠재력을 보유하고 있음에도 불구하고, 기반 시설 부족, 전문 인력 및 기술 부족, 운영 리스크

---

70) https://www.goldstandard.org/news/why-do-prices-vary-by-project-type

에 따른 보험·관리 비용 증가 등의 이유로 인해 높은 수준의 초기 투자와 운영비용이 요구된다.

결과적으로, 이러한 리스크와 추가 비용은 탄소크레딧 가격에 반영되어 같은 감축량을 제공하더라도 가격이 높게 형성되는 원인이 된다.

탄소크레딧 가격의 과거, 현재 그리고 미래

탄소크레딧의 가격 책정에 보다 표준화된 방식으로 접근하기 위해서는, 앞서 살펴본 다양한 가격 결정 요소들을 반영한 탄소크레딧 가격지수(price index)나 등급 평가 시스템(rating system)을 시장에서 적극적으로 활용할 필요가 있다. 이러한 체계적이고 투명한 가격 산정 메커니즘은 시장 참여자에게 명확한 기준과 예측 가능성을 제공함으로써, 거래의 신뢰성과 정당성을 높이는 데 기여할 수 있다. 또한, 탄소크레딧의 품질을 공정하게 평가하고 그 가치에 맞는 가격이 형성될 수 있도록 지원해, 고품질 프로젝트에 대한 수요를 강화하는 역할도 할 수 있다.[71]

궁극적으로, 이러한 표준화된 접근은 더 많은 자금이 실질적인 탄소 감축 효과를 내는 프로젝트로 유입되도록 만들며, 동시에 사회적·환경적으로 의미 있는 활동에 자원이 우선적으로 배분될 수 있는 기반을 마련하게 된다. 이는 단순한 거래 활성화를 넘어, 기후 정의와 지속가능한 개발 목표

---

71) https://www.goldstandard.org/news/why-do-prices-vary-by-project-type

(SDGs) 실현에도 긍정적인 영향을 미칠 수 있다.

탄소크레딧 가격이 어떻게 책정되는지에 대한 이해를 바탕으로, 이제 많은 사람들이 자연스럽게 현재 1톤의 탄소크레딧 가격은 얼마인지, 그리고 앞으로 그 가격이 어떻게 변할지에 대해 궁금해할 것이다. 이러한 가격 변동을 예측하기 위해서는 과거의 가격 추이를 살펴보는 것이 가장 기본적이면서도 중요한 접근이다.

에코시스템 마켓플레이스의 연례 보고서인 「State of the Voluntary Market」*에 따르면,전 세계 탄소크레딧 평균 가격은 시장의 성장과 함께 전반적으로 우상향하는 추세를 보이고 있다. 특히, 자발적 탄소 시장이 코로나19 이후 ESG·기후위기 대응 수단으로 각광받기 시작한 2020년 이후, 탄소크레딧 수요가 폭발적으로 증가하면서 가격 역시 급격히 상승했다. 2020년, 평균 가격은 톤당 $2.51 수준이었으나, 2022년에는 무려 193% 상승한 $7.37로 역대 최고점을 기록했다.

* State of the Voluntary Carbon Market은 전 세계 탄소 프로젝트 공급자들이 자발적으로 제출한 거래 가격 데이터를 바탕으로, 연간 평균 가격을 산출한다. 물론 이 데이터는 전체 시장을 100% 포괄하지는 않기 때문에 일부 오차 가능성은 존재하지, 시장 전반의 흐름을 이해하는 데에는 매우 유용한 지표로 활용되고 있다.

이러한 상승은 탄소 시장이 기업의 넷제로 선언, 투자자 압력, 정책 신호 강화 등으로 인해 가시적인 구조 성장기에 진입했음을 시사한다. 다만, 2023년에는 베라 REDD+ 프로젝트 관련 신뢰성 논란이 발생하면서, 시장에 대한 불확실성이 확산되었고, 이에 따라 일시적으로 가격 상승세가 둔화되거나 조정되는 모습을 보였다. 이는 시장 신뢰와 투명성 확보가 가격 안정에 얼마나 중요한 역할을 하는지를 보여주는 대표적인 사례로 해석할 수 있다.

<표 50> 탄소 크레딧 가격 히스토리(단위: 미국 달러)

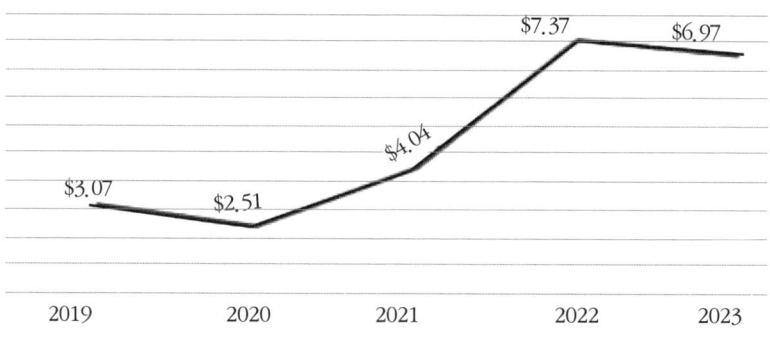

또 다른 탄소크레딧 가격 히스토리 데이터들을 보아도 비슷한 추이를 보이고 있다. 다음 그래프는 월드 뱅크의 보고서[72]에 따르면, 「Ecosystem Marketplace」의 데이터와 비슷하게 2022년에 최고점을 찍고 2023년, 2024년 약간의 하락세를 보이고 있다.

---

72) State and Trends of Carbon Pricing, 2024, worldbank group

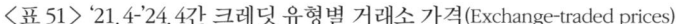

<표 51> '21.4-'24.4간 크레딧 유형별 거래소 가격(Exchange-traded prices)

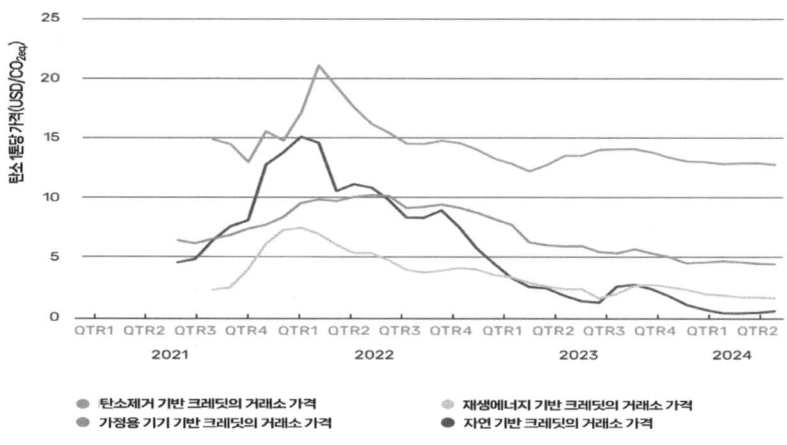

[출처] World Bank, State and Trends of Carbon Pricing 2024

탄소시장 데이터 제공기업인 Allied Offsets는 규제적 시장과 자발적 시장의 탄소크레딧 가격을 주기적으로 추적하고 있는데, 매달 업데이트되는 가격 추이를 보면 2022년 최고점을 찍고 2023년 이후 하락세를 보이다가 2024년 약간 오르고 있는 것으로 기록되고 있다.[73]

---

73) https://alliedoffsets.com/prices-2

이렇듯 탄소크레딧 가격은 2022년 이후 감소 추세를 보였으나, 많은 탄소시장 컨설팅 기업들은 파리협정 목표 연도가 다가옴에 따라 가격이 결국 계속 증가할 것으로 예측하고 있다.

블룸버그 NEF의 보고서인 「Long-Term Carbon Offsets Outlook」에 따르면,[74] 베라 스캔들 이후 거래량이 줄어들었지만, 2024년 IC-VCM의 CCP 구축 등 시장 신뢰도 회복을 위한 노력들이 이어지고 있고, 또한 대부분의 기업들이 넷제로 목표 연도를 2050년으로 설정함에 따라 이 기한이 가까워질수록 탄소크레딧의 수요가 증가하여 가격도 함께 오를 것으로 보고 있다.

자발적 탄소 시장의 신뢰도가 부족한 상황에서는 2030년에도 탄소크레딧 가격이 톤당 약 20달러 정도로 유지될 것이나, 엄격하고 체계적인 글로벌 규칙이 잡히고 넷제로 목표 연도가 가까워짐에 따라 2040년에는 톤당 203달러까지 치솟을 것이며, 2045년에는 고품질의 크레딧이 부족해지면서 약간 하락세를 보이다가 2050년에는 238달러를 기록하고 이를 장기적으로 유지할 것으로 예측하고 있다.

---

74) https://www.bloomberg.com/professional/insights/sustainable-finance/long-term-carbon-offsets-outlook-2023/

〈표 52〉 비탄력적 수요(Inelastic demand)에 따른 고품질 크레딧 예상 가격

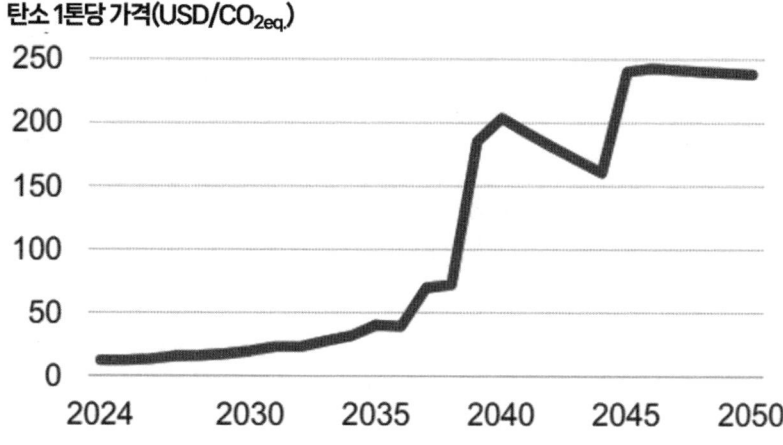

탄소 1톤당 가격(USD/CO$_{2eq.}$)

[출처] BloombergNEF

PART 3

자발적 탄소시장,
어떻게 진화하고 있는가?

자발적 탄소시장에서의 탄소크레딧 현황

탄소시장을 움직이는 3대 요인

2024년 이후 탄소시장에서는 수요와 공급을 형성하는 주요 시장 메커니즘이 점점 더 정책·제도 중심의 신뢰성 확보와 투명한 운영으로 전환되고 있다. 이러한 흐름은 탄소시장이 단순한 '상쇄 수단'에서 벗어나, 기후 목표 달성을 위한 제도적 수단이자 투자 기반의 전환 메커니즘으로 진화하고 있음을 시사한다. 어베이터블(Abatable, 2025)의 분석에 따르면,[75] 이 변화는 크게 세 가지 축에서 전개되고 있다.

첫째, 기업의 자발적 탄소상쇄 이니셔티브이다. 탄소시장에서 기업은 여전히 가장 큰 수요자다. 기업들은 자사의 ESG(지속가능경영 전략) 및 넷제로 목표 달성을 위해 자발적으로 탄소크레딧을 구매하고 있으며, 이러한 경향은 SBTi나 VCMI 등의 권고를 바탕으로 점점 더 고무결성(high-integrity) 크레딧에 집중되고 있다. 특히, 기업들은 탄소크레딧의 품질, 추가성, 상응 조정 여부, 공동편익 등 투명성과 정당성을 입증할 수 있는 기준을 중요하게 고려하고 있다. 이에 따라 탄소시장에서 기업의 행동과 크레딧 선택에 실질적

---

75) Decoding the VCM in 2024 and beyond. 2025.2., Abatable

영향을 미치는 글로벌 이니셔티브들도 강화되고 있다. 예를 들어, ICVCM는 핵심 탄소 원칙(Core Carbon Principles, CCP)를 통해 공급 측의 크레딧 품질 기준을 설정하고 있으며, VCMI, SBTi, ISO, 옥스퍼드 상쇄 원칙 등은 탄소 상쇄의 허용 범위와 넷제로 경로상에서의 활용 가능성에 대한 명확한 가이드라인을 제공하고 있다. 또한, TCFD, TNFD, GFANZ와 같은 국제 공시체계는 기후 및 자연 관련 재무공시 의무를 강화하면서, 기업들이 탄소정보공개 및 크레딧 사용에 대한 책임성을 더욱 엄격하게 관리하도록 요구하고 있다. 특히 최근에는, 단순한 배출 상쇄를 넘어, 저탄소 제품 인증이나 공급망 전반의 감축 노력을 입증하는 방식으로 탄소크레딧을 활용하는 등 보다 전략적이고 신뢰 기반의 마케팅 접근으로 전환되는 움직임도 뚜렷하게 나타나고 있다.

둘째, 국제 탄소시장이다. 탄소시장은 점차 국경을 넘는 거래와 규제체계로 확대되고 있으며, 파리협정 제6조의 실질적 작동과 코르시아(CORSIA)의 본격 시행은 국제시장의 수요를 급격히 증대시키고 있다. 파리협정 제6.2조는 국가 간 크레딧 거래를 허용하며, 국가별 감축공약(NDCs) 이행 수단으로 자리잡고 있다. COP29에서는 20개 이상의 양자협정이 체결되었고, 관련 상응조정 규칙도 합의되었다. 제6.4조는 UN 중앙 등록부(PACM)를 통해 공통된 고무결성 기준과 MRV시스템을 갖춘 국제 탄소크레딧 발행을 추진하고 있으며, 이는 기업 및 국가 모두에게 공식적으로 인정받는 경로가 될 것으로 보인다. CORSIA는 2024년 1단계를 시작으로 항공사에게 연간 4,500만~6,100만톤의 탄소상쇄 수요를 추가로 발생시키며, 2035년까지 총 16억 톤에 달하는 수요가 전망된다. 국제금융규제 또한 이에 호응하고 있다. 예컨대 EU는 2025년부터 자연 기반 및 기술 기반 제거 프로젝트를 위한 탄소제거 인증 프레임워크(CRCF)를 도입하며, 향후 EU ETS와 통합 가능성을 시사하고 있다.

셋째, 각국 정부는 탄소크레딧의 활용을 법제화하고 제도화함으로써, 탄소시장의 제도적 신뢰성과 정책 연계성을 강화해 나가고 있다. 우선, 탄소세 및 배출권거래제의 이행 수단으로 국제 탄소크레딧의 사용을 허용하는 국가들이 늘고 있다. 예를 들어, 싱가포르는 기업이 탄소세 납부 시 국제 탄소크레딧을 최대 5%까지 사용할 수 있도록 허용하는 법안을 통과시켰으며, 이에 따라 200~400만 톤 규모의 추가수요가 예상된다. 이를 위해 가나, 파푸아뉴기니 등 20개국 이상과 양자 협정을 체결하여 인증된 국제 크레딧을 도입할 기반을 마련했다. 또한, 탄소 프로젝트의 국가 등록 제도를 도입함으로써 크레딧의 회계 처리, 국제 이전, 상응 조정(Corresponding Adjustment) 등의 기준을 마련하고 있다. 특히, 파리협정 제6조 기반의 국제 탄소크레딧이 NDC에 이중 계상되지 않도록 상응 조정 요건을 제도화하는 국가들도 증가하고 있다. 아울러, 국내 기업의 탄소크레딧 사용에 대한 공시 의무화 역시 강화되는 추세다. 특히 금융 및 제조업 중심의 주요국에서는 기업의 탄소 감축 경로의 정합성과 탄소크레딧 활용의 적절성에 대해 규제기관의 평가 기준이 마련되고 있으며, 이는 향후 기업 책임 기반의 크레딧 사용 문화를 정착시키는 기반이 되고 있다.

2024년 이후 탄소시장은 '무결성', '투명성', '국제 연계'라는 3대 핵심축을 중심으로 재편되고 있으며, 기업, 정부, 다자기구의 참여 방식 또한 상쇄 중심에서 감축 중심, 그리고 제도 기반의 거래 체계로 이동하고 있다. 시장 메커니즘은 단순한 자율 참여 모델에서 정책과 기준에 의해 안내되는 전략적 시장구조로 진화 중이며, 향후 시장은 규제기반 시장과 자발적 시장이 상호작용하며 통합되는 방향으로 발전할 가능성이 높다.

탄소크레딧 수요·공급 구조 변화

탄소시장은 최근 몇 년간 양적 팽창에서 질적 전환의 국면으로 이동하고 있다. 구매자들은 더 이상 단순히 저가의 크레딧을 선호하지 않고, 투명성과 무결성을 갖춘 고품질 크레딧을 중심으로 수요를 집중시키고 있다. 이에 따라 공급자들도 시장 수요 변화에 대응해 포트폴리오를 재조정하고 있으며, 탄소 프로젝트의 기획 및 인증 전략에 있어서 고무결성 기준 부합 여부가 핵심 요소로 자리잡고 있다. 이러한 전환 속에서 탄소시장의 공급과 수요는 다음과 같은 특징적인 흐름을 보이고 있다.

탄소크레딧의 과잉공급 증가세는 둔화되고 있다. 최근 몇 년간의 시장 흐름은 2021~2022년 강력한 수요 신호에 기인했다. 특히 SBTi의 가이드라인이 대형 배출업체들을 대상으로 제시되면서, 기업들은 장기 넷제로 목표의 일환으로 대규모 크레딧 확보에 나섰고 이는 공급 확대 및 발행량 급증으로 이어졌다. 이로 인해 시장은 구조적으로 공급 과잉 상태에 진입했으나, 2022년 이후 발행량이 감소세로 돌아서면서, 공급 초과의 증가 속도 또한 점차 둔화되고 있다. 반면, 크레딧 폐기량은 2019~2021년 동안 증가한 이후 꾸준하고 안정적인 수준을 유지하고 있으며, 이는 건강한 수요 기반이 여전히 유지되고 있음을 시사한다.

탄소제거 유형 크레딧의 희소성이 커지고 있다. 탄소크레딧 시장 내에서 특히 제거형 크레딧에 대한 수요가 급증하고 있다. 이 크레딧들은 실제 잔여 배출에 대한 상쇄 수단으로 활용 가능한 고무결성 수단으로 간주되어, 기업들이 SBTi 기준 및 넷제로 커뮤니케이션의 신뢰도를 높이기 위해 집중적으로 선호하는 품목이다. 이에 따라, 시장 내 미판매 또는 미폐기 상태의 제거형 크레딧 비중은 빠르게 줄고 있으며, 이들을 확보하려는 기업 간 경쟁도 심화되고 있다. 결과적으로, 이러한 희소성은 가격 프리미엄 형성, 장기 구매 계약 증가, 프로젝트 공동 개발 참여 등의 전략으로 이어지고 있다.

탄소크레딧의 수요강세는 향후 2년간 지속될 전망이다. 2030년 중간 목표를 앞둔 기업들은 여전히 SBTi의 지침에 부합하는 감축 행동 증빙을 위한 수단으로 고무결성 제거형 크레딧에 의존할 것으로 보이며, 이로 인해 수요 강세는 단기적으로도 유지될 전망이다. 더불어, 항공업계를 중심으로 한 CORSIA의 본격적인 진입은 시장 내 폐기량을 대폭 증가시키는 요인으로 작용할 것으로 보인다.

2024년 시작된 CORSIA 1단계는 연간 4,500만~6,100만 톤, 전체 자발적 시장 대비 28~37%에 해당하는 추가 수요를 창출할 것으로 예상된다. CORSIA 2단계(2027~2035)에는 최대 16억 톤에 달하는 수요가 발생할 수 있으며, 현재 CORSIA 적격 크레딧은 단 760만 개에 불과해 공급 부족에 따른 가격 프리미엄이 형성될 가능성이 높다.

이러한 제도는 VCM의 수요·공급 균형, 가격 형성 구조, 정부 승인 확보를 위한 외교적 협상 등 새로운 규범을 만들어내고 있다.

탄소크레딧 상쇄의 목적이 다변화되고 있다. 2024년, VCM에서 상위 200개 기업이 전체 크레딧 상쇄의 약 50%를 차지했으며, 그 중 34%는 Scope 3 배출 상쇄, 23%는 규제 이행 목적이었다. 이러한 흐름은 자발적 시장과 규제 시장 간 기능적 상호작용 증가를 의미한다. 기업들이 상쇄를 단순한 탄소중립 선언이 아닌 정책 대응 도구로 활용하는 경향이 강화되고 있다. 또한, 탄소중립 또는 넷제로라는 마케팅 표현은 유럽을 중심으로 규제적 제약을 받게 되었으며, 이에 많은 기업이 저탄소 제품, 탄소감축 기여라는 정량적이고 사실기반 표현으로 커뮤니케이션 전략을 전환하고 있다.

기업들이 실제 폐기하는 크레딧 품질 기준이 높아지고 있다. CORSIA 적격 기준, IC-VCM의 CCP 승인 방법론, 공동편익 인증(SDG 연계) 등에 대한 선호도가 급상승하고 있다. 2021년에는 전체 폐기량의 29%가 고무결성 기준에 부합했으나, 2024년에는 이 비율이 50%에 근접하며, 품질 기준이 기업 구매 전략의 핵심으로 작용하고 있다. 또한, 제3자 인증(SD-Vista, ABACUS, CCB Standards 등)을 통한 환경·사회적 공동편익 부각도 수요에 영향을 주고 있다.

현물시장에서 양자계약 기반 조달로 전환되고 있다. 기업과 투자자들은 고무결성 크레딧을 단기 조달하기보다 신규 프로젝트에 직접 투자하거나, 사전 계약을 통해 조달하는 전략으로 이동 중이다.

어베이터블 분석에 따르면, 2024년 1차 시장(primary market) 규모는 2차 시장의 18배에 달한다. 기업들은 크레딧 발행 이전 단계부터 신뢰성과 지속가능성이 검증된 프로젝트에 전략적으로 초기 참여하고 있다. 반면 기술 기반 탄소제거(CDR) 분야의 자금 조달은 2023년 230억 달러에서 2024년 160억 달러로 축소되며, 일부 지분투자·프로젝트 파이낸싱·VERPA(자발적 배출감축 구매계약, Voluntary Emission Reduction Purchase Agreement) 영역으로의 자본 유입이 다소 둔화됐다. 그럼에도 불구하고 기술 기반과 자연 기반 해법(NBS)에 대한 중장기 수요와 조달 의지는 여전히 견조한 흐름을 보이고 있다.

VCM에서의 탄소크레딧의 공급은 소수에 집중되어 있으며, 점차 중소규모 개발자가 부상하고 있다. 2024년 시장 공급은 여전히 상위 100개 개발자가 전체 발행량의 80% 이상을 차지할 정도로 집중돼 있다. 그러나, 상위 25개 개발자의 점유율은 다소 하락, 26~100위권의 중간 규모 개발자들이 성장세를 보이고 있으며, 공공 보조금과 민간 투자도 이들을 중심으로 유입되고 있다. 이러한 공급 다변화는 향후 고무결성 프로젝트 공급의 지속 가능성과 다양성 확보에 긍정적 영향을 미친다.

탄소 프로젝트 개발자들은 고무결성 기준에 서로 다른 속도로 적응하고 있다. 대형 REDD+ 프로젝트는 신규 방법론의 복잡성, 승인 지연 등으로 인해 정렬 속도가 느린 반면, 산림관리(IFM), 고효율 조리기구, 산업 효율성 개선 프로젝트는 미국을 중심으로 빠르게 CCP·CORSIA 기준에 정렬되고 있다. 상위 25개 개발자의 고무결성 크레딧 중 99%가 CORSIA 기준 부합하며, CCP 정렬 비율은 1% 미만으로 보다 엄격한 요건으로 도입 속도 느리다.

중소형 개발자들일수록 고무결성 기준에 더 적극적으로 대응하는 경향을 보여, 다양한 고품질 옵션을 확보하고자 하는 기업은 이들과의 전략적 파트너십을 고려할 필요가 있다.

〈표 53〉 공급자의 과거 탄소 크레딧 발행량, 최근 3년간 발행량 및 고무결성 비율

발행량 규모별 공급자 그룹	총과거 발행량	고무결성 발행 비율(%)	고무결성 발행비율			연간발행량 크레딧 수(백만), (2022~2024년) 고무결성 누적비율(%)			고무결성 발행 추세 (2022~2024)
			CORSIA	CCP .	CORSIA and CCP	2022	2023	2024	
Top 25	853.8	34%	99%	0%	1%	166.7(46%)	132.7(37%)	88.6(56%)	↘→
Top26~100	660.6	39%	95%	0%	5%	90.5(58%)	79.7(56%)	105.9(63%)	↗
Rest	836.6	46%	93%	1%	6%	122.4(45%)	119.5(57%)	109.8(65%)	↗↘

[출처] State of the Voluntary Carbon Market 2024, 2024. 05, Ecosystem Marketplace

자발적 탄소시장의 성장과 가치

자발적 탄소시장의 규모

VCM의 거래량과 가치는 2021년 이후 지속적으로 감소되고 있다. 2023년 거래량은 2022년 대비56% 감소한 총 1억 1,100만 톤 CO_2e을 기록했다. 탄소크레딧 가격 역시 하락추세인데 탄소크레딧의 톤당 평균 가격은 2022년 기록적 고점 대비 11% 하락한 톤당 6.53달러를 기록했다. 거래량 감소와 가격 하락이 맞물리면서, 2023년 총 시장 가치는 전년 대비 61% 하락한 7억 2,300만 달러로 집계되었다.[76]

〈표 54〉 전체 프로젝트의 연간 VCM 거래량, 거래액 및 탄소 1톤(tCO_2e)당 가격(2022-2023년)

2022			2023			비중변화		
거래량 ($MtCO_2e$)	거래액 (USD)	가격 (USD)	거래량 ($MtCO_2e$)	거래액 (USD)	가격 (USD)	거래량 ($MtCO_2e$)	거래액 (USD)	가격 (USD)
253.8%	$1.87B	$7.37	110.8	$723M	$6.53	-56%	-61%	-11%%

[출처] State of the Voluntary Carbon Market 2024, 2024.05., Ecosystem Marketplace

〈표 55〉 VCM 규모, 거래된 탄소 크레딧의 거래액 기준(2005년 이전~2023년)

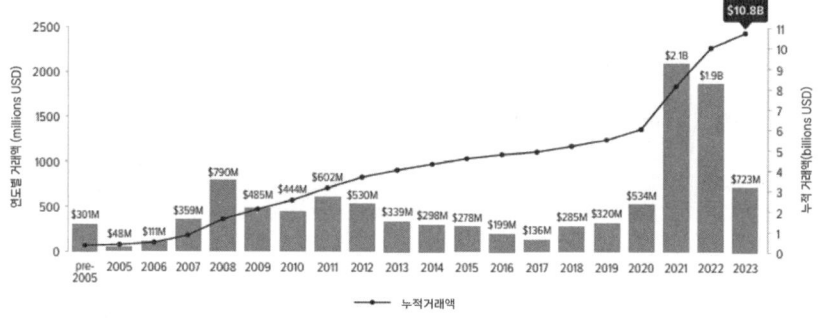

76) State of the Voluntary Carbon Market 2024, 2024.05., Ecosystem Marketplace

<표 56> 자발적 탄소시장 규모, 거래된 탄소크레딧의 거래량 기준(2005년 이전~2023년)

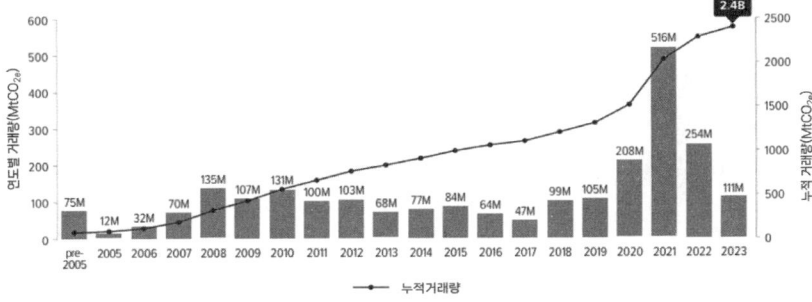

[출처] State of the Voluntary Carbon Market 2024, 2024. 05., Ecosystem Marketplace

VCM의 거래와 가치 하락세에도 불구하고, 신규 등록된 프로젝트 수는 2023년에 694건으로 오히려 증가했으며, 이 중 329건은 가정·지역사회 기기(Household/Community Devices) 프로젝트가 주도했다.

산림 및 토지 이용, 재생에너지, 농업, 폐기물 처리 프로젝트 등록도 전년 대비 증가했으며, 화학 공정·산업 제조 부문은 신규 등록에서 가장 큰 감소 폭을 보였다. 신규 프로젝트 등록은 일반적으로 프로젝트 제안, 공공 의

<표 57> 유형별 탄소크레딧 프로젝트 등록현황(2019~2023)

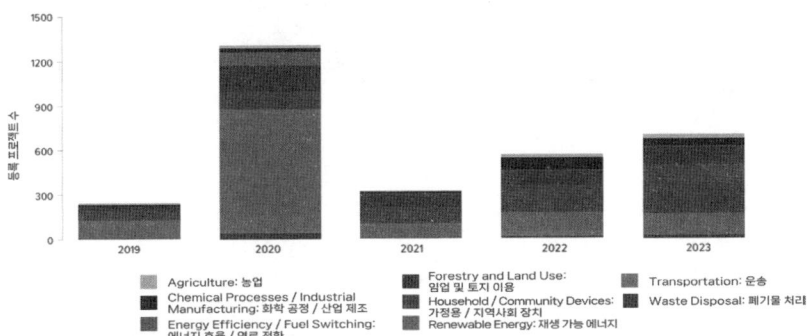

[출처] State of the Voluntary Carbon Market 2024, 2024. 05., Ecosystem Marketplace

자발적 탄소시장, 어떻게 진화하고 있는가? 　　　　　　175

견 수렴 기간, 방법론 검증 등 장기적 절차의 마지막 단계를 의미한다. 프로젝트에 의한 크레딧 발행은 보통 프로젝트 개발자가 처음으로 크레딧을 판매할 시점에 근접하여 발생하며, 최종 사용자는 크레딧을 구매한 이후 실제 만료까지 1년 이상 기다리는 경우도 있다. 따라서 최근의 시장 동향은 프로젝트 등록, 발행, 만료율과 크레딧 만료로 이어지지 않는 거래량을 종합적으로 반영하고 있다.

2022년과 비교하면 2023년에는 크레딧 발행량이 9,300만 톤 CO_2e 감소했고, 만료량은 260만 톤 CO_2e 증가하여, 탄소크레딧의 잉여 공급이 줄어들고 있지만 여전히 상당량 존재하고 있음을 시사한다.

〈표 58〉 자발적 탄소시장의 누적 발행 및 폐기량(2022~2023)

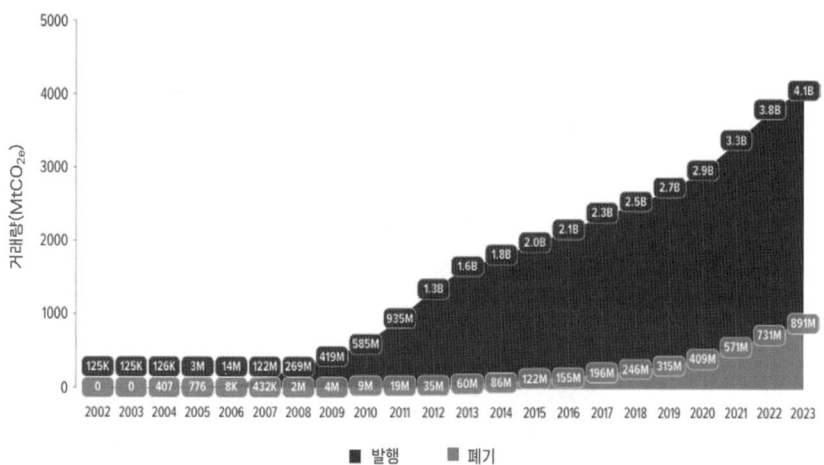

[출처] State of the Voluntary Carbon Market 2024, 2024. 05., Ecosystem Marketplace

발행량 감소에 가장 크게 기여한 부문은 화학 공정/산업 제조 및 에너지 효율·연료 전환이었다. 반면, 가정·지역사회 기기 및 운송 크레딧의 발행은 증가했으며, 가정·지역사회 프로젝트의 경우 2022년 대비 두 배 이상 증가하여 3,100만 톤 CO_2e 증가했다.

운송 크레딧의 발행 증가 역시, 2022년에 등록된 운송 프로젝트 수 증가에 따른 자연스러운 결과이며, 해당 부문은 연간 거래량 자체는 아직 낮은 수준이다.

크레딧 만료가 가장 많이 증가한 부문은 산림 및 토지 이용, 그리고 화학 공정·산업 제조였으며, 반면에 재생에너지, 폐기물 처리, 운송 부문 크레딧의 만료는 감소했다. 이러한 변화는 크레딧 구매자들이 추가성이 약한 프로젝트(예: 국제 청정 인프라 금융 등)에서 탄소 제거와 실질적 배출 감축 효과가 명확한 프로젝트(산림 및 토지 이용, 화학 공정·산업 제조 등)로 선호를 이동하고 있음을 시사한다.

총 연간 크레딧 만료량은 지난 3년간 약 1억 7,000만 톤 CO_2e 수준에서 유지되고 있으며, 이는 최종 사용자로부터의 기본적인 수요가 안정적이라는 것을 보여준다. 다만, 기업 구매자들이 Scope 3 배출량 상쇄 대상으로 크레딧을 공식 인정받게 될 경우, 만료 속도는 더욱 증가할 수 있는 여지가 있다.

탄소크레딧의 프리미엄 형성

VCM에서 최종 사용자에게 판매된 크레딧은 중간 매개자에게 판매된 크레딧보다 33% 높은 가격 프리미엄을 기록했다.

프로젝트 유형별로 살펴보면, 최종사용자에게 가장 큰 프리미엄을 형성

〈표 59〉 자발적 탄소시장의 구매자 유형별 거래가격

구 분	2022	2023
구매자 유형	가격(USD)	가격(USD)
전체 VCM	$7.37	$6.53
최종 사용자	$8.74	$7.79
중개자	$6.40	$5.87

[출처] State of the Voluntary Carbon Market 2024, 2024.05., Ecosystem Marketplace

한 프로젝트 유형은 에너지 효율·연료 전환 및 재생에너지이며, 이 범주에서의 대다수 거래는 중개자에게 판매된 것으로 나타났다. 이는 해당 부문에서 최종 구매자들이 프로젝트 품질 평가를 위해 중개자나 리셀러에 더 많이 의존하고 있으며, 리셀러들이 에너지 효율 및 재생에너지 프로젝트에서 상대적으로 저렴한 가격으로 크레딧을 확보한 후, 이를 높은 가격에 재판매하여 더 큰 수익을 얻고 있음을 시사한다. 반면, 화학 공정 및 산업 제조, 산림 및 토지 이용, 농업 카테고리에서는 대부분의 거래가 최종 사용자에게 직접 판매되었으며, 이러한 거래에서의 가격 프리미엄은 다른 부문보다 작았던 것으로 나타났다.

프로젝트 유형별 탄소크레딧 특성

2023년 VCM에서는 자연기반 크레딧 프로젝트의 거래량이 눈에 띄게 감소했으며, 자연기반 크레딧의 전체 거래 비중은 2022년 46%에서 2023년 37%로 하락했다. 자연기반 크레딧 가격은 65% 하락했으며, 이로 인해 VCM 내 자연기반 크레딧 부문의 총 거래 가치는 68% 감소했다. 그럼에도 불구하고, 자연기반 크레딧은 기술기반 프로젝트에서 발행된 크레딧보다

91% 높은 가격 프리미엄을 유지하고 있으며, 이는 2022년의 107% 프리미엄보다는 소폭 감소한 수치이다.

〈표 60〉 자발적 탄소시장의 자연기반·공학기반 프로젝트별 거래량, 거래액 및 가격

구 분	2022			2023		
	거래량 (MtCO₂e)	거래액 (USD)	가격 (USD)	거래량 (MtCO₂e)	거래액 (USD)	가격 (USD)
자연기반	166.8	$1.2B	$10.17	40.9	$381.5M	$9.33
공학기반	137.0	$674.6M	$4.92	70.0	$342.3M	$4.89

[출처] State of the Voluntary Carbon Market 2024, 2024.05., Ecosystem Marketplace

수요 감소는 주로 자연기반 프로젝트의 크레딧 유동성 저하에 기인하며, 특히 REDD+ 프로젝트의 베이스라인 산정 방식에 대한 비판이 시장 전반에 영향을 미친 것으로 보인다. 기준선은 각 프로젝트가 실현한 배출량 감축 및 탄소 제거량을 기반으로 판매 가능한 크레딧 수량을 설정하는 핵심 요소이다.

REDD+ 방법론을 통해 산출된 배출 감축 추정치의 정확성에 대한 고위 언론 보도가 이어지면서, 자연기반 프로젝트에서 감축량 산정이 보다 명확한 기술기반 프로젝트로 전반적인 수요가 이동했다.

REDD+ 프로젝트가 다수 등록되어 있는 VCS 표준을 관리하는 베라는 2023년 11월, 통합 REDD+ 방법론의 신규 버전을 발표했다. 이 방법론에는 업데이트된 기준선 계산 방식과 불확실성 추정 절차가 포함되어 있다.

다만, 업데이트된 방법론이 연말에 발표되어 2023년 거래량에는 눈에 띄는 영향을 미치지 못했지만, 2024년 REDD+ 크레딧의 판매에 중요한 영향을 줄 것으로 기대된다.

탄소크레딧은 배출감축과 제거의 두 가지 유형으로 구분할 수 있다. 배출 감축은 에너지 효율 향상, 재생에너지를 통한 화석연료 대체, 또는 산림과 같은 자연 탄소흡수원의 훼손·파괴를 방지함으로써 달성될 수 있으며, 탄소 제거는 ARR(조림·재조림·재식생)과 같은 자연기반 방법론 또는 직접공기포집, 바이오차 생산 등 기술기반 솔루션을 통해 생성된다.

2023년 VCM에서는, 감축 유형의 프로젝트보다 제거유형의 프로젝트의 크레딧에 더 높은 프리미엄이 부여되었다. 2023년 제거 크레딧에 대한 가격 프리미엄은 245%로, 2022년의 152% 프리미엄에서 크게 증가하였다. 이는 단순한 배출 감축보다 탄소 제거 활동이 시장에서 훨씬 더 높은 가치를 인정받고 있음을 보여준다. 감축 크레딧과 제거 크레딧 모두 2023년에는 VCM 전체 거래량과 함께 감소하였지만, 탄소 제거 전용 프로젝트 또는 감축과 제거를 모두 수행하는 프로젝트의 거래 비중은 2022년 31%에서 2023년 36%로 증가하였다.

<표 61> VCM 제거/감축 유형별 거래량, 거래액 및 가격

구분	2022			2023		
	거래량 (MtCO₂e)	거래액 (USD)	가격 (USD)	거래량 (MtCO₂e)	거래액 (USD)	가격 (USD)
제거	13.6	$162.8M	$12.01	4.2	$66.4M	$15.91
감축	128.4	$674.6M	$4.76	58.0	$267.3M	$4.61
둘다	66.0	$699.6M	$10.60	35.2	$294.2M	$836

[출처] State of the Voluntary Carbon Market 2024, 2024.05., Ecosystem Marketplace

제거 전용(Removal-specific) 크레딧의 평균 가격은 32% 상승한 반면, 감축과 제거를 모두 포함하는프로젝트의 크레딧 평균 가격은 21% 하락하였다. 이러한 복합형 크레딧은 주로REDD+, IFM(산림관리개선), 재생 농업, 또는 경관 단위의 탄소 관리에 중점을 둔 기타 자연기반 프로젝트로부터 발행된다. 복합형 크레딧 가격 하락은 REDD+ 프로젝트에 대한 강한 비판 이후, 시장이 해당 프로젝트에서 이탈한 현상에 크게 기인한 것으로 해석된다. 크레딧 발행 표준별 시장 점유율에도 일부 변화가 있었음을 알 수 있다.

VCS는여전히 거래량 기준 최대 표준으로 남았으나, 지속적인 언론의 비판 보도 속에서 VCS 크레딧의 거래량은 전년 대비 64% 감소했다. CDM 크레딧의 거래량 역시 2022년 대비 82% 급감했으며, 이에 따라 골드 스탠다드가 보고된 거래량 기준 두 번째로 큰 표준이 되었다. ACR의 거래량은 206% 증가, 결국 2023년 VCM 전체 거래량의 약 10%를 차지하게 되었다.

2023년에는 대부분의 기준에서 평균 가격이 하락한 반면, CAR, CDM, UK Woodland Carbon Code의 평균 가격은 각각 63%, 36%, 20% 상승했다.

<표 62> VCM 표준별 거래현황

표준	2021			2023			변화율		
	거래량 (MtCO₂e)	거래액 (USD)	가격 (USD)	거래량 (MtCO₂e)	거래액 (USD)	가격 (USD)	거래량	거래액	가격
VCS	158.0	$1.3 B	$8.07	56.2	$382.3 M	$6.81	-64%	-70%	-16%
Gold Standard	20.9	$159.0 M	$7.60	15.8	$99.8 M	$6.31	-24%	-37%	-17%
ACR	3.5	$59.5 M	$17.01	10.7	$60.7 M	$5.66	+206%	+2%	-67%
CDM	37.7	$73.0 M	$1.94	6.9	$18.0 M	$2.63	-82%	-75%	+36%
CAR	3.1	$14.2 M	$4.56	3.2	$24.0 M	$7.43	+4%	+70%	+63%
Plan Vivo	2.1	$27.5 M	$13.06	1.6	$18.7 M	$11.52	-23%	-32%	-12%
Ceracarbono	4.1	$23.5 M	$5.73	0.48	$1.9 M	$4.04	-88%	-92%	-29%
UK Woodland Carbon Code	0.21	$5.2 M	$24.41	0.16	$4.7 M	$29.17	-24%	-9%	+20%

[출처] State of the Voluntary Carbon Market 2024, 2024. 05., Ecosystem Marketplace

ACR 거래량은 증가했지만 평균 가격은 하락한 현상은, 이 기준에서 발행된 크레딧 유형이 2022년의 산림 및 토지 이용 중심에서 화학 공정·산업 제조 및 에너지 효율·연료 전환 프로젝트 중심으로 전환된 것에 기인한다. CDM 의 거래량 감소는, 공급이 줄어든 것과 더불어 CDM 프로젝트가 향후 파리 협정 제6조 기반의 국제 거래 체계로 전환될 것에 대한 불확실성 때문으로 해석된다.

한편, CDM 크레딧의 가격 상승과 중개자에게 판매된 CDM 크레딧의 점유율 증가 현상은, 리셀러들이 최종 사용자에게 마케팅할 수 있는 고품질 CDM 프로젝트 크레딧을 선별하여 확보하고 있음을 시사한다.

변화하는 탄소시장의 질서, 표준화 활동 본격화

VCM은 규제적 탄소시장과 달리 중앙에서 관리하는 기관이 없이 민간 주도의 자발적으로 운영되는 시장이다 보니, 탄소크레딧 인증기관에 따라 각기 다른 기준을 가지고 운영되고 있다. 그러다 보니 1 탄소크레딧이 1톤의 이산화탄소를 상쇄한 것이 맞는지 안맞는지를 판단할 수 있는 공통된 원칙과 기준이 없었다. 이는 탄소크레딧의 구매자 입장에서는 탄소크레딧의 품질을 구별하는데 어려움을 겪었으며, 이는 곧 VCM 자체에 대한 신뢰성 문제로 이어지고 있었다. 기업의 기후행동에 대한 압박과 시급성이 높아지고, VCM에서 거래되는 탄소크레딧 규모가 크게 성장하면서 이러한 문제는 점점 더 심각해지고 있었다. 국제적 시장규칙이 없는 시장에서 탄소감축 프로젝트들의 허점들이 지속적으로 발견되고 그린워싱 문제가 지속되면서 기업들의 탄소크레딧을 통한 상쇄활동에 대해 위험과 부담감이 커지고 있었다. 이렇게 시장의 신뢰도 문제가 심각해지자 2020년부터 VCM 내에서는 탄소시장 및 크레딧의 신뢰성을 높이기 위한 국제 표준 및 지침 마련을 위한 준비가 본격적으로 시작되었다.

VCM에 국제적 규칙 마련을 위한 활동은 신뢰성 있는 시장을 만들기 위한 일원화된 높은 기준을 구축하는 것을 목표로, VCM 출범 이후 수많은 경험과 실패를 통해 얻은 교훈을 바탕으로 더 좋은 시장으로 발전시키기 위해 다양한 이해관계자들과 협력하고 있다. 이는 크게 탄소감축 활동의 결과인 탄소크레딧의 품질 뿐만 아니라 탄소크레딧을 발행하는 기관의 적합성, 그리고 탄소크레딧의 주요 구매자 기업들의 크레딧 이용처 및 이용방법 등 3개의 이해관계자 그룹(탄소크레딧 발행기관, 탄소크레딧 프로젝트), (탄소크레딧 구매자(기업)을 중심으로 국제적인 표준이나 가이드라인을 개발해나가고 있다.

탄소크레딧 발행기관

① CORSIA: 파리협정은 대부분의 산업부문에 대해 탄소배출을 규제하고 있는 반면, 국제 항공 부문은 포함하지 않고 있다. 이러한 의무적인 제도의 부재에도 불구하고 민간 부문에서는 파리협정 목표에 기여하기 위해 자체적인 규제를 도입하기 시작하였다. 국제 민간 항공 기구인 ICAO(International Civil Aviation Organization)는 2016년 세계 최초로 민간 산업부문에서의 국제항공 탄소감축 제도인 CORSIA를 설립하였다. CORSIA는 항공사들이 탄소상쇄활동에 자발적 탄소크레딧 사용을 허용하고 있기 때문에 VCM에 큰 영향을 미치고 있다.[77]

CORSIA의 목표는 국제항공 온실가스 배출량을 2020년 수준으로 동결하는 것이다. 이를 초과해서 배출하는 항공사는 탄소크레딧을 구매하여 초과 배출된 양을 상쇄하여 일정 수준을 유지해야 한다. 이때 사용되는 탄소크레딧은 CORSIA에 의해 직접 인증된 크레딧(CORSIA-Eligible Credits)만을 사용해야 한다는 조건이 있다. 때문에, CORSIA의 인증기준은 VCM의 많은 탄소크레딧 발행 프로그램*에 영향을 미치고 있다. 특히 현재 항공사들의 CORSIA 참여는 자발적이지만, 2027년부터 의무이행단계에 돌입하기 때문에, 탄소크레딧에 대한 수요가 더욱 커질 것으로 예상된다.

---

77) https://www.forest-trends.org/wp-content/uploads/2018/10/CORSIA_infographic.pdf

CORSIA는 국제 항공 부문에서 사용되는 탄소크레딧에 대한 최소한의 기준을 충족시키고자 탄소크레딧 발행 프로그램을 직접 평가하고 인증하고 있다. 2024년 3월 기준, CORSIA에 의해 인증된 탄소크레딧 발행 프로그램은 다음과 같다.[78]

- American Carbon Registry(ACR)
- Architecture for REDD+ Transactions (ART)
- BioCarbon Fund for Sustainable Forest Landscapes(ISFL)
- China GHG Voluntary Emission Reduction Program
- Clean Development Mechanism(CDM)
- Climate Action Reserve(CAR)
- Forest Carbon Partnership Facility(FCPF)
- Global Carbon Council(GCC)
- Gold Standard(GS)
- Social Carbon
- Verified Carbon Standard(VCS)

* 탄소크레딧 발행 프로그램이란 베라, 골드스탠다드와 같은 탄소크레딧 발행기관이 탄소크레딧 인증을 위해 구축한 프로그램이라고 볼 수 있다. 예를 들어, 베라의 프로그램은 VCS, 골드 스탠다드의 경우 Gold Standard for the Global Goals(GS4GG)로 알려져 있다.

CORSIA는 그들의 기준에 맞게 직접 인증한 프로그램에 의해 발행된 탄소크레딧만을 사용할 것을 허용하고 있다. CORSIA 적합성 평가기준으로는 CORSIA 인증을 받은 탄소크레딧 발행 프로그램을 통해 발행된 탄소크레딧 중 (1) 크레딧 프로젝트의 시작기간이 2016년 이후이고, (2) 크레딧의 빈티

---

78) ICAO document, CORSIA Eligible Emissions Units, CORSIA, 2024.10

지(탄소 감축이 일어난 시점)가 최근이어야 하고, (3) 특정 프로젝트 유형이어야 하며(예: AFOOLU, REDD+ 등), (4) 공동혜택 증명서(Co-benefit certificate; 예: SDG)을 보유함으로써 지속가능한 발전에 기여해야 한다는 항목이 포함된다.

② ICROA: 즉 국제 탄소감축 및 상쇄 연합은 탄소크레딧 시장의 서비스 제공기관, 즉 탄소크레딧 발행기관을 인증하는 이니셔티브로, VCM에 모범사례(Best practice)를 제공하기 위해 2008년 IETA(International Emissions Trading Association)*에 의해 설립되었다. ICROA의 산업 인증 프로그램(Accreditation Program)은 참여기관이 「국제 탄소감축 및 상쇄 연합의 모범 실행규범(ICROA의 Code of Best Practice)」을 충족

* IETA: 넷제로 달성을 목표로 하는 비영리 산업 연합

하는지를 평가하는 역할을 한다. ICROA의 인증을 받은 기관은 ICROA 인증 라벨을 사용함으로써 이들이 탄소시장의 서비스 제공기관으로써 충분한 자격을 갖추고 있음을 증명할 수 있다. ICROA가 발표한 모범사례규범은 탄소배출량 정량화, 탄소크레딧 구매 및 취소, 보고, 커뮤니케이션 및 공시, 평가기준 등 탄소크레딧 발행기관이 갖추어야 하는 서비스 기준으로 구성되어 있다.[79] 즉, ICROA는 탄소크레딧 발행기관이 일정 수준의 유지하도록 감독함으로써 VCM의 무결성을 강화하고자 하는 것이다.

탄소시장의 서비스 제공기관이 ICROA의 인증을 받기 위해서는 이들의 탄소크레딧 발행 프로그램이 다음과 같은 인증 기준[80]을 충족해야 하며, 신청서를 제출하여 승인을 신청할 수 있다.

---

79) https://icroa.org/
80) Carbon Crediting Programme Endorsement Review Criteria, 2025.6, ICROA

<표 63> ICROA 탄소크레딧 프로그램 인증 기준

인증기준	설 명
1. 독립성: 프로그램은 등록되어 있는 프로젝트와 독립적으로 운영되고 관리되어야 함	
1-1. 이해관계 충돌 (CoI, Conflict of Interest)	특정 이해관계나 이익에 관여되지 않고, 객관적으로 프로그램을 수행해야 함 - 프로그램은 직원, 이사회 구성원, 계약자, 프로젝트 간의 이해관계 충돌(CoI)을 식별하고 이를 완화하는 절차(CoI 공개방법, CoI 발생시 처리방법 포함)를 마련해야 함. - 프로그램은 모든 직원, 이사회 구성원, 계약자가 서명할 수 있는 CoI 선언문을 가지고 있어야 하며, 이는 서명자가 프로그램에 따라 개발된 프로젝트에 대해 최소한의 재정적 이해관계가 없음을 보장해야 함 - 프로그램 검증기관(VVB) 및 프로젝트 개발자와 이해관계 상충되지 않는다는 증거를 제시해야 함. - 프로그램은 탄소크레딧의 판매가격을 노출해서는 안됨
1-2. 프로젝트 개발	프로젝트 개발자는 탄소크레딧 발행을 요청하는 기관이므로, 그 발행주체와 동일해서는 안됨 - 프로그램 소유자 또는 운영 주체는 프로젝트 개발자 자격으로 행동해서는 안됨
1-3. 마켓 플레이스	프로그램은 탄소크레딧의 적극적인 마케팅이나 판매노력을 해서는 안되며, 탄소크레딧을 통한 수익에 대한 공개는 탄소크레딧 수와만 연결될 수 있고 판매가격과 연결되어서는 안됨 - 프로그램은 탄소크레딧 거래에 적극적인 참여자가 되어서는 안됨. 즉 구매자의 구매활동을 촉진시키거나, 중개활동을 하거나, 탄소크레딧을 적극적으로 판매할 수 없음 - 프로그램은 시장에서 판매되는 탄소크레딧의 가격을 정할 수 없음. 이는 프로젝트 개발자 또는 소유자가 직접 수행해야 함.
2. 거버넌스	

인증기준	설 명
2-1. 효과적인 거버넌스	- 프로그램은 이사회의 구성과 책임을 포함한 거버넌스 구조를 보여주는 공개된 조직도를 가지고 있어야 함. - 프로그램은 지도부, 위원회, 그룹 등에 대해 임명하는 방법을 공개적으로 설명해야 함. - 프로그램은 사업자로 등록된 관할 구역에서 이 사업과 관련된 모든 법과 규정을 준수하는지 확인해야 함. - 프로그램은 의사결정을 투명하게 해야 함(즉, 의사결정조항을 내규 또는 의사결정 포럼에 대한 참조 조항에 포함시킴) - 프로그램은 공개적으로 이용가능한 절차와 절차를 집행하기 위한 품질관리 메커니즘을 갖추고 있어야 함. 현재 진행중인 절차는 ISO9001과 같은 국제적인 품질관리 시스템을 기반으로 해야하며 위험도 평가는 ISO31000과 일치해야 함.
2-2. 투명성 및 정보공개성	다음과 같은 정보는 프로그램 웹사이트 및/또는 독립형 문서(버전 형식으로 업데이트)에서 공개적으로 제공되어야 함 - 최소한 프로그램 규칙 초안 및 수정 방법, 위원회 구성 방법 및 이사회의 승인 방법을 포함하는 운영 절차 - 최소한 전문가 참여 및 공개 협의에 대한 요구 사항과 방법론이 업데이트되는 빈도에 대한 설명을 포함하는 방법론 개발 절차 - 프로젝트 개발자, 프로젝트 이해관계자 및 대중이 접근할 수 있는 불만 및 보상 메커니즘으로, 최소한 프로그램에 의해 불만이 어떻게 해결될 것인지에 대한 설명 - 프로그램이 다른 표준(즉, CDM의 도구 및 방법론)을 참조하는 경우, 프로그램은 참조된 표준의 변경 사항이 프로그램의 프로세스에 반영되고 업데이트되도록 하는 프로세스를 갖추어야 함
3. 레지스트리	
	프로그램은 탄소크레딧의 발행, 취소, 만료를 추적하기 위해 레지스트리에 연결되어야 함. 레지스트리는 프로그램 또는 제3자 제공업체에 의해 운영될 수 있음 - 레지스트리는 공개적으로 접근할 수 있고 국제적으로 이용가능해야 함 - 레지스트리는 최소한 프로젝트 설명, 모니터링 보고서, 검증보고서를 포함한 기본 프로젝트 정보를 공개적으로 제공해야 함 - 레지스트리는 고유 일련번호를 통해 개별적으로 각각의 크레딧을 식별해야함

인증기준	설 명
	- 레지스트리는 최소한 '발행', '만료', '취소'를 포함한 크레딧의 상태를 식별해야 함 - 레지스트리는 최소한 다음을 포함하여 공개적으로 이용가능한 규칙과 절차를 갖추고 있어야 함 * 모든 계정 소유자는 고객확인제도(Know Your Customer)절차를 수행하고 통과함 고객확인제도 : 일반적으로 금융기관이 자신의 서비스가 자금세탁 등 불법행위에 이용되지 않도록 고객의 신원, 실제 당사자 여부, 거래목적 등을 확인하는 절차를 의미함 * 레지스트리 운영자가 CoI를 방지하는 방법에 대한 설명 - 레지스트리 기능, 프로그램 문서 및 방법론은 영어로 제공되어야 하며 레지스트리에 나열된 모든 프로젝트 문서는 영어로 제공되어야 함
4. 검증	
	프로그램이 발급하는 모든 탄소크레딧은 반드시 자격을 갖춘 기관에 의해 독립적이고 제3자적인 검증을 거쳐야 함. 프로그램은 검증기관(VVB)에 대한 감독권을 보유해야 함프로그램이 발급하는 모든 탄소크레딧은 반드시 자격을 갖춘 기관에 의해 독립적이고 제3자적인 검증을 거쳐야 함. 프로그램은 검증기관(VVB)에 대한 감독권을 보유해야 함
4-1. 제3자 검증	- 모든 탄소크레딧은 발행전에 제3자 검증을 거쳐야 함. - 특히 프로젝트는 ISO 14064-3에 규정된 수준에 맞춰 검증되는 것을 보장해야 함
4-2. VVB 자격 인증	- 승인된 VVB 목록을 프로그램 웹사이트에 게시해야 함 - 프로그램에는 VVB로 승인된 기관이 최소 2개가 등록되어 있어야 함 - 프로그램은 VVB에 대해 최소한 다음을 포함하는 공개적으로 이용 가능한 자격 목록을 가지고 있어야 함 * VVB가 ISO 14065, CDM/A6.4 인증 프로그램 또는 프로그램이 관련이 있다고 간주하는 기타 인증 프로그램에 따라 인증되어야 한다는 요건 * VVB는 인증을 받은 부문 범위에 대해서만 검증 활동을 수행할 수 있다는 요건 - 프로그램은 프로그램의 승인된 VVB의 자격을 요구사항 목록과 비교하여 정기적으로 확인해야 함 - 프로그램은 자격을 갖춘 개인(소규모 프로젝트에 해당)이 검증 또는 검증을 완료하는 것이 허용되는 경우 시나리오의 개요를 설명하는 규칙을 가질 수 있으며, 개인에게 요구되는 자격이 무엇인지 설명해야 함

인증기준	설 명
4-3. VVB 감독성	- 프로그램은 다음 중 하나 이상의 방법에 기초하여 프로젝트가 추가적인지 확인하기 위한 요건을 갖추고 있어야 한다. * 법적 또는 규제적 추가성 분석 * 장애물 분석 * 일반적인 관행 및 시장 분석 * 투자, 비용 또는 기타 재무 분석 * 성과 기준 및 벤치마크 - 프로그램이 특정 프로젝트를 자동으로 추가적인 것으로 사전 정의하는 경우, 해당 활동이 추가적인 것으로 결정된 방법에 대한 명확한 증거를 제시해야 함 이러한 기준은 공개적이고 보수적이어야 함
5. 탄소 발행 원칙	
	프로그램에는 다음과 같은 기본 품질원칙을 충족시키기 위한 절차가 마련되어야 함
5-1. Unique	- 탄소크레딧이 이중으로 발행되지 않도록 하기 위한 절차를 마련해야 함
5-2. Real	- 탄소크레딧이 실제 감축된 배출량을 의미해야 하므로, 사후(Export) 탄소배출량을 측정, 모니터링, 검증해야 함
5-3. Permanent	- 프로젝트에 역배출 위험이 있는 경우, 프로그램은 프로젝트 개발자에 의한 10년 단위의 약속에 대한 요구사항이 있어야 함 - 프로젝트에 역배출 위험이 있는 경우, 프로그램은 프로젝트가 역배출 위험을 최소화하는 방법에 대한 설명을 포함하는 위험 완화 계획을 갖추어야 함 - 역배출 위험이 있는 프로젝트의 경우, 프로그램은 의도적 또는 의도적이지 않은 역배출로 인해 손실된 탄소 배출이 대체되도록 하기 위해 위험 완화 메커니즘(예: 버퍼 풀)을 마련해야 함 - 프로그램은 이러한 요건과 메커니즘이 마련되어 있고 이를 준수한다는 증거를 제시해야 함
5-4. Additional	- 프로그램은 다음 중 하나 이상의 방법에 기초하여 프로젝트가 추가적인지 확인하기 위한 요건을 갖추고 있어야 한다. * 법적 또는 규제적 추가성 분석 * 장애물 분석 * 일반적인 관행 및 시장 분석

인증기준	설 명
	* 투자, 비용 또는 기타 재무 분석 * 성과 기준 및 벤치마크 - 프로그램이 특정 프로젝트를 자동으로 추가적인 것으로 사전 정의하는 경우, 해당 활동이 추가적인 것으로 결정된 방법에 대한 명확한 증거를 제시해야 함 이러한 기준은 공개적이고 보수적이어야 함
5-5. Measurable	- 프로그램은 프로젝트 수준의 표준 및 방법론을 기반으로 크레딧을 발행해야 함. 제품 기반 방법론 또는 라이프사이클 평가를 통해 탄소크레딧을 발행하는 프로그램은 승인 대상이 아님 - 프로그램은 프로젝트가 측정 가능하고 데이터에 의해 뒷받침되도록 하기 위한 절차를 갖추고 있어야 하며, 이는 최소한 다음과 같은 요건을 포함해야 함 * BAU(Business As Usual) 시나리오를 명확하게 정의 * 배출가스의 누출을 파악하고 완화 * 실제 프로젝트 데이터를 사용할 수 없는 경우 보수적인 추정치를 사용 * 최소한 매 크레딧 기간 갱신 시 기준선을 재계산 - 프로그램에서 제공하는 방법론은 각 프로젝트를 검증하기 위한 모니터링 요구사항이 있어야 함 - 스탠다드는 방법론이 과학적으로 견고한 방법 또는 동료 검토 방법에 기초하고 있음을 입증하고 공개 협의 과정을 거쳐야 함
6. 환경 및 사회적영향	
	프로그램에 따라 개발된 모든 프로젝트는 부정적인 환경 및 사회적 영향을 식별하고 이를 완화해야 함 - 프로그램은 모든 프로젝트가 잠재적인 환경 또는 사회적 영향을 식별하고 완화할 수 있도록 공개된 규칙과 요구사항을 가지고 있어야 함. 이러한 규칙과 요구사항은 모든 프로젝트가 "No Net Harm(해가 없음)" 원칙을 충족할 것을 포함해야 함 - 프로그램은 프로젝트가 잠재적인 환경 및 사회적 영향에 대한 위험 평가를 수행하도록 요구하며, 이는 검증을 받는 프로젝트 문서에 포함되어야 함 - 프로그램은 이러한 규칙과 절차가 준수되고 있는지에 대한 증거를 제공해야 함. 평가자(관)은 최소 2개의 프로젝트에 대해 현장 확인을 수행함.

자발적 탄소시장, 어떻게 진화하고 있는가?

인증기준	설 명
7. 이해관계자 고려	
	- 프로그램은 웹사이트 및/또는 문서(버전 업데이트)로서 적어도 다음을 포함하는 이해관계자 참여 절차를 공개적으로 이용할 수 있어야 함 * "이해관계자"의 정의 * 새로운 프로그램 문서의 30일 공개 협의 요구사항(또는 프로그램 문서의 수정 중) * 방법론 개발 중 30일간의 공개 협의 요구 사항 * 현지 이해관계자와의 효과적인 협의를 위해 필요한 경우 관련 현지 언어로 제공되는 프로젝트 협의 문서 * 검증 거친 문서에 이해관계자 참여 결과가 포함되는 프로세스 * 현지 상담을 수행해야 하는 방법에 대한 정의된 프로세스 - 프로그램은 이해관계자의 의견이 투명하게 전달되도록 해야 함 - 프로그램은 절차가 준수되고 있다는 증거를 제시해야 함
8. 규모	
	프로그램은 VCM에서 충분한 존재감을 가지고 있어야 승인을 받을 수 있으며, 이는 구체적으로 다음을 의미함 - 10개 이상의 프로젝트가 등록되어 있음. - 100,000 tCO₂e 이상의 탄소크레딧을 발행함 조건부 승인의 경우, 프로그램이 적어도 두 개의 프로젝트에서 크레딧을 발급하고 다른 모든 검토기준을 충족한다고 간주될 때 이루어짐
9. 기타 고려사항	
	프로그램이 ICROA에 대한 평판에 위협을 나타내는 경우 프로그램을 승인하지 않을 권리가 있음

- 100,000 tCO_2e 이상의 탄소크레딧을 발행함

ICROA의 인증을 받은 서비스 제공기관은 ICROA의 원칙에 따라 실제(Real), 측정가능하고(Measurable), 영구적이고(Permanent), 추가적이고(Additional), 독립적으로 검증되고(Independently verified), 고유한(Unique) 탄소크레딧을 사용할 것을 약속한다. 그들은 ICROA가 승인한 탄소크레딧 발행 프로그램에 의해 발행된 탄소크레딧만을 사용할 것을 약속하며, ICROA 승인 없이 국제적으로 판매해서는 안된다는 것을 조건으로 걸고 있다.

2024년 4월 기준, ICROA에 의해 승인된 탄소크레딧 발행기관은 다음과 같다.[81]

- American Carbon Registry(ACR)
- Architecture for REDD+ Transactions(ART)
- BioCarbon Standard
- Cercarbono
- City Forest Credits
- Isometric
- Climate Action Reserve(CAR)
- Global Carbon Council
- Gold Standard(GS)
- Plan Vivo
- Puro.earth
- Social Carbon(Conditionally endorsed)
- Verified Carbon Standard(VCS)

---

81) https://icroa.org/wp-content/uploads/2024/04/ICROA-Endorsment-Assessor-RFP-April-2024.pdf

탄소크레딧 프로젝트

① IC-VCM

탄소크레딧 발행에 대한 명확한 규칙이나 기준이 마련해야 한다는 필요성이 증가함에 따라 VCM의 거래 표준을 정립하고 독립적 감시기구를 설치하기 위하여 2020년 9월 유엔의 주도 하에 'VCM 확대를 위한 태스크포스(TS-VCM)'가 출범했다. TS-VCM은 파리협정의 목표를 달성하기 위해 효과적이고 효율적인 VCM 확대를 위한 민간 주도의 이니셔티브로 탄소크레딧의 구매자와 판매자, 표준설정자, 금융 부문, 시장 인프라 제공자, 시민 사회, 국제기구, 학계 등을 대표하는 250개 이상의 회원기관으로 구성되어 있다.[82]

IC-VCM(자발적 탄소시장을 위한 청렴성 위원회)은 TS-VCM이 2021년 9월 구성한 이해관계자가 주도하는 새로운 독립 거버넌스 기구로 전세계 VCM에 대한 최고 수준의 윤리, 지속가능성 및 투명성 기준을 수립하고 유지한다.[83] 이는 VCM의 탄소크레딧의 품질을 위해 필요한 국제적 기준을 수립하고 이에 대한 준수 여부를 평가 및 감시하는 역할을 수행한다.[84] 이를 위해 IC-VCM은 2023년 VCM 내 탄소크레딧의 품질 향상을 위한 10대 원칙이 담긴 핵심탄소원칙(CCPs, Core Carbon Principles)과 평가 프레임워크(Assessment Framework)를 공개하였다.[85] [86]

---

82) https://www.iif.com/tsvcm
83) https://icvcm.org/
84) https://lrl.kr/bChPa
85) https://icvcm.org/core-carbon-principles/
86) https://icvcm.org/assessment-framework/

IC-VCM의 평가 프레임워크는 탄소크레딧과 탄소크레디팅 프로그램이 품질과 무결성의 기준을 충족하는지 평가하는 기준을 의미하며, CCP는 이러한 IC-VCM 평가 프레임워크의 기반이 되는 평가요소를 의미하며, 무결성 높은 탄소크레딧에 대한 글로벌 벤치마크를 구축한다. IC-VCM은 CCP와 평가 프레임워크를 통해 VCM 전반적으로 일정한 수준의 탄소크레딧 품질을 유지하도록 엄격하지만 성취가능한 국제적인 기준점을 세우는 것을 목표로 하고 있다.[87] 이에 따라 그간 모호했던 탄소크레딧의 '고품질'에 대한 기준이 일원화되어 VCM에 대한 신뢰성 향상에 크게 기여할 것으로 보인다.

CCP 승인 탄소크레딧(CCP-Approved carbon credit)은 프로그램 평가, 카테고리(프로젝트 유형) 평가, 탄소크레딧 식별의 IC-VCM 평가 프레임워크 3단계 절차를 거쳐, CCP 적격 프로그램(CCP-Eligible Program)이 CCP 승인 탄소크레딧(CCP-Approved Carbon Credit)으로 라벨을 달 수 있는 자격이 주어진다.

프로그램 평가: 먼저, 탄소크레딧 발행기관은 그들의 탄소크레딧 발행 프로그램이 관련 CCP 항목을 충족하는지가 평가된다. 이 단계를 통과해야만 탄소크레딧 평가를 받을 수 있다.

카테고리 평가: 탄소크레딧을 프로젝트 유형을 기준으로 큰 그룹으로 묶어 해당 탄소크레디팅 프로그램의 해당 프로젝트 유형이 관련 CCP 항목을 충족하는지 평가. 이렇게 평가를 통과한 카테고리 그룹에 포함된 탄소크레딧만 다음 단계에서 평가를 받을 수 있다.

---

87) https://icvcm.org/

탄소크레딧 식별: 앞의 두 단계를 통과한 탄소크레딧을 대상으로 IC-VCM의 개별 평가가 이루어지며, 이 단계를 통과한 탄소크레딧은 해당 레지스트리에서 CCP 승인으로 태그가 달릴 수 있다.

10개의 핵심탄소원칙(CCPs)은 다음 표에 정리된 것과 같이 3개의 영역(거버넌스, 배출 영향, 지속가능한 발전)과 탄소크레딧 발행 프로그램 & 탄소크레딧 카테고리 레벨로 분류될 수 있다. 앞서 설명한 바와 같이, 먼저 탄소크레딧 발행 프로그램 레벨에서의 CCP 원칙(1, 2, 3, 4, 7, 8, 9)에 따라 평가한 뒤, 탄소크레딧 카테고리 레벨에서의 CCP 원칙(5, 6, 7, 10)에 따라 평가한다.

〈표 64〉 3개 영역별 10개의 핵심탄소원칙

구분	소크레딧 발행 프로그램 레벨	탄소크레딧 카테고리(프로젝트 유형) 레벨
거버넌스	(1) 효과적 지배구조 (2) 추적 (3) 투명성 (4) 독립적인 제3자 확인 및 검증	
배출영향	(7) 배출감축량의 정확한 측정 (8) 이중 계산 금지	(5) 추가성 (6) 영구성 (7) 배출 감축량의 정확한 측정
지속가능한 발전	(9) 지속가능한 개발에 대한 영향 및 안전장치	(9) 탄소중립 전환에 대한 기여

* IC-VCM은 프로젝트 유형 대신 탄소크레딧 카테고리라는 용어를 쓰고 있다. IC-VCM은 탄소크레딧 카테고리에 대해 명확히 분류함으로써, CCP 인증의 조건이 되는 프로젝트 유형을 공개할 예정이다. 이를 통해 어떤 프로젝트 유형이 고품질의 탄소크레딧으로써 인증받을지 확인하는 것이 훨씬 간단해질 것으로 보인다.

IC-VCM 평가 프레임워크의 기반이 되는 10대 핵심탄소원칙은 탄소크레딧 발행 프로그램과 탄소크레딧 카테고리*에 관련하여 탄소크레딧이 충족해야 할 기준을 담고 있다. 10개의 CCPs의 대부분의 항목은 CORISA의 요구사항을 먼저 충족할 것을 요구하고 있으며, 이에 더해 IC-VCM의 CCP 승인을 받기 위해 충족해야 할 요구사항을 포함하고 있다.[88]

탄소크레딧 발행 프로그램 레벨에서의 CCP

효과적 지배구조: 탄소 크레디팅 프로그램은 탄소크레딧의 투명성, 책임성, 지속적인 개선, 전반적인 품질을 보장하기 위한 효과적인 프로그램 거버넌스를 구축해야 한다.
- 엄격한 내부규정에 따라 운영되는 독립적인 이사회가 구성되어 있다.
- 조직의 임무, 주요 프로그램, 거버넌스, 수익 등에 대한 개요를 제공하는 연간보고서를 발간한다.
- 자금세탁, 부패 등을 강력하게 방지하는 프로세스를 보유한다.
- 지역 사회 및 이해관계자와의 협의 과정이 투명하고 공정하게 이루어지도록 돕는 프로세스를 제공한다.
추적: 탄소 크레디팅 프로그램은 안전하고 모호하지 않게 탄소크레딧을 식별할 수 있도록 탄소크레딧을 고유하게 식별, 기록, 추적하기 위해 레지스트리를 운영하거나 사용해야 한다.
- 탄소크레딧을 만료시키는 주체와 만료의 목적을 식별한다.
- 탄소크레딧의 오발행을 해결하기 위한 절차를 보유한다(예: 취소, 대체제 제공을 통한 보상, 책임 주체 식별 등).

---

88) https://icvcm.org/wp-content/uploads/2024/02/CCP-Section-4-V2-FINAL-6Feb24.pdf

투명성: 탄소크레딧 발행 프로그램은 모든 인증된 탄소 감축 활동에 대해 포괄적이고 투명하게 정보를 제공해야 한다. 정보는 비전문가도 접근 가능하여 정밀 조사가 가능하도록 디지털 형식으로 공개되어야 한다.

- 프로젝트 설계 문서에 포함되어야 하는 항목은 다음과 같다. 비기술적 요약, 프로젝트 활동의 위치 및 자세한 정보, 적용되는 기술 또는 방법에 대한 설명, 환경 및 사회적 영향, 사용된 방법론, 방법론의 조건, 추가성 입증, 탄소 감축량 정량화 방법

- 탄소크레딧 발행 프로그램은 모든 관련 프로그램 문서가 공개적으로 이용 가능하도록 보장한다. 만약 레지스트리에서 누락된 정보와 관련하여 요청이 있는 경우 정보가 제공되는 프로세스를 갖추어야 한다. 이때 조직은 기밀성 및 소유권, 프라이버시 및 데이터 보호 제한을 부여할 수 있다.

독립적인 제3자 확인 및 검증: 탄소크레딧 발행 프로그램은 강력하고 독립적인 제3자의 검증 및 완화 활동의 검증을 위한 프로그램 레벨의 요구사항을 구축해야 한다.

- 검증 기관을 공인된 국제 인증 표준*에 따라 인증한다.

- 검증기관의 성과 관리를 위한 프로세스가 존재하며 성과 문제 발생시 개선 조치를 취한다.

*예: ISO 14065, ISO 14066, UNFCCC 교토 의정서 CDM 또는 파리 협정 제6조 4항의 감독 기관과 관련된 규칙

배출 감축량의 정확한 측정: 온실가스 감축·제거 활동은 과학적 방법을 기반으로, 보수적으로 명확하게 정량화되어야 한다.

- 방법론 개발 프로세스 및 승인에 대한 과정을 구축해야 한다. 방법론 승인 전에 독립적인 전문가 그룹의 검토와 공개 이해관계자 협의를 거치도록 요구된다. 증거에 기초하여 탄소감축량이 과대평가되고 있거나 추가성이 보장되지 않는다고 판단되는 경우 승인된 방법론의 사용을 재검토, 중단·

철회하는 절차를 가진다.
- 승인된 방법론은 다음의 필수 구성요소를 포함해야 한다.
  - 방법론 적용 기준
  - 회계 범위 결정
  - 추가성에 대한 분석
  - 베이스라인 시나리오 설정
  - 탄소감축량의 정량화
  - 모니터링 방법
- 탄소 감축량을 정량화할 때는 탄소크레딧을 탄소 감축량 1톤으로 명확히 정의한다. 탄소가 아닌 다른 온실가스의 경우 CO_2 등가성을 계산하는 데 사용되는 GWP(Global Warming Potential) 값을 공개한다.
- 사전 크레딧, 즉 프로젝트가 활동을 시작하여 탄소를 감축하는 성과를 내기 전에 발급된 탄소크레딧은 CCP 자격을 부여하지 않는다. 탄소크레딧 발행 프로그램이 사전 및 사후 크레딧을 모두 지원하는 경우, 사전 크레딧은 CCP의 조건을 충족하지 못한다는 사실을 명확하게 식별할 수 있는 절차를 마련한다.

이중 계산의 금지: 온실스 감축·제거 활동은 이중계산되지 않아야 하며, 이는 감축 목표달성을 위해 한 번만 계산되어야 함을 의미하고, 이중계산은 이중발행, 이중청구, 이중사용을 포함한다.

- 이중 등록 방지
  - 다른 탄소크레딧 발행 프로그램에 등록되고 해당 프로그램에서 여전히 탄소크레딧을 발행 중인 프로젝트의 등록을 방지한다.
  - 이중 발행을 피하기 위한 목적으로 다른 탄소크레딧 발행 프로그램에서 동일한 탄소크레딧을 취소하지 않은 경우 탄소크레딧을 발행하지 않도록 한다.

· 이중 이용 방지

　· 탄소크레딧 발행 프로그램은 탄소크레딧이 취소되거나 만료되면 추가적인 양도, 만료 또는 취소를 방지하는 등록 조항을 두어야 한다.

지속가능 발전에 대한 영향 및 안전장치: 탄소크레딧 발행 프로그램은 지속가능한 개발로써 혜택을 제공하는 동시에, 사회 및 환경 보호를 위한 지침, 방법, 절차를 갖추어야 한다.

- 프로젝트 책임자가 프로젝트의 범위와 규모를 고려하여 사회 및 환경적으로 부정적인 영향이 있는지를 평가하고, 리스크가 있다고 판단되는 경우 그 영향을 최소화하고 해결하기 위한 조치를 포함하도록 하고 이를 모니터링 보고서에 포함하도록 요구한다.
- 프로젝트 책임자가 다음을 포함한 노동권과 노동 조건을 보장하도록 요구한다.
- 노동자에게 안전하고 건강한 근무 조건을 제공한다.
- 모든 직원에 대한 공정한 대우를 제공하고 차별을 피하고 동등한 기회를 보장한다.
- 강제노동, 아동 노동, 인신매매된 사람의 사용을 금지하고 제3자가 고용한 계약 근로자를 보호한다.
- 프로젝트 책임자가 자원의 지속가능한 사용을 보장하도록 다음과 같은 항목을 확인하도록 요구한다.
- 프로젝트 활동으로 인한 오염물질의 대기배출, 폐수 배출, 소음 및 진동, 폐기물의 발생, 유해물질의 배출, 화학농약 및 비료의 배출 여부
- 프로젝트 활동이 강제적인 물리적·경제적 이동을 초래하여 개인 또는 지역사회에 영향을 미치지 않도록 보장하고, 불가피할 경우 이를 최소화하는 조치를 포함하도록 요구한다.
- 프로젝트 활동이 육상 및 해양 생물다양성 및 생태계에 미치는 부정적인

영향을 최소화하도록 다음과 같은 항목을 확인하도록 요구한다.

- 프로젝트 활동이 육상 및 해양 생물다양성 및 생태계, 희귀·위협·멸종위기 종 서식지, 토양 황폐화 및 토양 침식, 물 소비 및 물 스트레스에 부정적인 영향을 미치는지 여부
- 프로젝트 활동이 원주민, 지역 사회, 문화 유산에 직간접적으로 영향을 미치는지 다음과 같은 항목을 확인하도록 요구한다.
- 국제 인권법, 유엔 원주민 권리 선언, 원주민에 대한 ILO 협약 169에 따라 원주민, 지역사회의 권리보호를 인정하고 존중한다.
- 프로젝트 활동의 영향을 받을 수 있는 권리보유자를 식별한다.
- 원주민, 지역사회와 합의하지 않는 한 토지, 영토, 자원에 대한 접근 제한을 포함하여 그들의 물리적 또는 경제적 이전을 강제하지 않는다.
- 문화유산 또는 유네스코 문화유산 협약의 관리에 관한 원주민 & 지역사회 프로토콜, 규칙, 계획에 부합하는 문화유산을 보존하고 보호한다.
- 인권 존중과 이해관계자 참여를 보장하기 위해 프로젝트 개발 당국의 국제인권규약(International Bill of Human Rights) 및 보편적 문서(universal instruments)를 준수하도록 요구한다.
- 성평등을 보장하기 위해 다음과 같은 항목을 포함하도록 요구한다.
- 성별에 관계없이 동등한 기회를 제공한다.
- 여성과 소녀에 대한 폭력을 보호하고 이를 적절하게 대응한다.
- 동일한 작업에 대해 동일한 급여를 제공한다.
- 이익 공유 약정(Benefit-sharing arrangements)이 국가의 규정과 일치하고 계획이 어떻게 설계되고 구현될 것인지를 포함하는 프로젝트 설계 문서를 요구해야 하며, 이러한 문서는 최종 이익을 받는 당사자들이 이해할 수 있는 형태와 언어로 공유되었음을 확인해야 한다. 또한, 이익 공유 결과는 공개적으로 볼 수 있어야 한다.

- 모든 REDD+ 활동은 UNFCCC의 기본 협약 결정 1/CP.16의 71항에 규정된 모든 관련된 칸쿤 안전장치(Cancun Safeguards)와 일치할 것을 요구한다.
- 프로젝트 활동에 있어 국가의 SDG 목표와의 일치 여부, 특정 SDG에 대해 어떻게 긍정적인 영향을 제공하는지에 대한 정성적 평가, SDG 영향 평가에 사용된 표준화된 방법에 대한 정보 등을 제공한다.

탄소크레딧 카테고리 레벨 CCP

추가성: 온실가스 감축·제거 활동은 추가적이어야 한다. 즉, 탄소크레딧 수익에 의해 창출된 인센티브가 없었다면 해당 프로젝트 활동은 발생하지 않을 것을 증명해야 한다.
- 탄소크레딧 발행 프로그램 및 검증 프로세스에 추가성과 관련된 다음과 같은 조항을 포함한다.
- 프로젝트가 개발되는 국가의 기존 법적 요건을 충족한다.
- 문서화된 증거를 통해 추가성을 입증하고, 프로젝트 활동 시작일과 검증 사이에 합리적인 최대 기간을 설정한다.
- 다음을 포함한 재무적 투자 분석을 통해 추가성을 입증한다.

벤치마크 분석의 경우

· 탄소감축 활동이 탄소크레딧 수익 없이는 필요한 재무 벤치마크를 충족하지 못해야 한다.
· 탄소크레딧 수익을 통해 탄소감축 활동의 경제적 성과가 결정적으로 증가해야 한다.

· 탄소크레딧 수익이 필요한 재무 벤치마크 이상의 경제적 성과를 올릴 수 있어야 한다.

투자 비교 분석의 경우

· 고려되는 대체 시나리오가 상호배타적이며, 이러한 경우 감축활동과 동일한 유형의 제품 또는 서비스를 제공해야 한다.
· 탄소크레딧이 없는경우 탄소감축 활동이 경제적으로 가장 매력적인 시나리오가 되지 않을 것으로 나타나야 한다.

- 다음을 포함한 장벽 분석을 통해 추가성을 입증한다.
· 재정적 장벽(예: 리스크 평가의 결과로 해당 프로젝트 유형 및 국가에 있어 대출 등의 재정적 지원을 이용할 수 없는 경우)
· 제도적 장벽(예: 탄소감축 활동으로 인한 비용절감의 수혜자가 아닌 오히려 투자자인 경우)
· 정보 장벽(예: 가정 내 에너지 효율이 높은 가전제품의 라이프사이클 비용에 대한 인식 부족)
· 프로젝트 활동 지역에 특정된 그외 장벽
· 이때 사용되는 증거는 보수적으로 적용되어야 한다. 식별된 장벽의 수준이 불확실한 경우, 장벽의 효과가 과대평가될 가능성이 매우 낮다는것을 보장하는 증거 또는 가치(예: 공개적으로 접근가능한 시장·통계 데이터)를 제공해야 한다.
- 다음을 포함한 시장 침투(Market penetration) 또는 일반적인 관행(Common practice) 분석을 통해 추가성을 입증한다.
- 현실적인 최대 시장규모 또는 잠재력과 관련된 기술, 서비스 또는 관행에

자발적 탄소시장, 어떻게 진화하고 있는가? 203

대해 적절히 정의하고 고려해야 한다.

- 객관적인 증거 입증 및 전문가 검토를 포함한 표준화된 접근법을 개발할 수 있는 명확한 프로세스가 구축되어 있다. 구축된 접근법이 변화하는 상황을 적절하게 반영하도록 정기적인 검토 기간(예: 3년마다)을 보유한다.

영구성: 온실가스 감축·제거 활동은 영구적이어야 하며, 역배출의 위험이 있는 경우 해결 또는 보상 조치를 갖추어야 한다.

- 다음의 프로젝트 유형은 중대한 역배출 리스크가 있는 것으로 간주된다.
- 자연기반 보존 활동(예: 목초지·방목지 관리, 산림 황폐화 방지)
- 농업 토양 탄소 격리
- 산림 격리(예: 개선된 산림 관리, 조림·재조림, 농임업)
- 습지 및 해양 생태계 복원·관리
- 재생 불가능한 바이오매스의 배출과 관련된 프로젝트
- 바이오차
- 지질학적, 광물화, 콘크리트로 탄소를 저장하는 CCS
- 강화된 풍화작용
- 감축된 탄소량만큼만을 탄소크레딧으로 환산한다.
- 탄소감축의 효과는 프로젝트 활동 기간동안 모니터링되어야 하며, 활동 기간이 종료된 후에도 최소 40년 이상 그 효과를 유지한다.
- 예상되는 역배출이 해결될 때까지 탄소크레딧 발행을 중단해야 하며, 해결될 수 없는 역배출의 경우 버퍼 풀을 마련한다.
- 버퍼 풀의 경우, 총 탄소크레딧의 20% 이상을 차지해야 한다.

배출 감축량의 정확한 측정: 온실가스 감축·제거 활동은 과학적 방법을 기반으로, 보수적으로 명확하게 정량화되어야 한다.

- 프로젝트 활동 결과에 대한 정량화 접근법은 전체적인 불확실성을 고려하여 과대평가되지 않을 가능성이 높음을 증명한다. 이를 증명하는 방식으로는 가정(예: 베이스라인 시나리오, 추정 방정식 또는 모델), 매개 변수(예: 기본값의 대표성), 측정 접근법(예: 측정 방법의 정확성)을 포함한 모든 불확실성의 원인이 포함되어야 한다. 전체적인 불확실성은 개발 원인의 불확실성이 결합된 것을 기준으로 평가한다.
- 보수적이고 엄격한 정량화를 위해서는 정량화 방법론 또는 프로젝트 문서는 다음과 같은 내용을 포함할 것을 요구한다.
- 프로젝트 활동을 통해 변경된 모든 탄소 배출원 또는 흡수원과 프로젝트 활동의 경계(물리적, 행정적, 지리적, 관할적)를 설명한다.
- 베이스라인 시나리오에 따른 베이스라인 기준 배출량을 정량화할 때, 기존 정부의 정책과 법적 요건, 현재 기준 사용가능한 최고의 기술 또는 관행을 포함한 다양한 시나리오, 반동효과(예: 에너지 효율이 높은 기기를 도입할 때 프로젝트 활동으로 인해 제품 사용 또는 서비스 수준이 증가함)가 있는지를 고려한다.
- 프로젝트 활동으로 인한 배출량을 정량화할 때, 불확실성을 고려하여 보수적인 접근법을 사용한다.
- 누출 배출량의 정량화에 있어서, 다음과 같은 잠재적 누출원을 고려하며, 식별된 누출을 최소화하는 조치를 마련할 것을 요구한다.
  · 상류·하류 배출(Upstream/downstream emissions)
  · 활동 전환(Activity shifting)
  · 시장 누출(Market leakage)
  · 생태학적 누출(Ecological leakage)
- 탄소감축의 결과가 프로젝트 활동과 관련되지 않은 외부 요인의 변화가 아니라 프로젝트 활동의 구현으로부터 발생한다는 것을 보장한다.

- 총 프로젝트 기간에 있어, 기술 변화 속도, 베이스라인 시나리오에 사용된 장비의 수명 또는 규제 환경의 변화에 기초하여 해당 기간이 적합한지 확인한다.
- 정량화에 필요한 모든 매개변수에 대한 모니터링을 시행한다. 또한, 모니터링 방식이 견고하고, 통계적으로 대표적이거나 보수적인 방식을 선택한다. 모니터링 장비 또는 절차에서 예상치 못한 중단 또는 오류가 발생한 경우 탄소감축량 공제를 위한 계획 또는 절차를 요구한다.

이중 계산의 금지

온실스 감축·제거 활동은 이중계산되지 않아야 하며, 이는 감축 목표달성을 위해 한 번만 계산되어야 함을 의미하고, 이중계산은 이중발행, 이중청구, 이중사용을 포함한다.

· 이중 발행 방지
- 서로 다른 프로젝트 간의 잠재적 중복 가능성을 식별하고, 중복되는 GHG 회계 범위가 있는 경우 해당 탄소 프로젝트의 등록 또는 탄소크레딧의 발행을 허용하지 않아야 한다.

· 이중 공시 방지
- 국가적으로 의무적인 기후계획과 중복되는 프로젝트 활동의 경우, 해당 프로젝트의 영향이 의무 계획에 따른 목표 또는 의무에 포함되지 않도록 방지하는 조치를 마련해야 한다.
- 다른 환경 시장에서 거래되는 프로젝트 활동에 대해서 탄소크레딧이 발행되지 않도록 보장해야 한다.

탄소중립 전환에 대한 기여

탄소 감축 활동은 2050년까지 넷제로 온실가스 배출량 달성 목표와 양립할 수 없는 온실가스 배출, 기술, 탄소집약적 관행을 피해야 한다.

- 다음과 같은 프로젝트 활동은 넷제로에 기여하지 않는다고 간주하고, 이러한 활동을 통해 발행된 탄소크레딧은 CCP 승인을 받을 자격을 부여하지 않는다.
- 직접적인 화석연료 추출의 증가로 이어지는 활동(예: 화석연료의 추출)
- 석탄 화력 발전과 관련된 활동
- 그 밖의 줄어들지 않는 화석연료 발전을 수반하는 활동
- 화석연료 엔진의 지속적인 사용에 의존하는 도로 운송 관련 활동
- 프로젝트 개발 당국의 넷제로 목표를 참조하여 프로젝트 활동의 적합성을 평가할 것을 요구한다.

IC-VCM은 이러한 인증 과정 및 라벨링을 통해 CCP 인증을 받은 탄소크레딧이 시장에서 최고 품질로 인정받아 높은 가격에 거래되는 등 VCM이 재편되고, 시장에 대한 신뢰가 높아짐에 따라 더 많은 자본이 유입될 것으로 기대하고 있다.

탄소크레딧 구매자

① SBTi의 넷제로 스탠다드

SBTi(Science Based Targets Initiative)는 기업이 최신 기후 과학을 기반으로 야심찬 배출 감축목표를 설정하고 이행을 모니터링함으로써 기업의 기후행동을 강화하기 위한 글로벌 이니셔티브로 2015년에 설립되었다. 당시 넷제

로 선언 기업들이 빠르게 증가하고 있었으나, 넷제로에 대한 개념, 목표, 이행계획 등에 대한 공통된 기준과 이해가 없어 이를 위한 국제적 공통 프레임워크의 필요성에 대한 공감대가 확산되기 시작했다. 이에 기후활동에 대한 전문지식이 없는 기업들이 파리협정 및 지속가능한 목표에 부합하면서도 지구의 생물·물리학적 한계 내에서 실제 실행가능한 넷제로에 도달하는 목표를 설정할 수 있도록 가이드하기 위해 강력한 과학기반의 프레임워크로써 SBTi가 개발되었다. SBTi는 파리협정 목표에 따라 2050년 이전에 넷제로를 달성하도록 전세계 기업의 참여를 촉구하는데 중점을 두고 있다.

SBTi는 과학기반 감축목표(SBT, Science-Based Targets) 설정의 모범 사례를 발굴하고, 기업들의 감축목표 수립을 지원하기 위한 지침, 기준, 수단 등을 제공하고, 이를 기반으로 감축목표를 설정하고 보고한 기업에 대해 독립적으로 검증하고 승인하는 역할을 하고 있다. 이를 위해 SBTi는 관련한 다양한 가이드를 지속적으로 업데이트하여 공개하고 있으며, 최근 SBTi는 '기업의 넷제로 표준(Corporate Net-Zero Standard, ver. 1.2)'을 2024년 3월 발표했다. SBTi는 이 문서를 통해 기업들이 명확하고 투명하게 기후 과학과 일치하는 넷제로 목표를 설정할 수 있도록 구체적으로 지침, 기준, 권고사항을 제공함으로써 기업의 제품과 서비스를 이용하는 소비자들도 넷제로를 따르는 기업의 커뮤니케이션을 신뢰하고 이들을 지원할 수 있는 기후활동 환경을 조성하는 것을 목표로 한다.

다음은 SBTi 기업의 넷제로 표준(Corporate Net-Zero Standard, ver. 1.2)에 따른 넷제로에 대한 정의 및 기업의 넷제로 목표 설정 프로세스를 자세히 설명한다.

(정의) SBTi는 기업의 넷제로에 대해 다음과 같이 정의한다.
- 기업의 가치사슬에 있어 직간접적 배출량(Scope 1, 2, 3)을 전부 감축하거나 넷제로 배출 달성목표에 부합하는 수준의 잔여 배출량까지 감축해야 한

208 **지구**를 위한 **거래**

다. 여기서 넷제로 배출 목표는 1.5℃ 배출경로에 따른 수준이어야 한다.

- 넷제로 목표 연도에 모든 잔여배출량을 중립화(Neutralization)하고, 이후 대기로 배출되는 모든 온실가스 배출량을 중립화해야 한다.

(프로세스) SBTi는 기업들이 따라야할 과학 기반의 넷제로 목표 설정 프로세스를 다음과 같이 5단계로 가이드하고 있다.

〈표 65〉 SBTi가 권장하는 과학 기반 넷제로 목표 설정을 위한 5단계

기준연도 선정

넷제로 목표 기간 동안 탄소감축의 성과를 축적할 때 일관된 비교를 위해 기준 연도를 설정한다. 즉, 다른 대상 혹은 전년도와 비교하는 것이 아닌 기준으로 고정해놓은 연도의 결과와 비교함으로써 각자의 국가 또는 지역, 산업 형태, 기업 상황을 고려할 수 있도록 한다.

SBTi는 기준 연도를 설정할 때 다음과 같은 사항을 고려하도록 권장하고 있다.

- Scope1, 2, 3 배출 데이터가 정확하고 검증 가능해야 한다.
- 기준 연도의 배출량은 통상적인 온실가스 배출 양상을 나타내야 한다.
- 기준 연도는 2015년 이전이어서는 안된다.
- 단기 목표와 장기 목표 모두에 동일한 기준 연도를 사용해야 한다.

- Scope 1과 Scope 2 배출의 목표는 동일한 기준 연도를 사용해야 하나, 필요시 Scope 3는 다르게 설정 가능하다.
- 다양한 Scope 3 목표 간의 일관성이 유지되어야 한다.

기업의 배출량 산정

기업은 최소 95%의 기업 전체 Scope 1과 Scope 2 배출량을 포함하고, 완전한 Scope 3 인벤토리를 포함하는 포괄적인 배출 인벤토리를 가져야 한다. GHG 프로토콜 기업 표준 및 SBTi 기준과 일치하기 위해서는 다음과 같은 항목들이 중요하다.

- 데이터 품질
- 기술, 시간, 지리적 관점에서 가장 완전하고 신뢰할 수 있는 데이터를 선택해야 한다.
- 주요 Scope 3 활동에 대해 공급업체 및 기타 가치사슬 파트너로부터 고품질 1차 데이터를 수집해야 한다.
- 부차적 데이터는 허용되지만, 이는 규모가 크지 않은 Scope 3 범주에만 사용할 것을 권고한다.
- GHG 인벤토리 범위와 목표 범위 일치
  · 기업은 GHG 프로토콜 기업 표준(GHG Protocal Corporate Standard)에서 정의하는 방법(운영적 통제, 재무적 통제, 출자비율) 중 하나를 선택해야 하며, 동일한 방법을 사용하여 온실가스 배출량 인벤토리를 산정하고 과학기반 목표의 범위를 정의해야 한다.
  · GHG 인벤토리와 목표 범위는 유엔기후변화협약(UNFCCC) 및 교토의정서에서 다루는 7개의 온실가스(GHG)*를 모두 포함해야 한다.
  · 자회사 취급 방법 결정
  · 모회사와 자회사는 모두 목표를 제출할 수 있지만, 모회사는 위에서 선

택한 통합 접근법(Consolidation approach)에 따라 자회사 운영의 배출량을 GHG 인벤토리와 목표 범위에 포함해야 한다.

· 필수 Scope 3 배출량 모두 포함

· 「온실가스 프로토콜 기업 가치 사슬(스코프 3) 산정 및 보고 기준(WRI & WBCSD)」과 「스코프 3 산정 지침」에 따라 완전한 Scope3 배출 인벤토리를 구축해야 한다.

· 모든 관련 범주와 Scope 3 표준의 최소 경계로 분류된 모든 배출원을 포함해야 한다.

· Scope 3 범주를 계산하는 데 어려움이 있는 경우, 다른 범주의 배출량에 대한 합리적인 추정치를 제공해야 한다.

- 선택적 Scope 3 배출량 처리

· 선택적 Scope 3 배출은 과학 기반 목표를 위한 필수 목표 범위에 포함되지 않는다. 그러나 중요한 선택적 Scope 3 배출량이 있는 경우 이를 계산하고 선택적 목표를 설정하는 것이 권장된다.

- 탄소크레딧 사용 제외

· 탄소크레딧은 GHG 인벤토리와 별도로 보고해야 하며, 과학 기반 배출량 감축 목표를 달성하는 데 고려되지 않는다. 기업은 운영 및 가치사슬 내에서 발생하는 감축량만 다뤄야 한다.

- 배출 회피(Avoided emissions) 제외

· 한 기업의 제품이 같은 기능의 다른 기업의 제품에 비해 더 낮은 수명 주기 온실가스 배출량을 갖는다면, 그것을 배출 회피라고 부른다. 그러나 이러한 배출 회피는 제품 수명 주기 외부에서 발생하므로 기업의 Scope 1, Scope 2, Scope 3 인벤토리 내 감축량으로 인정되지 않는다.

- 온실가스 인벤토리와 별도로 보고되는 배출량 산정

· 바이오에너지와 화석 연료에 관한 배출량은 온실가스 프로토콜 지침에

따라 기업의 GHG 인벤토리와 별도로 보고되어야 한다.

· 바이오에너지를 사용하는 기업은 바이오매스 연소, 처리, 분배에서 발생하는 직접적인 CO_2 배출량을 보고해야 한다. 바이오에너지 원료와 관련된 토지 이용 배출량 및 제거량도 보고해야 한다.

· 화석 연료를 판매, 유통하는 기업은 사용단계 배출량을 보고해야 하며, 해당 배출량을 목표 설정에 포함해야 한다. 화석 연료를 판매하지 않고 유통만 하는 기업의 경우에도 이러한 배출량을 계산하고 목표로 설정해야 하지만, 일반적으로 기업의 온실가스 인벤토리와는 별도로 보고된다.

목표 범위 설정

- 단기 목표 범위(Scope1, 2, 3): 기업 전반의 최소 95%에 해당하는 Scope 1 및 Scope 2 배출을 포괄해야 한다. Scope 3 배출이 전체 Scope 1, 2, 3 배출량의 40% 이상을 차지하는 경우, 기업은 총 Scope 3의 67% 이상을 포함하는 목표를 설정해야 한다.
- 장기 목표 범위(Scope 1, 2, 3): 기업 전반의 최소 95%의 Scope 1 및 Scope 2 배출 및 90%의 Scope 3 배출을 포괄해야 한다. 이는 1.5℃ 시나리오와 일치한다.

가까운 미래에 Scope 3 목표 범위 커버리지를 67%에서 장기 목표에 90%로 높이는 것은 어려울 수 있지만, 가치사슬 전반에 걸친 협력 기회를 확대하여 넷제로를 지원할 수 있다. 이러한 접근 방식을 통해 기업은 Scope 3의 복잡성과 장기적인 감축을 단계적으로 해결할 수 있으며, 가까운 미래에는 가장 중요한 원인에 초점을 맞출 수 있다.

<표 66> 전체 GHG 인벤토리 (Scope1, 2, 3 포함) 예시

범위 또는 Scope 3 카테고리	기준연도 FY2018 (tco2e)	FY2019 (tco2e)	FY2020 (tco2e)	FY2021 (tco2e)	FY2022 (tco2e)
Scope 1	1000	1100	350	300	880
Scope 1(위치 기반)	10000	9800	2200	5000	12000
Scope 2(시장 기반)	8000	6800	1200	2500	6320
Scope 3 카테고리 1:구매한 상품 및 서비스	202000	203000	180500	170500	175500
Scope 3 카테고리 2: 자본재	30000	29000	3000	18000	16000
Scope 3. 카테고리 3:연료 및 에너지 관련 활동	3000	2940	660	1500	3600
Scope 3. 카테고리 4:업스트림 운송 및 유통	70000	70000	55000	62000	68000
Scope 3. 카테고리 5:운영 폐기물	10000	9500	9500	8000	9000
Scope 3.카테고리 6: 출장	5000	6000	5500	200	2500
Scope 3.카테고리 7: 직원 통근	2500	2500	2400	100	1000
Scope 3.카테고리 8:업스트림 리스 사산	0	0	0	0	0
Scope 3. 카테고리 9: 다운스트림 운송및 유통	0	0	0	0	0
Scope 3. 카테고리 10:판매제품 가공	0	0	0	0	0
Scope 3. 카테고리 11:판매제품 사용	0	0	0	0	0
Scope 3. 카테고리 12:판매제품의 폐기처리	15000	15150	12000	12300	15600
Scope 3. 카테고리 13:다운스트림 리스자산	0	0	0	0	0
Scope 3. 카테고리 14:프랜차이즈	0	0	0	0	0
Scope 3. 카테고리 15: 투자	0	0	0	0	0
합계: Scope 1. Scope 2, Scope 3	346500	345990	268910	272900	291200

〈표 67〉 Scope 1·2·3 배출에 대한 단기 및 장기 목표 범위

GHC 인벤토리 범위	단기 목표	장기 목표
Scope 1 & Scope 2	최소 95%	최소 95% 커버
Scope 3	최소 67% (Scope 3 배출량이 적어도 전체 Scope1, 2, 3 배출량의 40%인 경우)	최소 90% 커버

목표연도 선택

SBTi는 기업이 단기 및 장기 목표를 계산할 때 고려해야 하는 최소 요구 사항, 적용가능한 방법, 허용되지 않는 방법 등을 제공하고 있다.

- 최소 요구사항: 과학 기반의 단·장기 목표는 감축경로와 기업의 배출 관련 입력값을 기반으로 계산되는데, SBTi가 제공하는 툴과 결과값은 최소 요 구사항을 나타내기 때문에 기업은 이 최소값보다 더 엄격한 목표를 설정 하는 것이 권장된다.
- 기업은 적용가능한 방법을 검토하여 가장 빠른 감축과 가장 적은 누적 배 출을 달성하는 방법을 선택해야 한다.

SBTi가 제공하는 적용가능한 목표 설정 방법

- 부문간 절대량 감축(Cross-sector absolute reduction): 서로 다른 부문에서 겹쳐 서 동일하게 발생하는 배출량의 일치하는 만큼의 절대 배출량을 줄인다.
- 부문별 절대량 감축(Sector-specific absolute reduction): 특정 부문에서 발생하 는 절대 배출량을 줄인다. 이 방법은 주로 농업, 전력, 시멘트, 철강, 주거, 건물 부부문에 적용된다.

- 부문별 원단위 수렴(Sector-specific intensity convergence): 기업은 이 방법을 통해, 고배출 기업들이 2050년(전력 및 해상 운송 부문의 경우 2040년)까지 부문별 배출 원단위(예: 제품 톤당 또는 MWh당 온실가스 톤수)로 수렴된다.
- 원단위 수렴(Intensity convergence): 이 방법을 사용하면 한 섹터의 모든 기업은 2050년(전력 및 해양 운송 부문의 경우 2040년)을 기준으로 산정된 배출량 원단위(emissions intensity)로 수렴된다. 단기 목표의 경우, 기준 연도, 목표 연도 및 예상 생산량 증가를 기반으로 기업의 목표를 조정하는 섹터별 탈탄소화 접근법(SDA, Sectoral Decarbonization Approach)을 사용한다. 장기 목표의 경우, 목표 연도 배출량 원단위는 해당 섹터의 2050년(전력 및 해양 운송 부문의 경우 2040년) 배출량 원단위와 동일하다.
- 재생 전기(Renewable electricity): 이 방법을 사용하는 기업은 재생에너지로 2025년까지 전력의 80% 이상, 2030년까지 100%를 적극적으로 조달하기 위한 목표를 설정한다.
- 공급자/고객 참여(Supplier/customer engagement): 이 방법을 사용하여 기업은 과학기반 감축목표의 특정 비율(%)에 해당하는 배출량을 공급망 또는 고객사를 위한 목표로 설정한다.
- 경제적 원단위(Economic intensity): 단기 목표는 온도 상승을 2℃ 이하로 제한하는 수준에, 장기 목표는 1.5℃로 제한하는 수준에 일치하는 경제적 배출 원단위(예: 부가가치 단위당 tCO₂) 감축 목표를 설정한다.
- 물리적 원단위(Physical intensity): 자체 물리적 원단위 지표를 정의하고, 단기목표는 온도 상승을 2℃ 이하로 제한하는 수준에, 장기 목표는 1.5℃로 제한하는 수준에 일치하는 물리적 배출 원단위 감축 목표를 설정한다. 이 방법을 사용하기에 적합한 부문은 목표의 배출 범위와 본질적으로 관련된 기업 활동이어야 한다. 적합한 활동 유형에는 다음이 포함된다.

- 회사 규모(예: 직원 수, FTE, 사무실/매장 면적 등)
- 생산 투입(예: 원자재 조달량)
- 생산 산출(예: 생산량, 판매량, 건축 면적)
- 서비스 수준(예: 화물 거리, 사용자·구독자 수, 단위당 서비스 산출)
- 이익, 부가가치, 수익, 판매 등 비물리적 부문은 이 방법 사용할 수 없다.
- 특정 유형의 목표설정 방법(certain types of target setting methods)은 목표가 배출 실적의 변화를 투명하게 보여주지 못함으로 인해 허용되지 않는다. 예를 들어, 특정 양의 GHG를 줄이겠다는 목표(예: "2030년까지 배출량을 500만 톤 줄이겠다")는 허용되지 않는다.

단기 및 장기 기간에 따른 과학기반 SBT 계산

단기 및 장기적인 과학기반 목표(SBT)를 설정할 때 중요한 차이점이 있다.

단기 목표는 기준 연도와 목표 연도에 따라 달라진다. 기업이 2020년 이후의 기준 연도를 사용하는 경우, 단기 목표를 계산하기 위해서는 SBTi가 정한 기준 연도 조정 방식을 적용해야 한다. 또한, 가장 최근 연도보다 이전의 기준 연도를 사용하는 경우, Scope 1과 Scope 2 목표는 충분히 미래지향적 목표를 가져야 한다.

장기 목표는 목표 연도에 의존하지 않는다는 것이 단기 목표와 다른 점이다. 기업은 SBTi에 의해 제공되는 기업 넷제로 도구(Corporate Net-Zero tool) 또는 관련 부문별 툴을 사용하여 장기적인 SBT를 계산해야 한다. 항공, 해운, 철강과 같은 특정 부문의 경우, 해당 부문별 툴을 사용하여 장기 목표를 계산할 수 있다.

<표 68> 단기 및 장기 과학기반 목표 설정

구분		범위	목표 수준	목표 기간	목표 설정방법
		몇%의 배출량 인벤트리 범위가 적용되어야 하는가	온도 상승 제한 측면에서 목표 수준은?	목표를 달성하기 위한 최대 기간은?	목표를 설정하는 적합한 방법은?
단기 목표	Scope 1 & Scope 2	95%	1.5℃	5~10년	-부문간 절대량 감축 -부문별 절대량 감축 -부문별 원단위 수렴 예) SDA
	Scope 3	최소 67% 커버(Scope 3 배출량이 적어도 전체 Scope 1, 2, 3 배출량의 40%인 경우)	2.5도 미만	5~10년	-부문간 절대량 감축 -부문별 절대량 감축 -부문별 원단위 수렴 예) SDA -공급자/고객 참여 -Scope 3 경제적 원단위 감축 -Scope 3 물리적 원단위 감축
장기 목표	Scope 1 & Scope 2	95%	1.5℃	늦어도 2050년(전력 및 해양 운송 부문의 경우 2040년)	-부문간 절대량 감축 -부문별 절대량 감축 -부문별 원단위 수렴 예) SDA -재생 전기 유지 보수 목표
	Scope 3	90%	1.5℃	늦어도 2050년(전력 및 해양 운송 부문의 경우 2040년)	-부문간 절대량 감축 -부문별 절대량 감축 -부문별 원단위 수렴 예) SDA -공급자/고객 참여 -Scope 3 경제적 원단위 감축 -Scope 3 물리적 원단위 감

목표 문구

기업은 넷제로 목표와 기본 목표를 명확하고 간결하게 표현하는 것이 중요하다. 넷제로 목표 문구는 넷제로 목표, 단기 과학기반 목표, 장기 과학기반 목표의 세가지로 구성된다.

- 전체적인 넷제로 목표: 기업의 넷제로 달성 날짜는 가장 최신의 장기 과학기반 목표(SBT) 날짜에 따라 결정된다. 기업은 다음과 같이 전체적인 넷제로 목표를 표현할 수 있다.
- "기업 X은 [최신 장기 SBT 목표 날짜]까지 가치사슬 전반에 걸쳐 넷제로 온실가스 배출을 달성할 것을 약속합니다."
- 기업은 전체적인 넷제로 목표 내에 단기 및 장기 과학기반 목표(SBT) 문구를 포함해야 한다.

SBTi의 기업 넷제로 표준에 따르면, 기업은 감축의 우선순위 원칙에 따라 탄소크레딧 구매 등의 투자에 앞서 기업의 가치사슬 내 배출량 감축을 위한 전략을 최우선으로 이행해야 한다. 이러한 가치사슬 내 감축활동에도 불구하고 대부분의 기업은 일부 잔여 배출량이 발생할 수 있다. 기업이 넷제로 배출을 달성하기 위해서는 잔여배출량에 대한 중립화(Neutralization)가 반드시 이루어져야 하는데, 이러한 중립화를 위해 이용되는 조치가 VCM의 탄소크레딧 구매이다.

더 나아가 SBTi는 기업들이 넷제로의 달성 뿐만 아니라 기업의 가치사슬 밖의 감축활동에도 적극적으로 투자함으로써 넷제로 전환으로의 가속화에 기여하도록 권고하기 시작했다. 이러한 활동을 '가치사슬 너머의 배출량 완화(BVCM, Beyond Value Chain Mitigation)'라고 부르는데, 탄소크레딧은 이러한 BVCM 활동을 통해 기업들이 넷제로 목표를 초과하는 데에 큰 역할을 할 것이라고 예측된다.

② VCMI

　VCMI(자발적 탄소시장 무결성 이니셔티브)는 2021년 7월 영국 정부와 유엔개발계획(UNDP)의 후원 하에 결성되었다. VCMI는 탄소크레딧의 구매에 대한 신뢰를 높이기 위해 시작되었으며, 주로 탄소크레딧 수요 측면의 신뢰성을 향상시키는 것을 목표로 한다는 점에서 공급 측면에 주안점을 두는 IC-VCM과 상호보완적으로 활동이 이루어진다. VCM의 투명성을 개선하고 탄소 크레딧의 품질을 향상시키기 위한 목적으로 이렇게 공급과 수요 측면에서의 무결성 이니셔티브가 운영되고 있다. 공급측면에서는 탄소크레딧 품질에 대한 무결성이, 수요측면에서는 구매한 크레딧의 구입 및 이용 방법에 대한 무결성(즉, 탄소크레딧을 어디에 어떻게 사용하는지)을 제고할 수 있도록 지침과 규칙을 만드는데 중점을 둔다.

　VCMI는 수요 측면에서 기업들이 기후활동에 대해 무엇을 공시해야 하고, 탄소크레딧을 어디에 어떻게 써야하는지에 대한 가이드라인을 제시한다. 이는 그동안 기업들이 탄소크레딧을 이용하는 과정에서 탄소배출 상쇄 실적을 부풀리거나, 배출 감축 노력이 선행되지 않고 탄소크레딧에 의존함으로써 탄소감축 노력을 희석시키는 등 그린워싱 문제가 지속적으로 제기되어옴에 따라 이에 대한 신뢰성 제고를 위해 등장하였다. 이에 VCMI는 기업 등 탄소크레딧 구매자들이 탄소중립 목표를 달성하는 과정에서 탄소크레딧을 이용해 결과를 과장하거나 저렴하고 품질이 낮은 탄소크레딧만을 사용하지 않도록 독려하는 것을 목적으로 한다. 이를 위해 VCMI는 2023년 6월 기업들의 탄소크레딧 사용시 준수해야 할 실행규약인 기후 주장 실무 규범(Claims Code of Practice, CoP)을 발표했다.[89]

---

89) https://vcmintegrity.org/vcmi-claims-code-of-practice/

VCMI는 기업이 본 실행규약(CoP)에 따라 공시하려면 (1) 네가지 기본기준을 준수하고, (2) 클레임 등급 선택하며, (3) 고품질 탄소크레딧 충족하고, (4) 제3자의 검증과 정보공시를 거쳐야 한다고 제시한다.

4가지 기본 기준(Fundamental criteria) 준수

- 첫째, 연간 온실가스 인벤토리를 공개하고 지속적으로 관리해야 한다.
- 기업은 다음의 포맷 중 하나를 통해 기업의 온실가스 인벤토리를 보고할 수 있다. CDP 기후 공시(Climate Disclosure), 연간 지속가능성 보고서 또는 연간 온실가스 배출량 보고서, 글로벌 리포팅 이니셔티브(Global Reporting Index, GRI) 공시 (GRI 305-1, 305-2, 305-3 포함), 지속가능한 회계 표준 위원회 지수(SASB Index, Sustainable Accounting Standards Board Index)
- VCMI는 넷제로를 추구하기 위해서 Scope 3 배출에 대해 더 좋은 품질과 더 포괄적인 데이터를 수집하기 위한 프로세스를 확장하고 개선하는 조치를 취하도록 권장하고 있다. 배출량 데이터 수집에 대한 지침은 「최신 온실가스 프로토콜 가치사슬(스코프 3) 산정 및 보고 기준(GHG Protocol Corporate Value Chain(Scope 3) Accounting and Reporting Standard)」을 따르도록 권장한다. [90)]
- 둘째, SBTi의 넷제로 목표에 따라 단기(Near-term)의 SBT 설정 및 공시해야 하며, 2050년까지 넷제로를 달성할 것을 약속해야 한다.
  - 기업의 목표는 가장 최근 연도의 데이터를 기준으로 설정해야 한다.
  - 기업은 늦어도 2050년까지 넷제로를 달성하겠다는 VCMI와의 약속에 따

---

90) Corporate Value Chain (Scope 3) Accounting and Reporting Standard, 2011.9, WBCSD

라 VCMI 클레임을 획득한 후 24개월 이내에 배출량 감축 장기 목표를
설정해야 한다.

- 목표 범위를 공개하는 것과 관련하여 VCMI는 기업이 총 Scope 1, Scope
2, Scope 3 배출에 있어 각각의 목표 감축 비율을 명확하게 커뮤니케이
션할 것을 제안한다. 예를 들어, 기업이 전체 가치사슬 배출량의 75%에
해당하는 범위에 대해 30% 감축 목표를 설정했다면, 모든 커뮤니케이션
에서 75%를 커버하고 있음을 명확히 공개해 이해관계자를 현혹시키지
않아야 한다.

- 기업들은 UN고위급 전문가 그룹의 「비국가 행위자의 넷제로 배출공약
(Net Zero Emissions Commitments of Non-State Entitie」과 UN의 레이스 투 제로
[91]캠페인에 의해 제시된 권고사항과 일치시키도록 권장된다. 또한, 기
업들은 UN의 레이스 투 제로 캠페인에 참여하도록 권장된다.

- 셋째, 기업이 단기 배출량 감축 목표를 달성하고 목표 기간동안 누적 배출
량을 최소화하는 방향으로 나아가고 있음을 증명해야 한다.

- 기업들이 최신 기후관련 재무공시 태스크포스 프레임워크와 국제 지
속가능성 표준 위원회(ISSB, International Sustainability Standards Board)의 국
제 재무 보고 표준 재단 S2 기후관련 공시(International Financial Reporting
Standards Foundation S2 Climate-related Disclosures)의 구체적인 조항에 따라
수립된 가이드를 기준으로 할 것을 권장한다. 대다수의 기업들은 이미
연례 보고서의 일부로써 CDP를 포함하여 이와 같은 공시 요구사항을 이
미 공개하고 있을 수 있다.

---

91) https://climatechampions.unfccc.int/system/race-to-zero/

자발적 탄소시장, 어떻게 진화하고 있는가? ——————— 221

- 해당하는 경우, 기후 관련 위험을 예방하기 위해 기업이 가장 최근 보고 연도의 자본 배분 변경 사항을 공개적으로 밝히는 것이 권장된다
- 기업의 기후 정책이 파리협정의 목표를 지지하고 이에 따라 탄소 감축 활동을 계획 및 추진하고 있음을 증명해야 한다.
- 넷째, 기업은 파리협정 목표와 일치하는 감축활동을 입증하기 위해 책임 있는 기업 로비활동에 관한 글로벌 스탠더드[92]와 네 가지 카테고리(정책 및 공약, 거버넌스, 행동, 특정 공시)를 모범 사례로써 참조할 수 있다.

클레임 등급 선택

앞서 기본기준을 충족한 기업은 탄소중립 목표 달성 정도와 탄소배출량 감축 수준에 기반하여 VCMI의 탄소크레딧 사용 등급(Carbon Integrity Claims) 3단계 중 하나를 선택할 수 있다. 이는 상쇄한 탄소크레딧 중 고품질 탄소크레딧이 차지하는 비중에 따라 플래티넘(Platinum), 골드(Gold), 실버(Silver)로 구분된다.

- 플래티넘: 잔존 배출량 100% 혹은 그 이상을 고품질 탄소크레딧으로 감축
- 골드: 잔존 배출량의 50~100%를 고품질 탄소크레딧으로 감축
- 실버: 잔존 배출량*의 10~50%를 고품질 탄소크레딧으로 감축

* 잔존 배출량이란 발생한 배출량에 대해 기업에서 내부적으로 탄소 감축 활동을 통해 감축한 배출량을 제외하고 남은 배출량을 의미한다.

이렇게 기업의 감축활동 목표로써 선택된 등급은 기업의 이해관계자들에게 공개됨으로써 그 기여도를 공식적으로 증명할 수 있다. 각 등급은 Scope 1, 2, 3에 대해 기업의 탄소 감축 목표를

---

92) https://climate-lobbying.com/

달성한 후 남은 배출량(잔존 배출량)에 대해서만 탄소크레딧을 이용하는 것을 기본으로 한다. 기업이 VCMI 클레임 등급을 감축활동의 일부로 커뮤니케이션하는 경우, 해당 등급이 어떤 의미인지에 대한 설명을 함께 포함해야 한다.

<표 69> VCMI의 탄소크레딧 사용 등급

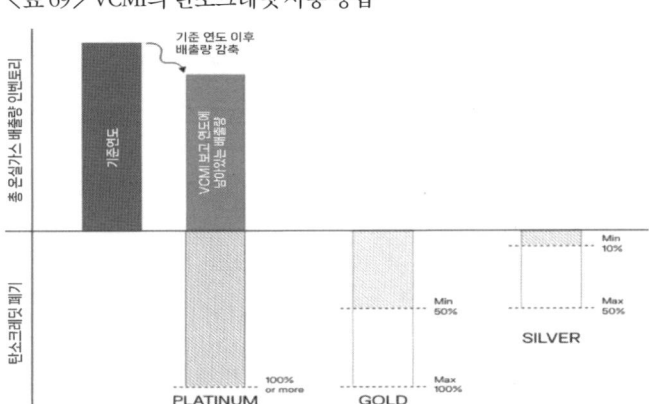

[출처] Claims Code of Practice, 2023. 11. v. 2

고품질 탄소크레딧 충족

IC-VCM의 핵심 탄소 원칙(CCPs)의 10가지 항목을 충족하는 고품질의 탄소크레딧만을 구매해야 한다. 기업은 탄소크레딧의 품질기준을 충족하는 것에 더해, 감축활동에 이용한 탄소크레딧과 관련된 주요 정보를 공개해야 한다. 관련 정보는 다음을 포함한다.

- 기업이 VCMI 클레임을 위해 구매 및 만료시킨 탄소크레딧 수*
- 이용한 탄소크레딧 관련 정보: 등록된 레지스트리, 프로젝트 명, 프로젝트

* CCP 승인 크레딧은 아직 시장에 충분히 공급되고 있지 않기 때문에 코르시아 인증 크레딧 또는 CCP와 일치하는 기업 자체의 due diligence를 통과한 크레딧을 이용할 수 잇도록 IC-VCM 평가 프레임워크가 시행될 때까지 CCP 승인 크레딧을 이용하는 것으로 전환해야 한다.

* 상응조정 : 당사국들이 자발적으로 참여하는 협력적 접근을 통해 발생한 감축 결과물이 당사국 간에 이전되는 과정에서 이중계산이 되지 않도록 엄격한 산정방식을 적용해야 한다는 것을 의미한다.[93]

* MRA 프레임워크는 기업이 VCMI Claim 조건을 준수하고 있음을 입증하기 위해 무엇을, 언제, 어떻게, 어디에 정보를 제출해야 하는지를 규정하는 가이드이다.

ID, 만료 시리얼 넘버, 만료 날짜, 프로젝트 개발 국가, 크레딧 빈티지, 방법론, 프로젝트 유형

- 이용한 탄소크레딧이 파리협정 제6조에 언급된 상응조정(Corresponding Adjustment)*와 관련이 있는지 여부. 관련이 있는 경우 참여 당사자들의 승인이 필요하며, 승인의 용도, 승인 시기 등 관련 정보를 포함하여 공개해야 한다.

- 사회·환경적 영향에대해 추가적으로 인증받은 크레딧을 이용한 경우, 기업은 해당 크레딧이 생태계 및 사회에 어떻게 긍정적인 영향을 미치는지에 대한 구체적인 정보를 제공해야 한다.

제3자 검증 및 정보공시

VCMI 모니터링 보고 및 보증(MRA, Monitoring Reporting and Assurance) 프레임워크*에 따라 기업의 탄소상쇄 활동에 사용하는 탄소크레딧의 관련 정보에 대해 투명하게 공개해야 하며, 이러한 정보는 독립적인 제3자 기관의 검증을 받아야 한다.

---

93) https://ekscc.re.kr/xml/32978/32978.pdf

자발적 탄소시장의 프로젝트-모니터링-거래 혁신

블록체인 + 레지스트리

현재 VCM에서 가장 큰 과제 중 하나는 탄소크레딧 관련 정보의 공개가 전적으로 프로젝트 개발자나 데이터를 보유한 탄소크레딧 발행기관(레지스트리)에 의존한다는 점이다. 이들은 제공하는 데이터를 변형하거나 숨길 수 있으며, 철저한 현장 조사가 이루어지지 않는 한 이를 알아차리기 어렵다. 게다가 각 탄소 프로젝트가 독립적인 민간 레지스트리에 저장되기 때문에 데이터가 통합되지 않아, 탄소크레딧 구매자들에게 혼란을 주고 구매 의욕을 떨어뜨릴 수 있다.

이러한 문제를 해결하기 위한 혁신 기술로 블록체인이 주목받기 시작했다. 2008년 블록체인이 혁신 기술로 떠오른 이후, 투명성, 불변성, 탈중앙화, 암호화 같은 특성은 암호화폐와 같은 디지털 산업에 빠르게 적용되었다. 기술이 성숙함에 따라 2017년 무렵부터 여러 프로젝트들이 블록체인을 활용해 탄소 데이터 관리를 개선하려는 시도를 하고 있다. 블록체인 기술은 VCM이 직면한 투명성 문제를 해결하고, 분산된 시장을 통합하는 데에 기여할 수 있을 것으로 기대된다.

전통적인 데이터베이스와 달리, 블록체인은 불변성을 지녀 데이터가 한 번 기록되면 변경될 수 없으며, 분산형 및 탈중앙화된 구조로 데이터를 중앙 서버가 아닌 네트워크 전체에 걸쳐 저장한다.[94]

이러한 특성은 VCM의 투명성을 높이고, 데이터 추적과 거래 과정을 더 효율적으로 만들 수 있다.

이와 관련해 주목할 만한 프로젝트 중 하나로 기후행동 데이터 신탁 (Climate Action Data Trust, CAD Trust)가 있다. CAD Trust는 세계은행의 클라이밋 웨어하우스(Climate Warehouse) 이니셔티브에서 발전한 프로젝트로, VCM에서 분산된 레지스트리들의 데이터를 연결하고 통합하는 블록체인 기반 디지털 플랫폼을 구축하는 것이 목표다. 이 분산형 디지털 인프라는 탄소 크레딧 거래, 데이터 추적, 보고 등 모든 과정을 더 효과적으로 개선하려는 목적으로 설계되었다.[95] 2022년 IETA, 세계은행, 그리고 싱가포르 정부가 협력해 설립한 CAD Trust는 2023년 12월부터 플랫폼 운영을 시작했다. 2024년 기준으로 다양한 국가 및 민간, 지역 레지스트리들을 연결하고 있으며,[96] 현재까지 베라, 글로벌 탄소협의회(Global Carbon Council, GCC), 에코 레지스트리(EcoRegistry), 바이오카본 레지스트리(BioCarbon Registry), 테로카본 (Tero Carbon), CDM, 부탄 국가 레지스트리(National Registry of Bhutan) 등이 연결된 상태다.

---

94) https://arxiv.org/pdf/2403.03865v1
95) https://carboncredits.com/climate-action-data-trust-launch/
96) https://climateactiondata.org/the-role-of-blockchain-technology-and-robust-digital-infrastructure-in-shaping-the-future-of-carbon-markets/

<그림 16> 블록체인이 적용된 탄소시장의 End-to-end 생태계

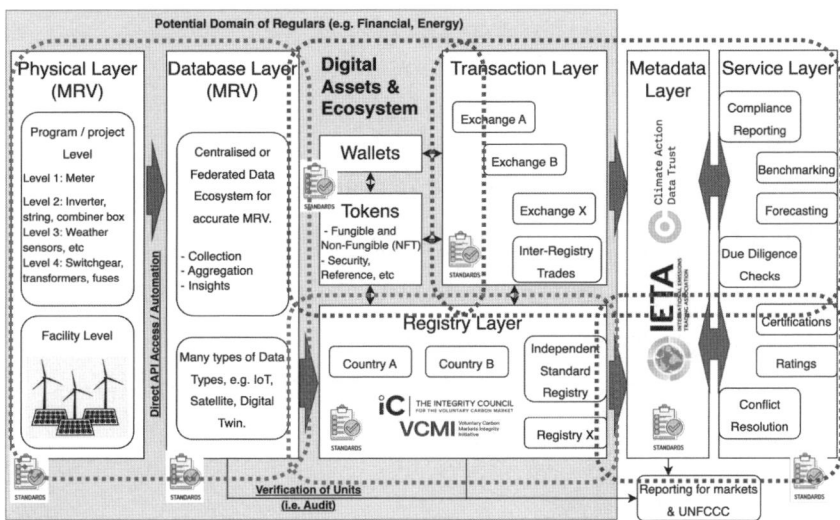

[출처] Blockchain and Carbon Markets : Standards Overview, 2024.03, Pedro Baiz
(https://arxiv.org/pdf/2403.03865v1)

데이터 수집 단계

블록체인과 사물인터넷(IoT) 기기를 결합하면 다양한 소스에서 배출되는 탄소를 실시간으로 모니터링할 수 있다. 수집된 데이터는 블록체인에 자동으로 통합되어 최신의 정확한 탄소 데이터 기록을 보장한다. 이를 통해 측정, 보고, 검증 데이터가 디지털화 및 자동화되며, 검증 과정이 간소화된다.

블록체인 기반의 표준화된 프로세스는 검증 과정의 복잡성을 줄여 전체 거래 비용을 낮추고, 이는 더 많은 구매자들이 시장에 쉽게 접근할 수 있게 한다.[97] 이러한 디지털화된 모니터링 기술은 필수적이며, 자세한 트렌드는 다음 섹션인 '디지털 MRV'에서 다룬다.

데이터 저장 & 관리 단계

탄소 관련 모든 데이터는 공공 블록체인에 저장되며, 누구든지 저장된 데이터와 검증 진행 상황을 실시간으로 추적할 수 있어 투명성이 향상된다. 블록체인의 불변성은 프로젝트의 전체 생애 주기 동안 탄소크레딧 데이터가 변경되지 않도록 하며, 위변조 방지 기능을 통해 데이터의 안전한 저장이 가능하다. 이를 통해 데이터 조작이나 사기 행위의 위험이 줄어든다. 또한, 만료된 탄소크레딧의 이력을 쉽게 추적할 수 있어 중복 계산의 위험을 감소시킨다.

CAD Trust(Climate Action Data Trust)는 블록체인 기반 데이터 저장소로서, 중앙 권한에 의존하지 않는 분산형 공유 데이터 네트워크인 치아(Chia)를 사용한다. 이 네트워크에서 탄소 데이터는 데이터 제공자(레지스트리)가 로컬에 저장하고, 데이터의 증거는 블록체인에 기록된다. 블록체인에는 해당 데이터를 가져오기 위한 URL이 포함되어 있으며, 네트워크 구성원들은 다른 노드의 데이터를 구독하고, 데이터가 변경될 때마다 업데이트를 받을 수 있다. 이렇게 받은 데이터를 블록체인 상의 증거와 비교하여 정확성을 확인할

---

97) https://tracextech.com/blockchain-for-voluntary-carbon-market/#:~:text=Blockchain's%20transparency%20and%20immutability%20are,verify%20the%20legitimacy%20of%20credits.

수 있다. 이와 같은 투명성과 추적 가능성은 시장 참여자의 신뢰를 높이는 데 기여한다.

메타데이터

메타데이터 레이어(Metadata Layer)는 공통 분류 체계를 통해 다양한 레지스트리의 데이터를 표준화하고, 데이터의 일관성과 투명성을 유지하며, 레

<그림 17> 탄소 데이터와 메타데이터 및 블록체인의 연결 구조

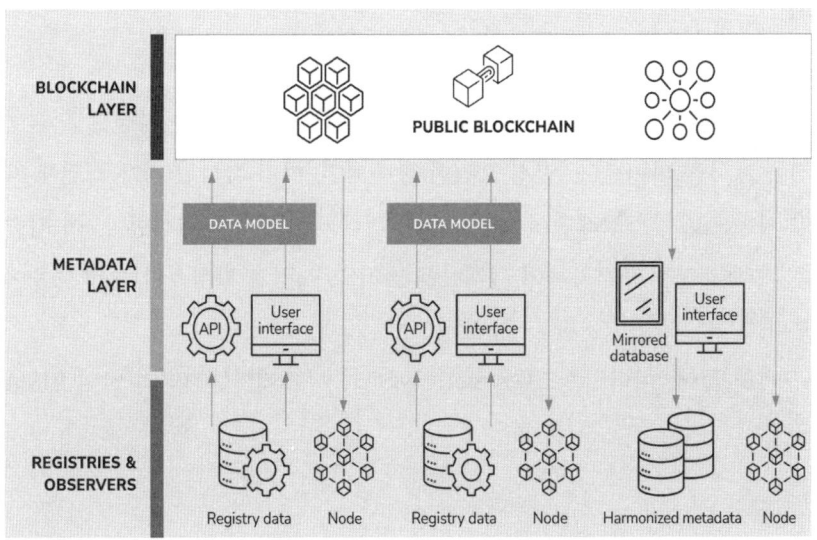

[출처] Cliamte Warehouse Simulation III, 2022. 09, The World Bank외

*참고: 위 그림에서 레지스트리는 탄소 데이터 정보를 보유한 데이터베이스를 의미하고, 옵저버는 통합 메타데이터에 관심을 가진 주체로, 감사자, 크레딧 구매자, 검증 기관, 프로젝트 개발자, 거래소, 규제 기관 등이 포함된다.

지스트리 간의 탄소 데이터 모니터링을 용이하게 한다.

각 레지스트리가 데이터를 입력(자동화된 API 입력, 사용자 인터페이스를 통한 대량 데이터 가져오기·내보내기, 수동 입력)하면, 메타데이터 레이어를 통해 공공 블록체인에 게시되고, 처리된 데이터는 통합된 형태로 옵저버(감사자, 크레딧 구매자, 검증 기관, 프로젝트 개발자, 거래소, 규제 기관 등)에게 보여진다.

거래 & 서비스

공공 및 민간 부문 기관들은 표준화된 탄소 메타데이터를 활용해 다양한 탄소 시장 서비스를 제공할 수 있다. VCM에 도입된 블록체인 서비스의 몇 가지 응용 사례를 소개한다.

스마트 계약

스마트 계약(Smart contract)이란 미리 정의된 규칙에 따라 자동으로 실행되는 계약을 의미한다. 일정 요건이 충족되면, 미리 작성된 계약 조건에 따라 자동으로 탄소크레딧이 승인, 발행, 거래되는 과정을 진행한다. 이 기술은 거래 과정을 간소화하여 거래량을 늘리고, 시장을 활성화하는 데 도움이 된다.[98]

예를 들어, 이더리스크(Etherisc)는 에이커 아프리카(ACRE Africa)의 BIMA

---

98) https://tracextech.com/blockchain-for-voluntary-carbon-market/#:~:text=Block chain's%20transparency%20and%20immutability%20are,verify%20the%20 legitimacy%20of%20credits.

PIMA 기상 지수 보험(Weather Index Insurance)을 위한 분산형 보험 플랫폼을 개발했으며, 2021년에 첫 번째 보험 정책을 활성화했다. 이 플랫폼은 작물 보험을 블록체인 기반 스마트 계약과 지역 날씨 데이터에 연동시켜, 극단적인 기상 현상이 발생할 경우 위성 데이터에 의해 자동으로 보험이 활성화되도록 한다. 이를 통해 농부들은 빠르고 공정하게 보상을 받아, 기후 피해에도 신속하게 재투입되어 지속 가능한 탄소 프로젝트를 이어갈 수 있다.[99]

초기 자금조달

소규모 또는 신규 프로젝트 개발자에게는 설계 및 실행 초기 단계에서 자금을 확보하는 것이 큰 도전 과제다. 탄소크레딧 판매를 통해 수익을 창출하는 개발자들은 활동 시작 후 최소 1년이 지나야 수익을 얻을 수 있다. 이를 해결하기 위해 크라우드소싱을 통한 초기 자금조달(Pre-finance) 모델이 개발되고 있다. 프로젝트 개발자는 예상되는 탄소 감축량에 대해 디지털 토큰을 발행하고, 구매자는 이를 미리 구매한 후 실제 감축이 일어나면 토큰을 탄소크레딧으로 전환할 수 있다. 블록체인 기술을 활용하면 이러한 선구매 방식이 더욱 접근하기 쉬워지고, 토큰을 통해 프로젝트의 상태를 실시간으로 추적할 수 있는 잠재력이 크다.

분할화

현재 탄소크레딧은 주로 톤 단위로 발행된다. 블록체인 기술을 통해 이

---

99) https://www.climateledger.org/en/Use-Cases/Climate-Risk-Insurance.68.html

크레딧을 분할화하여 일부를 나타내는 디지털 토큰을 생성할 수 있다. 이를 통해 대기업뿐만 아니라 중소기업이나 개인 구매자들도 쉽게 시장에 접근할 수 있다. 또한, 비용이 높은 탄소 제거 프로젝트를 분할화(Fractionalisation) 함으로써, 원하는 프로젝트의 톤당 가격이 높더라도 저렴한 가격으로 일부분을 구매할 수 있다.

탄소크레딧의 토큰화

탄소크레딧의 모든 정보와 기록은 하나의 토큰에 저장되어 거래될 수 있다. 탄소크레딧의 품질과 투명성을 중요시하는 구매자가 늘어나면서, 탄소

〈그림 18〉 탄소크레딧 분할화 개요

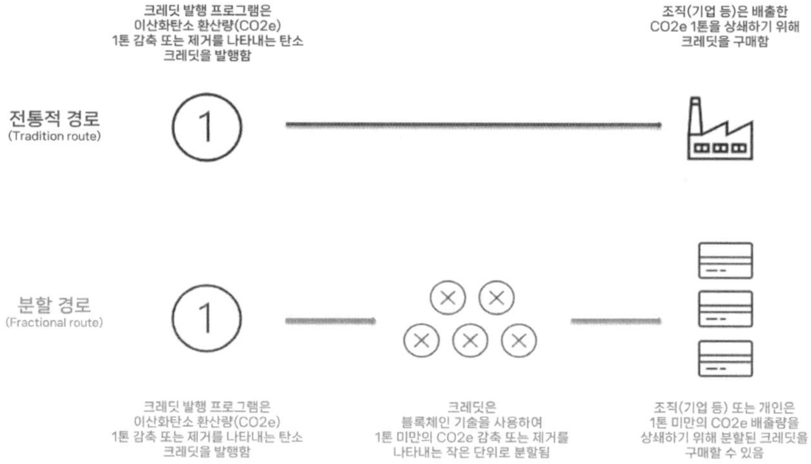

[출처] Digital Assets in the Carbon Market, Goldstandard, 2023.11

크레딧을 토큰화해 암호화폐 시장에서 거래를 지원하는 플랫폼들의 등장이 점차 증가하고 있다.

이때 토큰은 실제 탄소크레딧의 정보를 담은 대리 상품이자, 크레딧의 비용을 지불하는 수단으로 사용된다. 즉, VCM에서 크레딧을 구매할 때 공급자의 은행 계좌로 돈을 보내듯이, 암호화폐 시장에서는 해당 크레딧의 가격만큼 토큰으로 지불한다는 의미다. 암호화폐 시장에서 토큰의 가치에 따라 지불하는 토큰의 수도 달라지는데, 예를 들어 1 크레딧이 VCM에서 4달러로 판매된다고 가정하면, 이 크레딧에 연결된 토큰이 1토큰당 1달러의 가치를 가질 때 구매자는 4토큰을 지불하게 된다. 반면, 시간이 지나 토큰의 가치가 1토큰당 2달러로 오르면, 해당 시점에서는 2토큰만 지불하면 되는 것이다.

이러한 토큰화 방식은 탄소크레딧 거래 시장을 확장하고, 암호화폐 플랫폼을 통해 더 많은 잠재적 구매자가 쉽게 접근할 수 있도록 하는 데 그 목적이 있다.

모스 어스의 사례

모스 어스(MOSS. Earth)는 아마존 열대우림 프로젝트에서 발생한 탄소크레딧을 토큰화하는 플랫폼이다. 이들은 탄소크레딧을 모스탄소크레딧(Moss Carbon Credit, MCO$_2$) 토큰으로 변환하며, 이 토큰은 코인마켓캡(CoinMarketCap)과 같은 암호화폐 거래소에서 거래된다. 모스는 직접 탄소 프로젝트를 관리하지 않고, 다른 크레딧 공급자에게서 크레딧을 받아 토큰화한다. 즉, 탄소크레딧은 기존의 프로세스에 따라 검증 및 발행되고, 이를 이용해 만들어진 토큰이 크레딧과 연결되어 구매 시 프로젝트에 자금이 흘러가도록 하는 원리다.

2024년 8월 22일 기준, MCO_2 토큰은 0.43달러에 거래되고 있다.[100] 이 토큰화의 목적은 암호화폐 플랫폼을 이용해 VCM의 마켓플레이스를 넘어 더 많은 잠재적 구매자가 쉽게 접근할 수 있도록 구매자 풀을 확장하는 데 있다. MCO_2 구매자는 해당 토큰을 보유함으로써 탄소크레딧에 대한 법적 소유권을 가지며, 이는 VERPA(Verified Emission Reduction Purchase Agreement)라는 표준화된 계약을 통해 등록된다. 모스는 토큰화를 통해 이러한 법적 소유권 이전 절차를 보다 안전하고 투명하며, 감사 가능한 과정으로 전환함으로써 탄소크레딧의 활용도를 높일 것으로 기대하고 있다.

MCO_2 토큰 보유자가 탄소크레딧을 자신의 탄소 상쇄에 이용하려면, 해당 크레딧과 연결된 토큰을 소멸(즉, 사용 불가능하게 만듦)시켜야 한다. MCO_2 토큰은 이더리움 지갑 주소 간에 자유롭게 전송될 수 있으며, 토큰을 소멸시키기 위해서는 모스에서 지정한 이더리움 주소로 토큰을 보내면, 모스가 해당 탄소크레딧을 만료시킨다.[101]

투칸 프로토콜과 탄소크레딧의 토큰화

모스와 유사하게, 투칸 프로토콜(Toucan Protocol)[102]도 탄소크레딧을 BCT(Base Carbon Tonnes)로 토큰화 해 암호화폐 사용자에게 제공하는 플랫폼이다. BCT를 생성하려면 사용자가 베라 레지스트리에 계정을 가지고 있어야 하며, 등록된 탄소크레딧을 블록체인을 통해 새로운 토큰으로 연결하는 절차를 따라야 한다. 이 과정에서 레지스트리는 해당 탄소크레딧을 만료시

---

100) https://coinmarketcap.com/currencies/moss-carbon-credit/
101) https://v.fastcdn.co/u/f3b4407f/54475626-0-Moss-white-paper-eng.pdf
102) https://toucan.earth

키고, 구매자의 계정에서 BCT의 블록체인 지갑을 식별하는 암호화 키를 표시한다.

토큰화의 문제점

탄소크레딧의 토큰화는 암호화폐 트렌드에 익숙한 구매자들에게 매력적으로 다가갈 수 있지만, 저품질의 오래된 탄소크레딧에 새로운 생명을 불어넣어 시장에서 다시 거래되도록 하는 문제도 발생하고 있다. 투칸은 수요가 거의 없거나 오랫동안 방치된 탄소크레딧을 토큰화한 사례로 지적된다. 이는 VCM에서 품질 기준을 충족하지 못한 탄소크레딧이 블록체인을 통해 다시 거래되기 시작한 것이다.

예를 들어, 중국 장쑤성의 천연가스 프로젝트(VCS494)는 베라 레지스트리에 마지막으로 기록된 만료 기록이 2013년 4월 30일이다. 하지만 2021년 11월부터 투칸에 연결되어 50만 개 이상의 크레딧이 토큰화되었다. 10년 동안 방치되던 크레딧이 다시 시장에 나온 셈이다. 또 다른 사례로, 중국 원난의 수력발전 프로젝트(VCS191)는 2006년 시작된 이후 단 한 번도 만료 기록이 없다가, 2021년 12월 투칸에 연결된 후 약 200만 개의 크레딧이 만료되었다. 이는 현재 발행된 BCT의 약 10%를 차지한다.

블록체인을 통한 자동화는 거래 과정을 간소화하는 장점이 있지만, 사례처럼 문제가 있는 크레딧을 걸러내지 못할 위험도 있다. 게다가 Toucan에 연결된 크레딧의 84.8%가 2013년 1월 1일 이전에 등록된 프로젝트에서 나온 것으로, 이는 파리협정 제6조에서 정한 '2013년 1월 1일 이전에 등록된 프로젝트 크레딧 사용 금지' 규정을 위반하고 있다. 하지만 거래 시장이 다르기 때문에 직접적인 규제 영향을 받지 않는다.[103]

2022년 5월 25일, 베라는 이 문제에 대해 우려를 표명했고,[104] 2022년 8

월부터 블록체인이 VCM에 어떻게 적절히 도입될 수 있을지에 대한 의견 수집을 시작했다. 2023년 1월 18일, 베라는 71명의 업계 관계자로부터 받은 의견을 요약한 문서를 발표했다. [105)

이 문서에는 탄소크레딧과 토큰을 연결하기 위한 조치, KYC(Know Your Customer : 본인 인증) 절차, 토큰 사기 방지 관련 레지스트리 이용 약관 수정 등의 의견이 포함되었다. 베라는 이를 토대로 향후 토큰화 관련 정책을 마련할 것으로 보인다.

블록체인 기술의 긍정적인 적용 사례

블록체인이 적용된 VCM은 아직 성숙하지 않지만, 긍정적인 사례도 존재한다. 독일의 증권선물거래소 EEX(European Energy Exchange)는 2005년부터 규제적 탄소시장에서 EUA(European Union Allowance)를 거래하기 위한 공통 경매 플랫폼을 제공해왔다.

2022년 3월에는 싱가포르의 블록체인 기반 VCM 기업인 AirCarbon Exchange(ACX)와 파트너십을 맺고, 2022년 7월에는 ClimateTrade와 협력해 기술을 공유하고 거래 크레딧을 상호 연결했다. [106) 이러한 사례는 탄소시장에서 블록체인이 성공적으로 적용될 수 있는 잠재력을 보여준다.

---

103) https://carbonplan.org/research/toucan-crypto-offsets
104) https://verra.org/verra-addresses-crypto-instruments-and-tokens/?ref=
    blog.toucan.earth
105) https://verra.org/verra-concludes-consultation-on-third-party-crypto-
    instruments-and-tokens/
106) https://www.ledgerinsights.com/deutsche-borse-invests-in-blockchain-based-
    aircarbon-exchange/

MRV의 디지털화

디지털 MRV는 VCM에서 프로젝트의 모니터링 및 검증 과정을 혁신적으로 변화시키고 있으며, 비용과 시간을 절감하는 동시에 데이터의 정확성과 투명성을 높이는 중요한 역할을 하고 있다.

탄소 프로젝트 인증을 받기 위해 거쳐야 하는 필수 과정인 MRV(측정, 보고, 검증)는 전통적으로 수작업으로 이루어졌다. 프로젝트 개발자는 현장에서 직접 아날로그 데이터를 수집해 보고서를 작성하고, 검증기관은 대부분 오지에 위치한 현장을 직접 방문하여 감사를 진행하는 등, 많은 작업이 수동으로 진행되었다. 이러한 방식은 인증 및 탄소크레딧 발행까지 오랜 시간이 걸리며, 인건비 등 비용이 많이 들고, 수집된 데이터의 정확성이나 일관성이 부족할 수 있다는 단점이 있다.

하지만, 최근 산업 전반에서 디지털 기술이 급격히 발전함에 따라 VCM도 이 흐름을 타고 MRV 과정을 디지털화하고 있다. 디지털 MRV는 AI, 위성 데이터, 사물인터넷 등 최신 디지털 기술을 활용해 프로젝트 데이터를 실시간으로 수집하고, 자동으로 기록 및 보고 과정을 지원하는 시스템이다. 이를 통해 MRV 과정을 더 효율적이고 정확하게 수행할 수 있다.

디지털 MRV의 실제 적용 사례

다양한 기술이 종합적으로 활용되는 디지털 MRV는 VCM에 큰 변화를 가져오고 있다. 그중 대표적인 사례로, EOSDA(EOS Data Analytics)가 있다. EOSDA는 농업 및 산림 관리 분야에 특화된 인공지능 기반 위성 이미지 분석 데이터 제공 기업으로, 2015년 미국에서 설립된 후 전 세계적으로 정부, 산업, 과학 기관과 협력하고 있다.

이오에스 데이터 애널리틱스는 위성 이미지 데이터를 인공지능 기술과 자체 알고리즘으로 결합해 모니터링의 정확성과 효율성을 높이는 서비스를 제공한다. 대표적인 제품인 소일 오가닉 카본(Soil Organic Carbon; SOC)은 인공지능과 위성 데이터를 이용해 토양에 저장된 탄소를 효율적으로 측정하는 툴이다. 기존의 물리적 토양 샘플링은 비용과 시간이 많이 들어 모니터링이 어려웠으나, 이 툴은 140가지 예측 변수(기후 데이터, 광학 및 SAR 위성 데이터, DEM 및 파생 매개변수, 토양 정보 등)를 활용해 적은 샘플 수로도 토양 탄소량 측정의 정확도를 높인다. 이를 통해 지역과 기후 매개변수에 맞춘 분석이 가능하며, 실제로 필요한 토양 샘플 수를 최대 90%까지 줄였다는 결과도 나왔다.

또한, EOSDA는 분석된 데이터를 바탕으로 탄소크레딧 인증을 위한 MRV 보고서를 자동으로 생성해주는 서비스도 제공한다. 이 서비스는 토양 탄소 저장량, 작물 품질 히스토리 등의 데이터를 디지털화하여 쉽게 정리함으로써, MRV 과정을 더욱 간편하고 효율적으로 만드는 데 기여한다.[107]

---

107) https://lrl.kr/cifgU

<그림 19> EOS Data Analytics의 SOC 예시

[출처] https://lrl.kr/cifgU

적용 사례 1: EOSDA 기술 활용[108]

호주의 토양기술 개발업체 애그리프루브(AgriProve)는 농업 현장에서 토양을 통해 탄소를 제거하는 프로젝트를 진행하는 기업으로, 이를 통해 호주 정부의 호주 탄소 크레딧(Australian Carbon Credit Unit, ACCU)에서 탄소크레딧을 획득하고 있다. 현재 애그리프루브는 175,000헥타르 이상의 면적을 다루며 700개 이상의 프로젝트를 운영하고 있으며, 첨단 기술과 데이터 분석을 통해 농부들이 토양 건강을 개선하고 탄소크레딧을 생성할 수 있도록 지원하고 있다.

---

108) https://lrl.kr/cYcJh

호주 농부들이 탄소크레딧 인증을 받기 위해서는 규제기관인 청정 에너지 규제기관(CER, Clean Energy Regulator)*에 탄소 농업 프로젝트를 등록해야 한다. 이를 위해서는 과거의 토지 상태와 재생 농업 관행을 보고해야 하며, 최근 5년간의 탄소 기준 벤치마크가 필요하다. 이 과정에서 애그리프루브는 데이터 수집과 검증 과정에서 시간이 오래 걸리고, 높은 기술적 요구와 주기적인 모니터링 필요성 등 어려움에 직면했다.

*호주연방정부 산하 독립 법정기관으로, 호주내 온실가스 감축 및 청정에너지 전환을 지원하는 주요 정책·제도를 운영·감독하는 기관

이에 애그리프루브는 2021년부터 EOSDA 합성 개구레이더(SAR) 위성 데이터의 기술을 도입하여 토양 탄소 모니터링과 검증 수준을 향상시켰다. EOSDA는 과거의 토양 데이터를 분석해 정확한 기준 탄소 벤치마크를 설정하는 데 큰 도움을 주었다. 2022년부터는 국가 토양 탄소 혁신 챌린저(National Soil Carbon Innovation Challenge)의 일환으로 합성 개구레이더 위성 데이터와 광학 기술을 사용해 토양 탄소 측정과 저장을 개선하는 혁신적인 검증 기술을 공동 개발하고 있다. 이를 통해 비싼 물리적 샘플링의 필요성을 크게 줄였으며, AWS 인프라를 활용해 대량의 데이터 처리와 지속적인 모니터링을 효율적으로 관리할 수 있었다.

애그리프루브는 EOSDA의 디지털 기술 덕분에 토양 탄소 데이터의 정확성을 크게 향상시킬 수 있었으며, 다양한 농업 관행에 따른 토양 탄소 변화를 효과적으로 추적할 수 있게 되었다. 이러한 정확성과 효율성의 증가는 프로젝트 등록 시간을 월 단위에서 주 단위로 단축시켰다. 또한, 현재 개발 중인 검증 기술이 도입되면 검증 비용을 낮추어 더 많은 농부들이 참여할 수 있을 것으로 기대하고 있다.

<그림 20> EOS의 Crop monitoring 기술을 이용한 토양 탄소 분포도의 3D맵 예

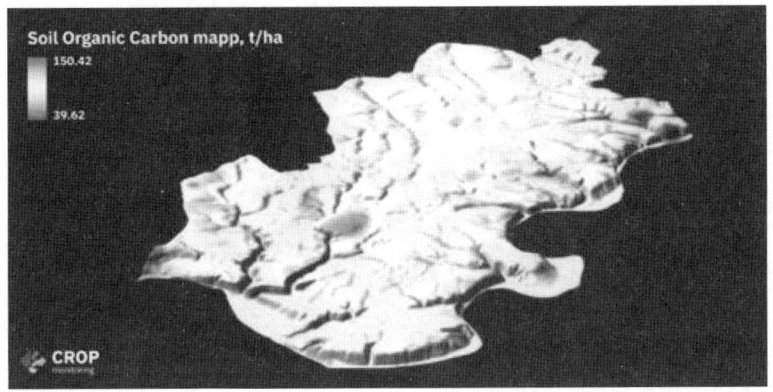

[출처] https://eos.com/blog/eosda-helps-agriprove-enhance-soil-carbon-monitoring/#ref-1

적용 사례 2: 리차드 스톤의 EOSDA 기술 활용[109)]

리차드 스톤(Richard Stone)은 대체 비료를 사용해 토양 품질을 개선하고 대기 중의 탄소를 제거하는 활동을 통해 지역 농업 고객들을 지원하는 컨설팅 기업이다. 이들은 대체 비료를 사용하여 토양 탄소가 증가한다는 것을 증명하고, 이를 바탕으로 탄소크레딧을 획득하는 방식으로 운영되고 있다.

이러한 프로젝트는 CER에 제출할 보고서에 필요한 방대한 데이터를 정기적으로 측정하고 저장해야 한다.

하지만 프로젝트 현장이 멀리 떨어진 지역에 위치해 있어, 모니터링을 원격으로 디지털화할 필요가 있었다.

---

109) https://lrl.kr/eZ46g

리차드 스톤은 EOSDA의 NDVI(정규화된 식생지수, Normalized Difference Vegetation Index) 기능을 활용해 시간이 지남에 따라 작물의 식생 상태가 어떻게 변하는지 추적하고, 새로운 비료의 적용 효과를 파악할 수 있었다. 또한, NDWI(수분 지수)와 날씨 기능을 사용해 비료가 뿌려질 때 비에 씻겨 나가는 등의 리스크를 예방하기 위한 최적의 시기도 파악할 수 있었다. 현장에서 토양 탄소 변화를 추적하기 위해서는 Hone 토양 탄소 분광기(Soil Carbon Spectrometer)를 사용해 지표를 측정했다.

리차드 스톤은 EOSDA의 디지털 기술 덕분에 원격 모니터링이 가능해졌으며, 주기적으로 자동 업데이트되는 데이터 수집 기능을 통해 현장을 빈번하게 방문할 필요 없이 효율적으로 프로젝트를 관리하고 MRV(측정, 보고, 검증) 데이터를 관리할 수 있게 되었다.

〈그림 21〉 Hone spectrometer를 이용해 토양 탄소를 측정하는 모습

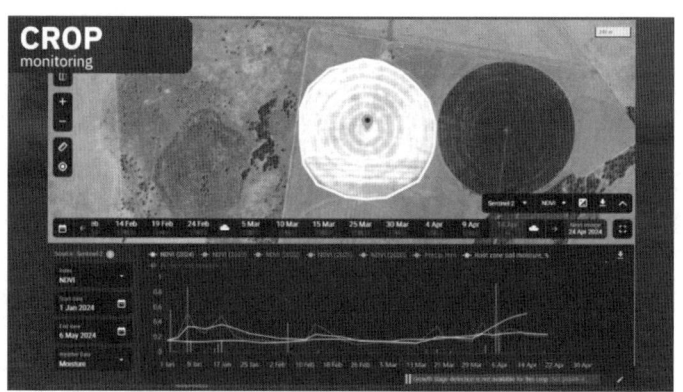

[출처] https://lrl.kr/eZ46g

<그림 22> Hone spectrometer를 이용해 토양 탄소를 측정하는 모습

[출처] https://eos.com/blog/
richard-stone-uses-eosda-
crop-monitoring-for-carbon-
reports/

적용 사례 3: 골드스탠다드의 디지털 MRV 프로젝트 사례 by 골드스탠다드

디지털 DMR은 2022년부터 골드 스탠다드가 탄소시장의 디지털화를 연
구하기 위해 시작한 오픈 콜라보레이션 프로젝트 중 하나이다. 이 프로젝트
는 칠레의 한 폐기물 매립지에서 바이오가스를 활용한 에너지 프로젝트를
대상으로, MRV 과정의 디지털화 가능성을 연구하는 것을 목표로 진행되었
다. 모든 과정에서 디지털 기술을 활용한 전과정(End-to-end) 디지털 MRV 프
로세스를 구현하기 위해, 현장 데이터 측정부터 데이터의 안전한 저장, 디
지털 기술 기반의 MRV 보고서 작성까지 포괄적인 실험이 진행되었다.

이 프로젝트에는 여러 민간 기업들이 참여했으며, 그중 대표 성과인 디
지털 MRV 소프트웨어는 아이오타(IOTA)와 클라이밍 체크(Climate CHECK)가
공동으로 개발했다. 아이오타는 개방형 및 다차원 분산원장기술(DLT)을 사

용하는 탱글(Tangle)을 개발한 비영리 단체이며, 클라이밋 체크는 기후, 클린테크, 지속가능한 솔루션을 위한 MRV를 제공하는 기업이다. 또한, 온라인 프로젝트 모니터링 및 검증 보고서 작성 플랫폼 기업인 스크라이브 허브(ScribeHub)도 이 프로젝트에 참여했다.

이 프로젝트에서 사용된 디지털 기술은 세 가지 주요 프로세스를 디지털화하여 효율성을 높였다. 데이터 수집 과정에서는 사물인터넷 센서와 디지털 트윈이, 데이터 처리 과정에서는 DLT 기술이, 보고서 작성 과정에서는 디지털화된 MRV 형식이 이용되는 등 데이터 수집, 처리, 보고의 각 단계에서 혁신적인 기술이 도입되었다.

사물인터넷 센서를 통한 현장 데이터 수집 & 디지털 트윈을 통한 가상 모니터링

프로젝트 현장에 설치된 사물인터넷 센서는 MRV(모니터링, 보고, 검증)에 필요한 데이터를 수집했다. 매립지에서 생성되는 바이오가스의 유량과 조성, 특히 메탄 함량을 실시간으로 측정하며, 15분 간격으로 가스 유량 데이터를 모니터링한다. 이러한 데이터는 클라우드로 업로드 되어, 디지털 MRV 소프트웨어를 통해 현장 매립지 운영자의 시스템에서 처리된다.

또한, 프로젝트 현장과 센서의 3D 디지털 트윈이 실시간으로 디지털 MRV 포털에 반영되어 가상 모니터링이 가능하다. 이 포털은 온라인 협업 플랫폼인 스크라이브 허브와 통합되어 MRV 방법론 및 국제 표준에 맞춘 맞춤형 프로젝트 보고 및 검증을 지원한다.

DLT 기술을 통한 데이터 보안 강화

이 프로젝트는 데이터 처리와 저장에 있어 일반적인 블록체인이 아닌 IOTA의 개방형 DLT(분산 원장 기술)를 사용했다. 이는 데이터가 하나의 체인

에만 저장되는 것이 아니라 여러 갈래로 분산되어, 동시에 다수의 거래가 가능하다는 것을 의미한다. IOTA의 DLT는 수수료 없이 높은 처리량을 제공하며, 에너지 효율적이라는 장점도 있다.

디지털 기술 기반의 맞춤형 MRV

전통적인 MRV 방법론은 디지털 기술을 충분히 고려하지 않고 개발되었다. 이로 인해 디지털 기술을 활용하는 프로젝트들은 그 장점을 극대화하지 못하는 경우가 많다. 클라이밋 체크는 이러한 문제를 해결하기 위해 디지털 센서로 수집된 데이터와 DLT 기술을 통한 보안 데이터를 활용한 맞춤형 디지털 MRV를 제공했다. 이를 통해 프로젝트의 효율성과 신뢰성을 높였다.

디지털 MRV 프로젝트의 성과를 평가하기 위해, 기존의 수동 MRV 프로세스와 디지털 MRV 프로세스를 경제적으로 비교한 결과, 얼마나 많은 비용 절감 효과가 있는지 계산되었다. 기존 방식에서는 데이터 수집, 탄소 감축량 계산, 검증 보고서 작성, 모니터링 등의 비용을 합산했을 때, 프로젝트 기간 10년 동안 총 470만 달러가 소요되는 것으로 분석되었다. 반면, 디지털 MRV를 적용한 경우, 초기 구축 비용을 제외하고는 추가적인 비용이 거의 들지 않아 약 100만에서 200만 달러의 비용 절감 효과가 있을 것으로 추정되었다.[110]

디지털 MRV는 기존 MRV와 비교했을 때 여러 측면에서 보완될 수 있다. 디지털 MRV는 필요한 단계에서 부분적으로 도입되어 기존의 수동 프로세

---

110) https://goldstandard.cdn.prismic.io/goldstandard/65a66f2a7a5e8b1120d5915a_
digitalmrv_climate_check_report.pdf

<표 70> 프로젝트 전반적인 디지털 MRV 프로세스

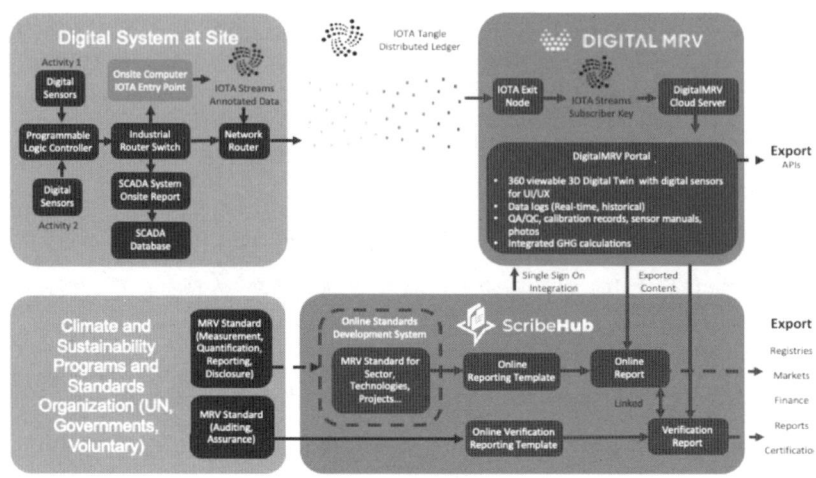

[출처] |Digital Measurement, Reporting and Verification(MRV) Report on Pilot
Projects, Roadmap and Resources, 2022. 3, ClimateCHECK/IOTA Foundation

스를 대체하거나, 나아가 탄소시장 구조 전체를 디지털화할 수 있는 잠재력
을 가지고 있다. 특히, 레지스트리와 연결함으로써 검증 과정에서 실시간으
로 데이터를 원격으로 확인할 수 있게 되어, 시간이 많이 소요되는 현장 검
증 없이도 인증 과정을 자동화할 수 있다.

　디지털 MRV는 신뢰할 수 있는 데이터를 일관되게 그리고 훨씬 빠르게
제공함으로써, 탄소 크레딧 발급에 소요되는 시간과 비용을 크게 줄인다.
이러한 시스템은 궁극적으로 탄소 프로젝트의 확장을 가속화할 수 있는 환
경을 조성하는 것이다. 세계은행은 디지털 MRV의 장점을 모니터링, 보고,
검증의 3단계로 나누어 기존 MRV와 비교하여 <표71>로 정리하였다.

　디지털 MRV는 기존 MRV를 대체할 만한 많은 장점을 가지고 있지만, 여

<표 71> 기존 MRV vs 디지털 MRV

분류	기존 MRV	디지털 MRV
모니터링	- 데이터의 수동 기록 - 종이 영수증, 엑셀파일 등 수동 시스템을 통해 연료 또는 전기의 소비/생산 모니터링 - 일반적으로 프로세스에 여러 사람들이 참여하고, 인적오류가 발행하기 쉬우며 시간이 많이 소요됨 - 데이터를 수집하는 데에 자원이 많이 소요되며, 때로는 현장에 직접 방문해야 하는 경우도 있음	-스마트 미터, 자동 연결된 요금 시스템, 장비 센서를 통한 연료 또는 전기의 소비/생산량 실시간 디지털 모니터링 -데이터 수집을 전담하는 자원을 줄이고, QA/ QC로 전환하여 MRV시스템을 운영하는 데 필요한 시간, 출장비용, 노력 등을 줄일수 있음 -알림/ 경고를 시스템에 내장하여 데이터 공백이나 현장 업무 중단으로 인해 발행하는 문제 방지 -원격 센서, 위성 데이터, 스마트 폰 어플 등을 이용하여 실시간으로 프로젝트의 성과 데이터를 수집 , 업로드, 분석
보고	-기록된 데이터를 분석하여 온실가스 배출량 보고서로 작성, 이는 노동 집약적이며, 보고서에 대한 부가적인 검토가 필요함. -일반적으로 프로젝트 이행자로부터 데이터를 수집하기 위한 방법론, 또는 모니터링 전문가가 필요함	-미리 정의된 템플릿 또는 방법론에 기초하여 모니터링에 대한 보고서를 자동으로 생성 가능 -자동화된 모니터링 프로세스의 데이터를 원활하게 분석, 구성, 보고할 수 있음 -오류를 표시하거나 이전 보고서를 기반으로 유사활동 관련 데이터에 큰 편차가 있을 시 강조하도록 프로그래밍 가능 -삼각검증(train gulation) 기술을 시스템에 내장하여 오류 또는 이상치를 표시하고 센서 고장과 같은 하드웨어 문제를 신속하게 감지할 수 있음
검증	-제출된 보고서에 대한 단계별 감사를 통해 절차를 준수하고 인적 오류가 발생하지 않았는지 확인 -종이로 작성된 보고서 또는 전자 기록의 수동 검토를 통해 검토가 이루어짐. 하드 카피 문서는 시간이 지남에 따라 쉽게 분실되거나 손상되어 검토에 많은 비용과 시간이 소요됨 -모니터링 중 채취한 증거나 샘플을 확인하기 위해 현장 방문이 필요한 경우가 많음	-디지털 MRV 시스템 레벨에서 한 번 검증을 수행하여 작업흐름이 적용된 방법론을 따르는지 확인 가능 -모니터링 보고서를 보다 빠르고 적은 비용으로 확인 가능 -전용 검증 사용자 K ㅏ 프로파일을 통해 원격으로 검증 가능한 디지털 MRV 시스템에 검증 도구를 내장 시킬 수 있음 -디지털 MRV 시스템 내에서 미리 정의된 규칙에 따라 모니터링 데이터를 플래그로 지정하여 검증 프로세스 개선 가능

자발적 탄소시장, 어떻게 진화하고 있는가?

전히 광범위하게 도입되기에는 몇 가지 장벽이 있다. 디지털 MRV를 프로젝트에 도입하려면, 프로젝트에 맞는 기술을 선정하고, 하드웨어 및 소프트웨어 솔루션을 설계하며, 스마트 센서로 측정하고, 블록체인 유지보수와 머신러닝 알고리즘 개발 등 각 단계에서 기술적 전문성이 필요하다. 그러나 이러한 기술은 모든 국가에서 쉽게 접근할 수 있는 것이 아니며, 탄소 프로젝트를 검증 및 인증하는 탄소 크레딧 발행기관과 검증기관도 디지털 기술에 익숙하지 않은 경우가 많다.

또한, 디지털 시스템에 모든 책임을 맡길 수 있을 정도로 기술이 완벽히 준비된 것은 아니어서, 최종적으로는 세계은행은 개입이 필요하다. 더불어, 디지털 방식으로 대량의 데이터를 저장해야 하는데, 여기에는 일반인에 대한 정보가 포함될 수 있어 데이터 프라이버시 문제의 위험에 노출될 가능성도 있어서, 이러한 데이터를 보호하기 위한 적절한 조치가 필수적이다.

현재의 복잡한 탄소 크레딧 거래 프로세스와 크레딧 발행 및 거래에 소요되는 시간과 비용은 VCM의 낮은 참여율을 초래하며, 이는 결국 거래 유동성 저하와 비합리적인 크레딧 가격 형성으로 이어질 수 있다. 그러나 최신 디지털 기술이 VCM에 적용되면, (1) 수작업으로 인한 오류를 줄이고, (2) 검증 및 인증 과정을 빠르고 간소하게 하여 비용을 절감하며, (3) 모든 과정을 디지털화하고 자동화함으로써 인력 의존도를 크게 낮출 수 있다. 이러한 변화는 시장의 신뢰성을 높이고, 기후 활동의 규모를 확장하는 데 기여할 것이다.

적절한 인프라와 규정이 갖춰진다면, 이러한 디지털 기술들은 투자, 정책, 프로젝트 개발 등에서 의사결정을 촉진하는 중요한 역할을 할 것으로 기대된다(출처: World Bank, Digital Monitoring, Reporting, and Verification Systems and Their Application in Future Carbon Markets, 2022.06).

비즈니스모델 혁신

자발적 탄소 시장에서 기술 혁신이 자연스럽게 도입되기도 하지만, 시간이 지나면서 기존 시스템의 문제점들이 하나둘씩 드러나고, 이를 해결하기 위한 새로운 비즈니스 모델이 제시되는 경우도 있다. 초기에는 대형 기관들이 시장을 주도했다면, 이제는 이들이 해결하기 어려운 부분을 보완하는 작은 기업들이 등장하며 생태계를 더욱 풍부하고 견고하게 만들어가고 있다.

탄소크레딧 보험 상품

이상적인 이론과는 달리, 자발적 탄소 시장에서 탄소 크레딧이 실제로 거래될 때 현실적인 리스크가 발생하기 시작했다. 탄소 시장 역시 상품을 거래하는 시장이라는 점을 잊어선 안 된다. 특히, 대부분 프로젝트 개발자와 구매자가 기업 형태로 거래를 하다 보니, 거래 당사자의 상황이 거래에 큰 영향을 미칠 수 있다. 이에 보험사들은 오랜 경험을 바탕으로 구축한 기존의 보험 구조를 활용해, 탄소 크레딧 거래에 따른 리스크를 보장하는 새로운 비즈니스 모델을 제안하고 있다.

먼저, 보험사들은 탄소 크레딧과 관련된 다양한 리스크를 분석했다. [111]

---

111) https://www.kita.earth/whycarboninsurance

이 리스크는 전달(Delivery), 거래 당사자(Counterparty), 탄소 역배출(Reversal), 정치적 변화, 가격 변동의 5가지 유형으로 구분된다. '전달(Delivery) 리스크'는 프로젝트에서 예측된 탄소 크레딧의 일부 또는 전부가 전달되지 않을 위험을 의미한다. 이는 자연재해, 파산, 사기, 방법론 변경 등으로 인해 발생할 수 있다. '거래 당사자 리스크'는 탄소 크레딧 거래의 당사자가 의무를 이행하지 않거나 이행할 수 없는 상황을 의미한다. 이는 계약 위반, 이행 포기, 파산 등이 해당된다. '역배출(Reversal) 리스크'는 프로젝트로 포집된 탄소가 다시 대기로 방출될 위험이다.

이 경우, 이전에 발행된 탄소 크레딧의 가치는 사라지게 된다. 이러한 위험을 완화하기 위해 일부 크레딧을 버퍼 풀(Buffer Pool)로 따로 빼두어 역배출이 발생할 경우 크레딧을 취소하고 이미 거래된 크레딧의 가치를 보호한다. 하지만 버퍼풀이 효과적으로 리스크를 보장하는지에 대한 의문이 제기되고 있다. 투명성 부족, 프로젝트 종료 후 발생하는 역배출에 대한 보장 부족, 재정적 비효율성 등의 문제가 제기되고 있다. '정치적 리스크'는 프로젝트가 위치한 국가의 법률 또는 규제 변화로 인해 탄소 크레딧이 손실될 위험을 의미한다. 전쟁, 테러 등도 포함될 수 있다. '가격 리스크'는 탄소 크레딧 가격 변동으로 인해 투자나 거래에 부정적인 영향을 미칠 위험을 의미하며, 특히 선구매 옵션을 사용하는 기업에 큰 영향을 준다.

보험사는 탄소 크레딧과 관련된 리스크를 평가하고, 이를 다양한 기업 구매자 및 프로젝트 개발자 간에 분산할 수 있는 전문 지식과 능력을 갖추고 있다. 이들은 리스크 평가, 분산, 그리고 재보험을 통해 탄소 크레딧 거래의 위험을 최적화하여 거래 당사자들을 금전적인 위험으로부터 보호하는 역할을 한다. 또한, 탄소 크레딧에 대한 보험은 투자자들뿐만 아니라 프로젝트 개발자에게도 중요한 촉매제가 될 수 있다. 일반적으로 프로젝트 개발자들은 생성된 탄소 크레딧의 약 20%를 버퍼 풀에 남겨야 한다. 그러나 리스크의 일부를 보험사에 전가하면, 버퍼 풀에 남겨야 할 크레딧 비율을 줄일 수 있어 프로젝트 운영에 더 집중할 수 있다. 예를 들어, 프로젝트 개발자가 기존에 20%를 버퍼 풀에 기여해야 했다면, 보험 비용으로 5%만 지불하고 10%만 버퍼 풀에 남길 수 있게 된다. 결과적으로, 판매 가능한 크레딧 비율이 5% 증가하게 된다.[112] 요약하자면, 탄소 크레딧 보험은 자발적 탄소 시장에 다음과 같은 구체적인 도움을 줄 수 있다. (1) 구매자의 계약 리스크를 보험사로 이전하여 계약 이행에 대한 위험을 줄인다. (2) 프로젝트 실사 기간을 단축시켜, 구매자가 내부적으로 리스크를 평가해야 하는 부담을 덜어준다. (3) 버퍼 풀 크레딧을 묶어두지 않도록 해 프로젝트 개발자들에게 더 많은 현금 흐름을 제공한다. 이러한 보험사들은 탄소 크레딧 구매 기업들의 재정적 불확실성과 불안을 줄여주고, 기업들이 기후 목표 달성에 더 집중할 수 있도록 돕는 중요한 역할을 한다.[113]

현재 자발적 탄소 시장에서 등장하고 있는 다양한 보험 상품을 실제 보험사 예시를 통해 살펴보자. 영국에서 2021년에 설립된 키타(Kita)는 탄소크레딧 전문 보험 기업으로, 탄소크레딧이 발행된 후의 리스크뿐만 아니라 발행되기 전의 리스크까지 보장하는 보험 옵션을 제공하고 있다.[114] 대표적으로 키타는 4가지 탄소크레딧 보험 상품을 제공한다.

---

112) https://lrl.kr/Wkmn
113) https://lrl.kr/bChOI
114) https://www.kita.earth/

(1) 탄소 구매 보호 보험(Carbon Purchase Protection Cover) :

   이 보험은 선구매한 탄소크레딧을 인도받지 못할 위험으로부터 보호해
준다. 보장 기간은 10년으로 설정되어 있으며, 탄소크레딧 공급자가 계약
조건에 따라 크레딧을 전달하지 못할 경우 피보험자를 보호한다. 다만, 이
보험은 탄소크레딧 미전달로 인한 추가 손실, 명성 손상, 규제 벌금 등은 포
함하지 않으며, 탄소크레딧이 발행된 후에 발생하는 손실이나 무효화 등도
보장에서 제외된다.[115]

(2) 포기 및 파산 보험(Abandonment & Insolvency Cover) :

   이 보험은 프로젝트 개발자가 설계 단계에서 프로젝트를 포기하거나 파
산하여 탄소크레딧을 인도하지 못할 경우 발생하는 위험을 보호한다. 보장
기간은 최대 5년이며, 이 보험을 통해 구매자들은 아직 검증되지 않은 프로
젝트에 자금을 투자할 수 있다. 검증이 완료된 후에는 탄소 구매 보호 보험
으로 전환할 수 있다.[116]

(3) 버퍼 고갈 보호 보험(Buffer Depletion Protection Cover):

   현재의 버퍼 풀 시스템은 극단적인 손실이 발생하면 기능을 수행하는 데
한계가 있을 수 있다. 이 보험은 버퍼 풀이 커버할 수 있는 능력을 초과하는
손실에 대해 보장하거나, 초기 단계의 프로젝트에서 아직 버퍼 풀이 생성되
지 않은 경우 해당 리스크를 보완해준다. 버퍼 풀이 생길 때까지 발생할 수
있는 손실을 보호하는 역할을 한다.[117]

---

115) https://www.kita.earth/cppc
116) https://www.kita.earth/abandonment-and-insolvency
117) https://www.kita.earth/buffer-depletion-protection-cover

<표 72> 버퍼 고갈 보험(Buffer depletion insurance)의 연도별 성과 vs. 예상

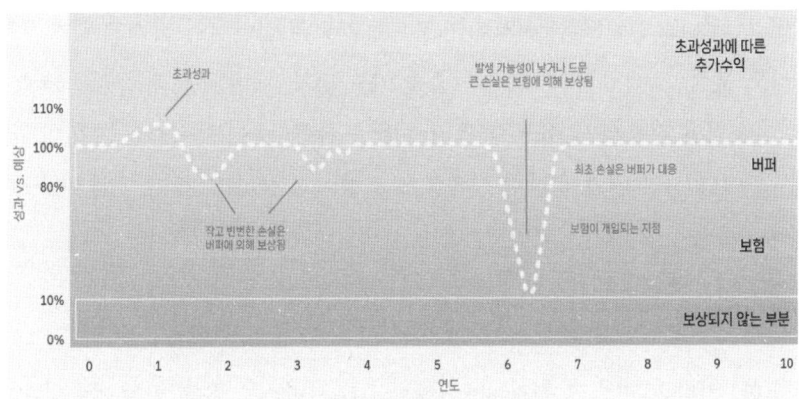

[출처] https://www.kita.earth/buffer-depletion-insurance

(4) 탄소 정치적 리스크 보험(Carbon Political Risk Cover):

　이 보험은 정치적 불확실성이 높은 환경에서 투자나 운영을 할 때 발생할 수 있는 리스크를 보호한다. 기후 정책이 빠르게 변화하는 현재 상황에서 정치적 리스크를 예측하기 어려워, 탄소 시장에서는 이러한 보호가 중요하다. 전통적인 정치적 리스크 보험(PRI)을 변형하여 탄소 프로젝트에 맞춘 이 보험은 이미 여러 국가에서 널리 사용되고 있다. 이 보험은 탄소크레딧 몰수·국유화, 수출 금지, 탄소 권리 취소 또는 분쟁, 승인서(LoA) 또는 상응조정(CA) 취소, 정치적 폭력, 강제 포기 등의 리스크로부터 보호한다.[118]

---

118) https://www.kita.earth/carbon-political-risk-cover

키타는 보험 상품 외에도 다양한 리스크 자문 서비스도 제공하고 있다. 그 중 Portfolio as a Service(PaaS)는 포트폴리오의 전반적인 리스크 평가, 시나리오 분석, 고객사의 구매 기준 충족 여부 평가, 개별 프로젝트 리스크 분석, 지속적인 리스크 및 유동성 관리 등을 포함한다. 이 서비스는 고객의 요구사항이나 시장 변화에 맞춰 신속하게 조정이 가능하며, 관리 중인 탄소크레딧의 유동성에 따라 스케일업 또는 스케일다운 결정을 내리는 데에도 도움을 준다.[119]

또한, 키타의 리스크 평가(Risk Assessment) 서비스는 특정 프로젝트의 기술적 및 정치적 리스크를 평가하고, 잠재적인 영향을 분석함으로써 해당 프로젝트의 보험 가능성도 함께 검토한다. 이 서비스는 탄소크레딧 프로젝트의 위험 요인을 종합적으로 평가해 안전한 투자 결정을 도울 수 있다.[120]

Buffer as a Service(BaaS)는 프로젝트의 버퍼 풀에 대한 독립적인 리스크 관리를 제공하는 서비스로, 키타의 버퍼 고갈 보호 보험 옵션과 함께 사용하면 버퍼 풀의 효율적인 관리가 가능하다. 이를 통해 프로젝트 운영자들은 리스크를 최소화하고, 탄소크레딧의 품질을 더욱 보장받을 수 있다.[121]

또 다른 탄소크레딧 보험사인 오카(Oka)는 미국에서 2022년에 설립된 기업으로, 탄소크레딧 발행 이후 발생할 수 있는 취소, 무효화 등의 리스크를

---

119) https://www.kita.earth/portfolio-as-a-service
120) https://www.kita.earth/risk-assessment
121) https://www.kita.earth/buffer-as-a-service
122) https://carboninsurance.co/

보장하는 보험 상품을 제공하고 있다.[122]

오카는 보험이 이미 적용된 내장형 크레딧(Embedded credit)을 제공함으로써 크레딧 품질을 높이고, 보험 시장에서 흔히 발생하는 역선택(Adverse selection) 문제를 예방한다. 역선택 문제란, 품질이 보장되지 않은 크레딧을 구매한 후 다시 별도로 보험을 찾는 과정에서 발생하는 복잡성과 리스크를 의미한다.

오카는 이러한 문제를 해결하기 위해 이미 품질이 보장된 보험 적용 크레딧을 제공해, 예상 인수 손실을 최소화한다는 설명이다(Oka, Carbon Insurance, 2023. 09). 오카는 글로벌 로펌 맥더멋 윌 앤드 에머리(McDermott Will & Emery)와 협력하여 탄소크레딧 보험(Carbon Protect) 상품을 출시했으며, 2024년 4월 기준으로 300개 이상의 글로벌 기업에 이들의 보험 상품이 적용된 탄소크레딧을 제공하고 있다.

탄소제거기술 프로젝트 개발

넷제로가 시작된 이후, 이미 대기로 배출된 탄소를 직접 제거해야 한다는 필요성이 점차 인식되기 시작했다. 초기에는 조림(Afforestation)과 같은 자연 기반의 탄소 제거 프로젝트가 많이 활용되었다. 이러한 프로젝트는 고도의 기술이 필요하지 않고 비교적 쉽게 적용할 수 있는 장점이 있었지만, 가뭄, 화재, 해충 등 자연재해로 인해 예상만큼의 탄소 제거 효과를 달성하지 못하거나 장기적으로 탄소를 저장하는 데 큰 리스크가 있다는 단점이 드러났다.

외부로부터 영향을 받기 쉬운 자연 기반 솔루션과 달리, 기술 기반으로 탄소 제거프로젝트는 일관되고 예측 가능한 결과를 제공한다는 점에서 주목받기 시작했다. 특히, 자연 기반 솔루션은 대규모 토지가 필요해 지리적 제한이 있지만, 기술 기반 솔루션은 일반적으로 보다 적은 토지나 다양한 장소에 배치할 수 있어 대규모 확장이 가능하다는 이점이 있다. 이러한 이유로 기가톤 규모의 탄소 제거를 목표로 하는 데 있어서 기술 기반 솔루션의 가능성은 더욱 크다고 할 수 있다. [123]

---

123) World Economic Forum, Net-Zero to Net-Negative: A Guide for Leaders on Carbon Removal, 2021.11

탄소 크레딧을 구매하는 기업 입장에서는 넷제로 목표를 달성하는 과정에서 리스크가 적고, 장기적으로 안정적인 기술 기반의 탄소 제거 프로젝트를 선택하는 것이 경제적이기 때문에 이러한 기술에 대한 수요가 증가하고 있다.

특히 파리협정의 1.5도 목표 달성을 위해 기후변화에 관한 정부간 협의체(IPCC)가 주기적으로 발표하는 보고서에 따르면, 5차 보고서(2014년)까지만 해도 탄소 제거 기술로 조림 및 재조림(Afforestation and Reforestation), 바이오에너지 탄소포집 및 저장(Bioenergy with arbon Capture and Storage, BECCS)만 언급되었지만, 6차 보고서(2023년)에서는 바이오차, 토양 탄소격리(Soil Carbon Sequestration, SCS), 화학용매 및 흡수제를 이용한 직접 공기 탄소 포집 및 격리(DACCS), 가속 광물화(Enhanced Weathering, EW), 해양 염기성화(Ocean Acidification, OA) 등 다양한 기술이 추가되었다.[124] 이로 미루어 보아, CDR들이 기후변화 대응에 충분한 영향을 줄 수 있을 정도로 발전하고 있음을 알 수 있다.

CDR은 시장에서 중요한 역할을 하고 있다. 우리는 현재 CDR 업계에서 주목받고 있는 주요 기술들의 원리, 환경적 영향, 시장 잠재력, 개발 단계, 탄소 크레딧 현황, 고려 사항, 그리고 실제 상용화된 기업들의 사례를 소개하고자 한다.

---

124) https://lrl.kr/Wkmp

바이오차

　1879년, 탐험가 허버트 스미스(Herbert Smith)는 아마존을 탐험하던 중 원주민들이 재배한 사탕수수가 기존 사탕수수보다 훨씬 크게 자란다는 사실을 발견했다. 과학적 연구 결과, 그 비결은 '테라프레타(Terra Preta)'라고 불리는 검은 흙에 있었다. 이 흙은 원주민들이 척박한 아마존 토양을 개선하기 위해 오래전부터 사용한 숯으로 만들어진 것이었다. 2006년, 세계토양과학회에서는 이 검은 흙을 탄소 격리의 관점에서 연구하기 시작했고, 그 결과 현대판 테라프레타인 '바이오차'라는 용어가 학계에 등장하게 되었다.[125]

　바이오차는 바이오매스와 숯(Charcoal)이 결합된 개념으로, 목재 부산물이나 식물 잔사와 같은 바이오매스를 산소가 거의 없는 환경에서 열분해하여 생성된 고체화된 검은 숯과 같은 물질을 의미한다(다음 그림 참조). 바이오차는 다공성 구조를 가지고 있어 토양 속에서 공기의 순환을 촉진하고, 식물 뿌리가 더 잘 자라도록 공간을 제공하며, 물을 오래 보유하고 미생물의

〈그림 23〉 바이오매스 원료와 이로부터
　　　　　생산된 바이오차

[출처] 우승한, 바이오차)를 이용한 농림
　　　업부문 기후변화 대응 적용사례, 2015

　　　　　왕겨　　　　　볏짚　　　　우드칩

서식지가 된다. 이로 인해 바이오차가 토양과 농업 생산물에 긍정적인 영향을 미친다는 사실은 이미 잘 알려져 있다. 그렇다면, 바이오차는 기후변화 관점에서 어떤 원리로 탄소 제거 효과를 발휘하는 것일까?

바이오차의 탄소 제거 원리가 처음으로 주목받기 시작한 것은 2007년, 코넬대 레먼(Lehmann) 교수가 「네이처 지」를 통해 바이오차의 '탄소 네거티브' 원리를 발표하면서부터다. 일반적으로 식물이 광합성을 통해 대기 중 이산화탄소를 100만큼 흡수한다고 가정하면, 그 중 약 50%는 식물의 호흡 과정에서 다시 대기로 방출되고, 나머지 50%는 식물의 성장 과정에서 탄소로 고정된다. 하지만 식물이 죽어 토양에 묻히게 되면, 미생물에 의해 분해되는 과정에서 저장된 탄소가 모두 다시 대기로 방출된다. 즉, 처음에 식물이 흡수했던 탄소 100은 식물의 생애 주기가 끝난 후 전부 대기로 돌아가게 되는 셈이다.

반면, 바이오차의 경우 식물에 고정된 50%의 탄소가 열분해 과정을 거쳐 바이오차 형태로 저장된다. 이 바이오차가 토양에 들어가 일부 분해될 수 있지만, 연구에 따르면 초기 흡수된 탄소의 약 20%는 여전히 바이오차에 남아 100년 이상 저장될 수 있다. 즉, 탄소를 흡수한 바이오매스가 더 이상 탄소를 저장하지 못하는 상태가 되더라도, 이를 바이오차로 전환하면 탄소를 오랜 기간 동안 토양에 안전하게 저장할 수 있다는 의미다.[126]

---

125) 우승한, 바이오차(Biochar)를 이용한 농림업부문 기후변화 대응 적용사례, 2015
126) 우승한, 바이오차(Biochar)를 이용한 농림업부문 기후변화 대응 적용사례, 2015

<그림 24> 바이오차의 기후변화 저감 원리

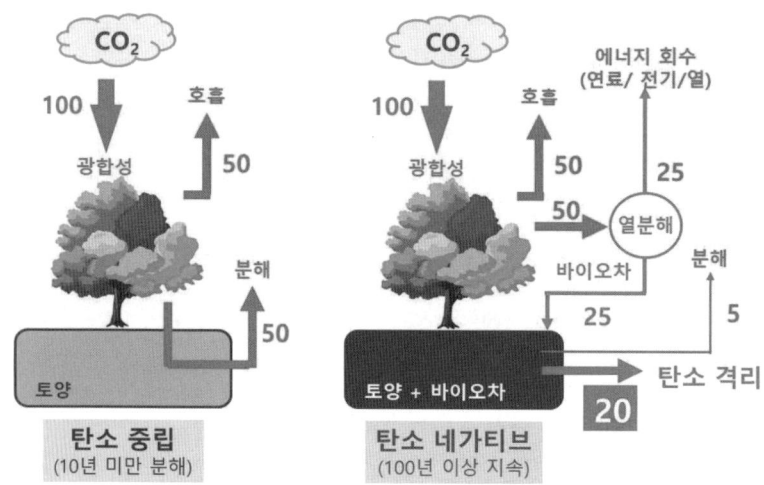

[출처] J. Lehmann, Nature(2007) 그림 재구성(우승한, 바이오차를 이용한 농림업부문 기후변화 대응 적용사례, 2015)

최근 추정에 따르면, 바이오차의 잠재적인 탄소 제거량은 2030년까지 연간 1.1~3.3 기가톤에 이를 것으로 예상된다. 그러나 이 기술의 장기적인 효과를 완전히 이해하기 위해서는 추가적인 라이프사이클 분석이 필요하다는 의견도 있다. 예를 들어, 토양에 뿌려진 바이오차가 강우 시 지하수에 미치는 영향이나 탄소가 다시 대기로 방출될 가능성(Reversal) 등에 대한 연구가 더 이루어져야 한다.

현재 자발적 탄소 시장에서 바이오차 프로젝트의 탄소 크레딧 가격은 톤당 30~120달러로 다양하게 책정되고 있다. 이 가격은 바이오차의 원료가 되는 바이오매스의 종류, 열분해 방식, 운영 에너지 및 프로젝트 규모 등에

따라 달라진다. 상업적인 규모의 바이오차 생산은 이미 거의 실현 단계에 접어들었다. [127]

대부분의 탄소 제거 기술은 여전히 개발 단계에 있으며, 발행기관에 의해 공식적으로 채택된 방법론(Methodology)이 많지 않다. 그러나 바이오차 프로젝트의 경우, CDR(Carbon Dioxide Removal) 전문 탄소 크레딧 발행기관인 퓨로어스(Puro. earth)가 2019년에 공식 방법론을 개발했고, 이 방법론이 실제 프로젝트 인증에 사용되고 있다. 가장 최신 버전은 2024년 2월 1일에 업데이트되었다. [128] 발행기관이 채택한 방법론이 중요한 이유는, 이 방법론이 국제적으로 인정된 기준에 따라 엄격한 검증 과정을 거쳐야만 하기 때문이다. 이를 통해 해당 탄소 제거 활동의 실질적인 효과가 과학적이고 객관적으로 평가되었음을 보장할 수 있다. 바이오차 프로젝트가 공신력 있는 설계를 바탕으로 신뢰할 수 있는 탄소 크레딧을 발행하고 있다는 점에서, 비교적 성숙한 시장이 형성되고 있음을 알 수 있다.

바이오차 프로젝트를 통해 탄소 크레딧을 발행받고 있는 몇 가지 프로젝트 개발 기업을 소개한다.

오레건 바이오차 솔루션즈(Oregon Biochar Solutions)는 미국 북서부 지역에서 회수한 산림 바이오매스(농장 및 과수원의 폐기물, 산불로 소실된 목재, 견과류 껍질, 2차 및 3차 목재 부산물)를 원료로 바이오차를 생산하고 있다. 이 바이오차는 지역 농업 사회에서 비료 운반제 및 토양 개량제로 사용되며, 이 활동을 통해 탄소 크레딧을 발행한다. 오레건 바이오차 솔루션즈는 퓨로어스에 프로젝트 번호 6430024068010000220으로 등록되어 있으며, 매년 약

---

127) https://blog.toucan.earth/deep-dive-carbon-removal-solutions/
128) https://lrl.kr/Wkmq

3000~4000톤의 탄소 크레딧(CORC)을 발행하고 있다. 현재 이들의 탄소 크레딧 가격은 톤당 185유로로 책정되어 있다. 지금까지 이 바이오차 탄소 크레딧을 구매한 기업으로는 주플러스(Zooplus), JP모건 체이스(JPMorgan Chase), 삼사라(Samsara), 찬 주커버그 이니셔티브(Chan Zuckerberg Initiative) 등이 있다.[129]

웨이크필드(Wakefield)는 제지 공장 폐기물을 원료로 사용하여 만든 바이오차를 석회와 혼합해 토지 복원 프로젝트에 활용함으로써 탄소 크레딧을 발행하고 있다. 이들이 탄소 크레딧을 통해 얻는 수익은 탄소 제거 사업을 확장하는 데 중요한 역할을 하고 있으며, 탄소 프로젝트 외에도 이 바이오차를 원예 제품으로 만들어 월마트, 아마존과 같은 소매업체에 판매하고 있다.

웨이크필드는 퓨로어스에 3개의 다른 시설에서 운영 중인 프로젝트를 각각 고유번호 643002406801000718, 643002406801001135, 643002406801000725로 등록했으며, 매년 약 15,000~30,000톤의 탄소 크레딧(CORC)을 발행하고 있다. 지금까지 이 바이오차 탄소 크레딧을 구매한 기업으로는 ERM, 베스트레(Vestre), JP모건 체이스 PwC, 스위스리 매니지먼트(Swiss Re Management) 등이 있다.

탄소 광물화 또는 암석 풍화 촉진

탄소제거(CDR, Carbon Dioxide Removal) 기술 중 일부는 자연적으로 발생하는 현상에 인간이 개입하여 그 효과를 극대화하거나 과정을 촉진시키는 원리

---

129) https://lrl.kr/dEabK

에 기반한다. 탄소 광물화(Carbon Mineralization)는 그 대표적인 사례로, 자연 상태에서 일어나는 풍화 작용(weathering)을 활용한다. 알칼리성 환경에서 현무암이나 감람석과 같은 규산염암은 빗물에 녹아 있는 이산화탄소와 화학 반응을 일으켜 풍화되며, 이 과정에서 이산화탄소는 '탄산염' 형태로 암석 내에 안정적으로 포집된다.

탄소 광물화 기술은 기술은 본래 수십만 년에 걸쳐 서서히 진행되는 자연적 풍화 과정을 인간의 개입을 통해 수십 년 단위로 앞당기는 방식이다. 탄소 제거 프로젝트는 알칼리성 암석을 대기 중 이산화탄소와 더 넓고 빈번하게 접촉시키는 방법으로 이 자연적 반응을 촉진하며, 이를 통해 탄소 크레딧을 창출한다. 특히 이 기술은 포집된 탄소가 다시 대기 중으로 방출될 위험이 극히 낮아, 안정적이고 장기적인 탄소 저장 방법으로 평가받고 있다.[130]

탄소 광물화는 탄소를 포집한 암석의 위치에 따라 세 가지 공정으로 연구되고 있다. 탄소 광물화 기술 가운데 대표적인 공정은 토양 표면에 분쇄된 암석을 살포하여 자연적인 광물화 반응을 촉진하는 방식으로, 이를 암석 풍화촉진(Enhanced Rock Weathering, ERW)이라 부른다. ERW는 절벽 주변이나 광산에 있는 암석 조각이나 철강 부산물을 모아 가루로 만든 후, 빗물과의 접촉 면적을 넓혀 지상에 뿌려줌으로써 이산화탄소가 더 빠르게 탄산염 형태로 포집되도록 풍화 과정을 촉진하는 원리다.

규산염암은 마그네슘, 칼슘, 칼륨, 인과 같은 무기질을 풍부하게 함유하고 있어 비료로서의 역할도 수행할 수 있다. 따라서 지역 농가와 협력하면

---

130) https://blog.toucan.earth/deep-dive-carbon-removal-solutions/

<그림 25> 탄소 광물화 유형

※ 알칼리성원료 : 알칼리성 광산 폐기물, 일부 산업 부산물, 특정 유형의 채굴된 암석 등
[출처] https://www.wri.org/insights/carbon-mineralization-carbon-removal
[원출처] WRl(World Resources Institute)

농작물 수확량 증대와 같은 부가적 효과를 얻어 효율을 극대화할 수 있다. 또한 농업지에 암석을 살포하면, 이산화탄소를 배출하는 식물 뿌리와 토양 미생물과의 직접적인 접촉을 통해 더 많은 이산화탄소가 신속하게 포집된다.

기술의 원리만 보면 복잡한 과정은 아닌 듯하다. 그렇다면 이 기술을 전 세계 농경지에 적용하면 기후변화 대응과 탄소 제거에 큰 영향을 미칠 수 있을까? 이러한 질문을 바탕으로 ERW 기술이 탄소 포집에 얼마나 효과적인지 과학적으로 분석한 사례가 있다.

미국 예일대 지구행성과학과 연구진은 2023년 8월, 미국 지구물리학회 (AGU)의 국제 학술지인 「지구의 미래(Earth's Future)」에 전 세계 농경지에 현무암을 사용할 때 예상되는 탄소 제거량을 추정한 연구 결과를 발표했다. 연구진은 먼저 세계 각지의 농경지 1,000여 곳에 ERW 기술을 적용하는 상황을 시뮬레이션했다. 그 결과, 농경지 1헥타르당 현무암 가루 10톤을 살포할 경우, 75년 동안 약 640억 톤의 탄소가 포집될 수 있다는 결론을 도출했다. 이를 전 세계 모든 농경지로 확대 적용했을 때, 같은 기간 동안 2,170억 톤의 탄소를 제거할 수 있다는 계산이 나왔다. 물론 지역의 기후나 토지 조건에 따라 실제 결과는 다를 수 있겠지만, 이 연구를 통해 대규모 탄소 제거 잠재력을 확인한 것이다.[131]

<그림 26> ERW 기술을 통한 탄소 포집에 쓰이는 현무암 가루(UNDO)

<그림 27> ERW 기술을 이용한 탄소 제거 원리 (UNDO)

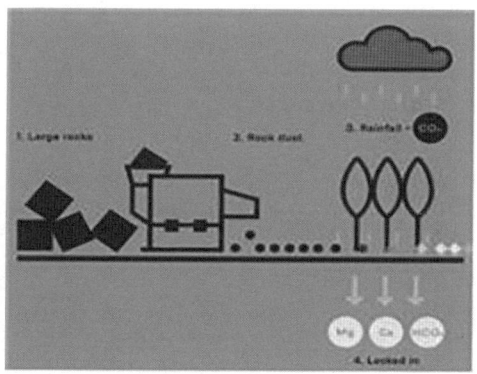

131) https://agupubs.onlinelibrary.wiley.com/doi/full/10.1029/2023EF003698

<그림 28> ERW 기술을 이용한 탄소 제거 원리[132]

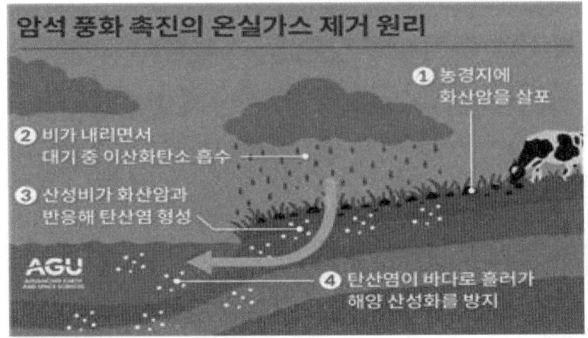

[자료] 미국지구물리학회(AGU)

퓨로어스는 2022년 12월에 암석 풍화 촉진 프로젝트를 공식적으로 인증할 계획을 발표했다. 하지만 현재 퓨로 레지스트리에서 등록된 ERW 프로젝트는 아직 없는 상태다. 암석 풍화 촉진 탄소 크레딧의 가격은 시장에서 톤당 약 50~200달러로 책정되고 있다. 이 기술은 여전히 초기 개발 단계에 있으며, 주로 실험실 연구와 소규모 필드 테스트 단계에서 연구가 진행되고 있다. 앞으로의 주요 과제로는 실제 탄소 제거량을 측정하고, 포집된 탄소가 궁극적으로 어떻게 저장되는지에 대한 표준화된 측정 방식이 요구될 것이다. 또한, 일부 ERW 원료가 광산의 산업 부산물을 포함하는 만큼, 독성 오염 물질에 대한 철저한 검증이 필요하다는 우려도 제기되고 있다.

영국의 탄소 포집 기술 스타트업 UNDO는 2022년에 설립되어 암석 풍

---

132) https://lrl.kr/cYcJr

화 촉진 기술을 집중적으로 연구하고 있다. 이들은 주로 현무암과 울라스
토나이트(wollastonite)를 농지에 뿌려 이산화탄소를 흡수하면서 동시에 토양
비옥도를 높이고, 농작물 수확량을 증가시키는 효과를 목표로 하고 있다.
2023년 4월, 마이크로소프트는 UNDO를 첫 암석 풍화 촉진 탄소 크레딧 공
급사로 선정했으며, 이 협약을 통해 영국 내 농지에 2만 5000톤의 현무암을
뿌려 향후 20년 동안 약 5000톤의 탄소를 포집할 계획이다. UNDO는 2030
년까지 누적 탄소 포집량 10억 톤을 목표로 하고 있으며, 또한 ERW 기술의
첫 공식 방법론을 개발하기 위해 독립적인 기후 과학자 및 표준 기관과 협
력하고 있다. [133)

또 다른 방법으로는 탄소가 포함된 유체를 지하로 주입해, 지표 아래의
광물과 반응시켜 탄소를 저장하는 현장반응(In-situ) 공정이 있다.

보통 이산화탄소를 물에 녹인 후 우물을 통해 지하의 알칼리성 광물에
주입하는데, 이 광물들은 이산화탄소와 매우 빠르게 반응해 탄산염 광물을
형성하면서 탄소를 격리한다. 이후 탄소가 제거된 물은 다시 지표로 반환된
다. 물을 사용하지 않고, 이산화탄소를 물과 유사한 밀도로 압축해 지하로
보내는 방법도 있는데, 이 방식은 물 사용량이 적은 대신 압축에 더 많은 에
너지가 필요하다. [134)

현장반응 탄소 광물화는 암석층이 풍부한 지역에서 특히 확장 가능성이
높으며, 이론적으로는 매년 수십억 톤의 이산화탄소를 격리할 수 있는 잠재

---

133) https://un-do.com
134) https://www.wri.org/insights/carbon-mineralization-carbon-removal

력을 가지고 있다. 그러나 이 공정에는 심층 우물 시추, 모니터링 시스템 등의 인프라를 구축하는 데 막대한 비용이 소요된다. 따라서, 현장반응 탄소 크레딧 가격은 약 100~600달러로, 암석 풍화 촉진 크레딧보다 높게 책정된다. 현재 현장반응 공정은 파일럿 또는 초기 시범 단계에 있으며, 비용 절감과 효율성 향상을 위한 연구가 활발히 진행 중이다. 또한, 주입된 탄소가 지표로 누출되어 역배출(Reversal)을 일으키지 않도록 하는 것이 중요한 과제이며, 대규모 프로젝트에서는 지질 구조의 교란이나 지하수 오염 같은 환경적 영향에 대한 연구도 필요하다.

스위스 기반의 클라임웍스(Climeworks)는 2010년에 설립된 기업으로, 고체 흡착제를 활용해 대기 중의 이산화탄소를 포집하는 DACCS 기술을 개발하고 있다. 이 기술을 통해 포집된 이산화탄소는 지하에 영구적으로 저장된다. 클라임웍스는 2021년에 세계 최초의 대규모 DACCS 시범 프로젝트인 오르카(Orca)를 아이슬란드에서 시작했다. 오르카는 연간 약 4,000톤의 탄소를 포집할 수 있으며, 포집된 탄소는 물과 혼합된 후 지하 700미터 깊이로 주입된다. 프로젝트 파트너인 카브픽스(Carbfix)가 개발한 광물화 과정을 통해 주입된 탄소는 현무암과 반응하여 고체로 변환되고, 수천 년 동안 안전하게 보관된다. 오르카 프로젝트는 퓨로 어스에 고유번호 643002406801001425로 등록되어 있으며, 2024년 첫 탄소 크레딧 158개를 발행했다.

클라임웍스는 최근 세계 최대의 가족 소유 사모 은행 그룹인 LGT와 연간 9,000톤의 탄소를 제거하는 10년 계약을 체결했다. 이는 은행이 체결한 가장 큰 규모의 DACCS 계약이며, 스위스(Swiss RE), 보스턴 컨설팅 그룹과도 유사한 계약을 맺었다. 현재 클라임웍스의 탄소 제거 비용은 톤당 600

달러로 비교적 높은 편이지만, 규모를 확장함에 따라 향후 이 비용을 톤당 200~300달러로 낮출 수 있을 것으로 기대하고 있다. 또한, 최근 6억 5천만 달러의 벤처 자금을 유치했으며, 이를 통해 연간 수백만 톤의 탄소를 포집할 수 있는 용량으로 확대할 계획이다.[135]

〈그림 29〉 Direct air capture를 통해 포집된 이산화탄소가 지하에 저장되는과정

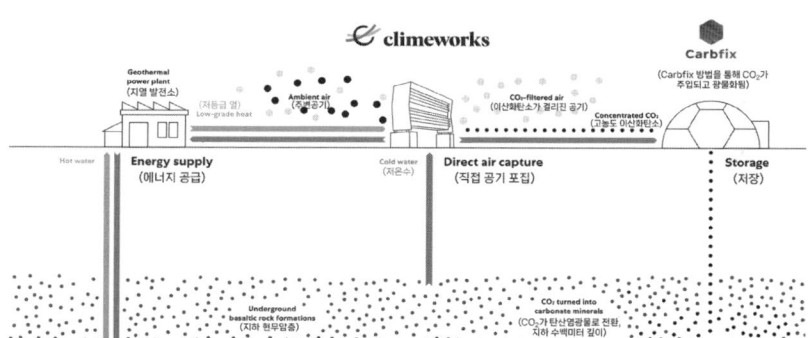

[출처] https://climeworks.com/carbon-removal-technology

또 다른 탄소 저장 방법으로 현장외(Ex-situ) 공정이 있다. 이 공정은 시멘트와 같은 제품에 탄소를 주입하여, 이를 콘크리트와 같은 건축 자재로 고정시키는 방식이다. 시멘트는 건축에서 필수적인 재료이지만, 생산 과정에

---

135) https://climeworks.com/?ref=blog.toucan.earth

서 원료 채취, 가공, 클링커 생산, 연료/전력 사용 등으로 인해 많은 화석연료를 소모하고, 생산 후 탄소를 대량으로 배출하는 지구에서 가장 탄소 집약적인 산업 중 하나로 꼽힌다. 시멘트 산업의 탄소배출량은 실제로 전 세계 탄소 배출의 7~8%를 차지하며, 이는 모든 항공 및 해상 운송 배출량을 합친 것보다 많은 양이다.[136]

시멘트 1톤을 생산할 때 탄소 0.8~1톤이 배출되니, 시멘트와 탄소를 맞바꾸고 있는 지경이다. 한국시멘트협회의 조사에 따르면 2022년 말 국내 시멘트 누적 생산량은 20억 톤을 넘어섰고, 이에 따라 최소 20억 톤의 탄소가 국내에서 배출된 것으로 추정된다.[137]

현장외 탄소 광물화 기술은 시멘트에 탄소를 주입해, 광물화 반응을 통해 탄소가 영구적으로 고정된 콘크리트를 만드는 방식이다. 이 기술은 콘크리트 제조에 필요한 실리콘 함량을 줄이는 동시에 대기 중의 탄소를 격리하는 솔루션으로 주목받고 있다.[138] 아무리 광물을 잘게 부수어 탄소와의 접촉면적을 높이더라도 산업적으로 이용하기 위해서는 본질적으로 느리게 작용하는 자연적인 광물화 과정을 더욱 빠르게 만드는 것이 이 기술의 핵심 과제이며, 촉매 사용, 열처리, 적합한 원료 선택 등 다양한 방법이 연구되고 있다. 이 과정에서 에너지가 많이 소모될 수 있어 탄소 감축 효과가 저해될 가능성도 있으므로, 이를 고려한 연구가 필요하다. 현재 현장외 탄소 광물화 기술은 일부 기업에 의해 산업화 단계로 전환되고 있으며, 상용화 가능성을 시험하고 있다. 이 공정은 대규모 인프라 시설이 필요해 탄소 크레딧 비용은 약 100달러 이상으로 평가된다.

---

136) https://lrl.kr/cYcJt
137) https://www.h2news.kr/news/articleView.html?idxno=12587
138) https://lrl.kr/glZ07

카본큐어(CarbonCure)는 현장외 탄소 광물화 기술을 이용해, 탄소를 재활용 콘크리트에 주입하여 탄소를 제거하는 방식으로 프로젝트를 운영하는 기업이다. 카본큐어의 미국, 캐나다, 아시아 프로젝트는 베라에 각각 고유 번호 4018, 4019, 4020, 3207로 등록되어 있으며, 연간 평균 30,000~60,000 톤의 탄소를 제거하는 것으로 보고되고 있다.[139) 140) 141)] 베라 레지스트리에 기록된 만료 히스토리에 따르면, 지금까지 해당 탄소크레딧을 구매한 기업은 Shopify, EY, Deloitte, Simens 등이 있다. 카본큐어는 탄소 크레딧 판매 수익을 콘크리트 생산업체와 공유하며, 지금까지 170만 달러 이상을 배분했다고 밝혔다. 또한 콘크리트를 약 50,000 입방 야드(약 38,000m³) 부을 경우, 콘크리트 생산업체는 최대 25,000달러의 탄소 크레딧 수익을 얻을 수 있을 것으로 예상된다.[142)]

또 다른 사례로는 뉴스타크(Neustark)가 있다. 뉴스타크는 바이오가스 공장에서 포집한 탄소를 액화해 건설 폐기물 재활용 장소로 운송한 뒤, 이를 재활용 철거 콘크리트에 저장하는 기술을 개발했다. 이 공정을 통해 콘크리트 톤당 약 22파운드(약 0.01톤)의 탄소를 저장할 수 있으며, 가장 큰 공장은 매시간 2,200파운드(약 10톤)의 탄소를 저장할 수 있다. 이는 나무 50그루가 1년에 저장하는 탄소 양과 비슷하다. Neustark는 현재 14개의 프로젝트 현장을 운영 중이며, 2030년까지 100만 톤의 탄소 제거를 목표로 하고 있다.[143)]

139) https://registry.verra.org/app/projectDetail/VCS/4018
140) https://registry.verra.org/app/projectDetail/VCS/4019
141) https://registry.verra.org/app/projectDetail/VCS/4020
142) https://www.carboncure.com/concrete-corner/carbon-credits-the-new-revenue-opportunity-for-concrete-producers/

2022년 3월, 뉴스타크(Neustark)는 산업 최초의 콘크리트 탄소 제거 프로젝트 방법론을 개발해 골드 스탠다드로부터 공식 검증을 받았으며, 2024년 2월에는 마이크로소프트와의 계약을 통해 향후 6년간 27,600톤의 탄소 크레딧을 제공하기로 했다고 보고되었다.

해양 기반 탄소제거 솔루션

지금까지 토양에 탄소를 저장하는 솔루션에 대해 살펴보았다. 하지만, 사실 해양이 토양보다 훨씬 더 많은 탄소를 저장할 수 있다는 사실을 알고 있는가? 해양은 지구에서 가장 거대한 탄소 저장소로, 대기 중에는 약 860 기가톤의 이산화탄소가, 토양에는 약 2,300 기가톤의 유기 및 무기 탄소가 저장되어 있는 반면, 해양에는 약 38,000 기가톤의 용해된 탄소가 저장되어 있다고 연구되었다. 그 원리는 간단하다. 대기 중의 탄소 농도가 높아지면, 탄소가 수면으로 용해되어 해양과 대기 간의 탄소 교환이 일어나고, 바닷물의 순환을 통해 이 탄소는 결국 심해로 이동해 저장된다. 이 과정 덕분에 해양은 인간의 개입 없이도 자연적으로 매년 탄소 배출량의 약 25%를 흡수하는 능력이 있다.

최근에는 이러한 자연적인 해양 탄소 흡수 과정을 가속화하는 다양한 해양 기반 솔루션들이 등장하고 있으며, 이 기술들이 적용될 경우 매년 추가로 1~5 기가톤의 탄소를 제거할 수 있을 것이라는 연구 결과도 있다.[144]

---

143) https://www.environmentenergyleader.com/2024/02/new-microsoft-carbon-credit-purchase-supports-concrete-based-carbon-storage/
144) https://blog.toucan.earth/deep-dive-carbon-removal-solutions/

해양 기반의 물리적, 지구화학적, 생물학적 탄소 제거 기술들이 활발히 개발되고 있으며, 이 기술들을 탄소 크레딧으로 상용화하기 위한 노력도 지속되고 있다. 여기서 몇 가지 떠오르는 해양 탄소 제거 기술을 간단히 소개하고자 한다.

　토양에서는 나무를 심어 탄소를 흡수하는 것처럼 해양에서도 같은 원리로 해조류를 심어 탄소를 흡수하는 방법이 있다. '해조류 재배(Seaweed cultivation)'는 근해에서 해조류를 심어 광합성 작용을 통해 해수면 근처의 대기 중 탄소를 흡수하는 솔루션이다. 해조류가 성장하면서 탄소를 흡수하고, 해조류가 죽으면 가라앉아 심해로 이동해 장기적으로 탄소가 저장된다. 또는 해조류를 바이오 연료나 바이오매스 제품(예: 바이오차, 플라스틱)으로 전환하여 2차적으로 활용할 수도 있다. 해조류 재배 산업은 이미 대규모로 발달해 있어 잠재력이 매우 크다. 하지만, 해조류 재배 산업은 주로 식품 또는 연료 생산을 목적으로 발전해왔기 때문에, 탄소 제거를 목적으로 하는 새로운 산업에서는 탄소 제거량의 추적과 모니터링 계획, 역배출(Reversal) 예방 등 탄소 제거 프로젝트의 특성에 맞는 설계가 필요하다.

〈그림 30〉 대형 해조류 양식

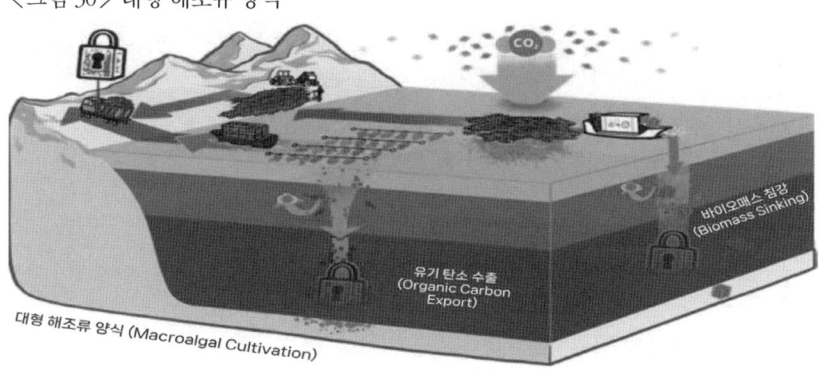

해조류 재배와 비슷한 원리로 탄소를 제거하는 방법 중 하나로 '영양 비료(Nutrient fertilization)'가 있다. 이 방법은 해양 식물성 플랑크톤의 광합성을 촉진하여 탄소 흡수를 강화하는 솔루션으로, 철, 인, 질소 등과 같은 영양분을 해수면에 뿌리는 방식이다. 플랑크톤은 광합성을 통해 탄소를 흡수한 후 죽으면 심해로 가라앉아 영구적으로 탄소를 저장하게 된다.

이 방법은 생물학적 반응을 이용하는 기술이기 때문에 해양 생태계에 영향을 미칠 수 있는 가능성도 있다. 예를 들어, 먹이사슬의 변화나 유독성 조류의 증가 등의 부작용이 발생할 수 있어 이러한 문제들에 대한 추가적인 연구가 필요한 상황이다. 특히, 이 기술의 주요 도전과제 중 하나는 프로젝트가 미치는 영향을 구체적으로 특정하고, 그에 따른 탄소 제거 효과를 정확하게 측정하는 것이다.[145]

<그림 31> 해양 비료화

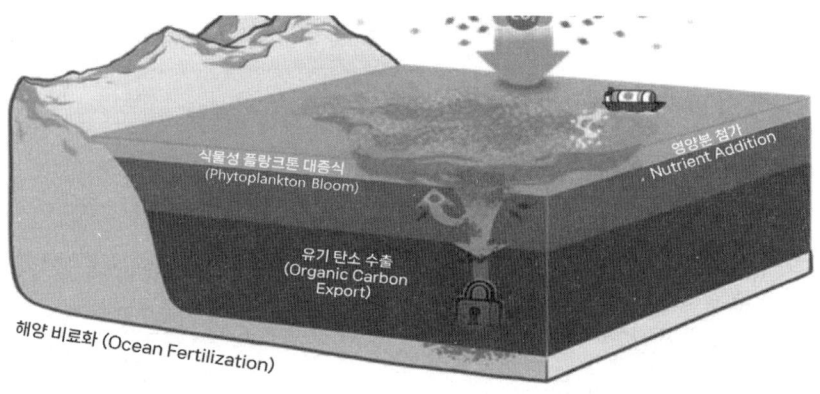

145) https://www.climateworks.org/wp-content/uploads/2021/02/ClimateWorks-ocean-CDR-primer.pdf?ref=blog.toucan.earth

자연 환경에서는 해양 순환이 천천히 이루어지면서 해수면 근처에서 지속적으로 탄소를 흡수하게 된다. 이를 물리적인 힘을 이용해 가속화하는 방법이 있다. '인공 상승류 & 하강류(Artificial upwelling and downwelling)'는 파이프와 펌프를 이용해 표층수와 심해수 간의 순환을 촉진하여 영양소와 탄소를 분산시키는 솔루션이다. 이 방법은 해수면 근처의 부영양화를 줄이고,

〈그림 32〉 인공 용승류

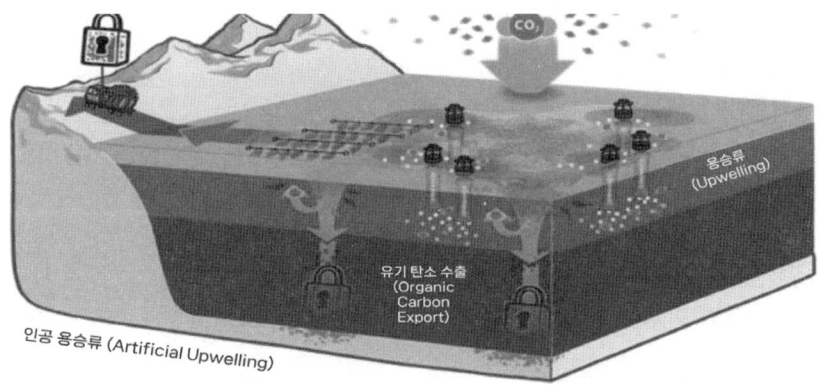

인공 용승류 (Artificial Upwelling)

〈그림 33〉 인공 하강류

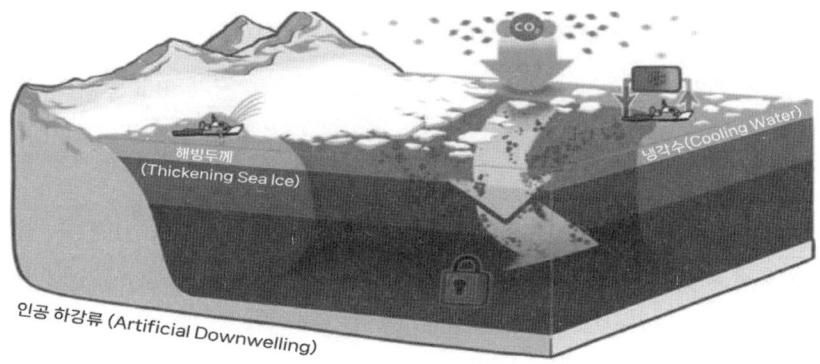

인공 하강류 (Artificial Downwelling)

자연적인 탄소 흡수 과정을 향상시켜 탄소 제거의 효율을 높이는 것을 목표로 한다. 현장 실험 결과, 미세조류의 대량 번식이 증가한 것을 확인할 수 있었으며, 이를 통해 물리적 순환을 통해 해수 내 산소와 영양소가 잘 분배되고 있다는 것을 알 수 있다. 그러나 탄소 제거 효과는 아직 불확실한 상태이다. 특히 인공 하강류의 경우, 기계를 사용하는 데에 많은 에너지가 필요하기 때문에, 실제 탄소 제거 효과는 크지 않다는 한계가 있다.[146]

토양에서 암석 풍화작용을 통해 탄소를 광물화하는 방식이 있었다면, 해양에서는 이와 비슷한 원리를 이용한 '해양 알칼리도 향상(Ocean Alkalinity Enhancement)'이라는 솔루션이 있다. 해양에서는 알칼리성 광물, 예를 들어 석회석이나 현무암이 풍화되면서 수소 이온을 소비하여 해수의 pH를 증가시키고, 자연적으로 해양의 알칼리도를 높이는 과정이 일어난다. 이 화학적 변화는 해양 내 탄산염 화학 평형을 바꿔, 용해된 이산화탄소(CO_2)와 물에서 중탄산염(HCO_3^-)과 탄산염(CO_3^{2-}) 이온으로 전환된다. 이 과정에서 용해된 이산화탄소가 중탄산염으로 변환되면서 해수면에 이산화탄소 농도가 감소하고, 결과적으로 대기 중의 탄소가 해양으로 더 많이 흡수된다.

'해양 알칼리도 향상' 기술은 이러한 자연적 과정을 촉진하기 위해 해양에 알칼리성 광물을 투입하여 탄소 제거를 증대시키는 기술이다. 알칼리성 광물은 풍부하게 공급될 수 있으며, 중탄산염 형태로 저장된 탄소는 약 만년 동안 해양에 머무를 수 있어 영구성이 높은 것으로 평가된다. 현재 이 기

---

146) Ocean-based carbon dioxide removal, climateworks Foundation, 2021 (https://lrl. kr/cifhf)

<그림 34> 알칼리도 향상

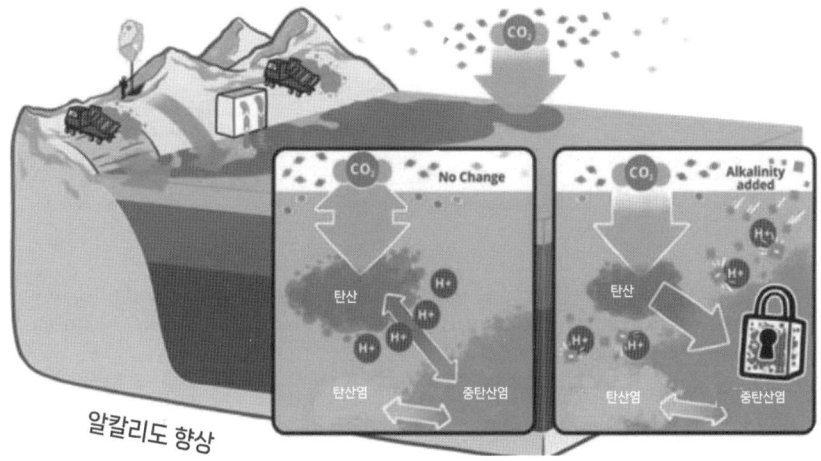

[출처] Ocean - based carbon dioxide removal, climateworks foundation
(https://www.climateworks.org/wp-content/uploads/2021/02/ClimateWorks-
ocean-CDR-primer.pdf?ref=blog.toucan.earth)

술이 생태계에 미치는 잠재적 영향에 대한 실험실 연구가 진행 중인데, 예
를 들어 광물이 용해되면서 발생하는 부산물(예: 규소, 마그네슘, 미량 금속)이
해양 생태계에 어떤 영향을 미칠지에 대한 연구는 아직 불확실한 상태이다.

이 외에도 전기화학적 방법 등 새로운 해양 탄소 제거 기술들이 개발되
고 있으며, 대부분은 아직 초기 연구 또는 실험실 단계에 머물러 있다. 전반
적으로 2005년 이후 해양 기반 탄소 제거 기술에 대한 학술 연구가 꾸준히
증가하는 추세이다. 특히, 해양 비료(Ocean fertilization), 즉 영양 비료(Nutrient
fertilization) 기술에 대한 연구가 가장 활발하게 이루어지고 있다. 그럼에도
불구하고, 여전히 이용 가능한 지식이 제한적이며, 연구나 실험을 진행하는

<표 73> 해양 기반의 탄소제거 기술에 대한 학술연구 수 및 기술 유형별 비중

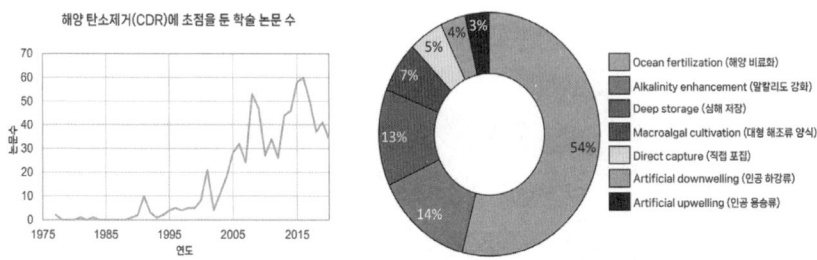

[출처] Ocean-based carbon dioxide removal, climateworks foundation(https://www.climateworks.org/wp-content/uploads/2021/02/ClimateWorks-ocean-CDR-primer.pdf?ref=blog.toucan.earth)

데 필요한 모니터링 장비나 기술이 부족한 상황이다. 또한, 해양 환경에 갑작스럽게 큰 변화를 주었을 때 발생할 수 있는 잠재적인 환경 및 사회적 영향에 대한 우려 때문에, 이러한 기술들이 사회적으로 받아들여질 수 있을지에 대한 문제도 해결해야 할 과제로 남아 있다.

해양 기반 탄소 제거 프로젝트의 탄소 크레딧 가격은 구축해야 하는 인프라, 운영 에너지, 기술 개발 수준 등에 따라 크게 달라진다. 가장 저렴한 솔루션은 영양 비료로 톤당 약 50달러이며, 가장 비싼 솔루션은 인공 상승류 & 하강류(Artificial upwelling and downwelling)와 전기화학적 방법으로 톤당 약 150달러에 이른다.

육지에 DACC 기술이 있다면, 해양에는 직접해양포집(DOC, Direct Ocean Capture) 기술을 통해 탄소를 제거하는 기업이 있다. 2021년, 미국 캘리포니아 공과대학교(California Institute of Technology, Caltech) 연구진이 설립한 스타

---

147) https://capturacorp.com/technology/

트업 캡츄라는 부유식 플랜트를 설치해 전기화학적 반응을 통해 해수에서 탄소를 추출하는 기술을 개발 중이다. 이들의 DOC 기술 원리는 다음과 같다.[147]

1. 해수흡입 : 무기 탄소 형태로 용해된 탄소를 포함한 해수를 플랜트로 흘러 들어오게 하고, 이때 해수를 끌어올리는 펌프에는 태양광에너지를 사용한다.

2. 탄소포집: 캡츄라의 공정과정에서 해수로부터 CO_2를 추출된다

3. CO_2흡수 : 포집된 탄소는 지하에 저장되며, CO_2 농도가 낮아진 해수는 다시 바다로 방출되어 해수 표층과 대기간 CO_2 불균형에 의해 표층해수는 다시 대기로부터 CO_2를 흡수한다.

4. 탄소 흡수 능력 복원 : 방출된 해수는 희석되고 표층해수의 CO_2는 다시 대기와 균형상태를 이룬다.

〈그림 35〉 캡츄라의 탄소 제거 기술 원리

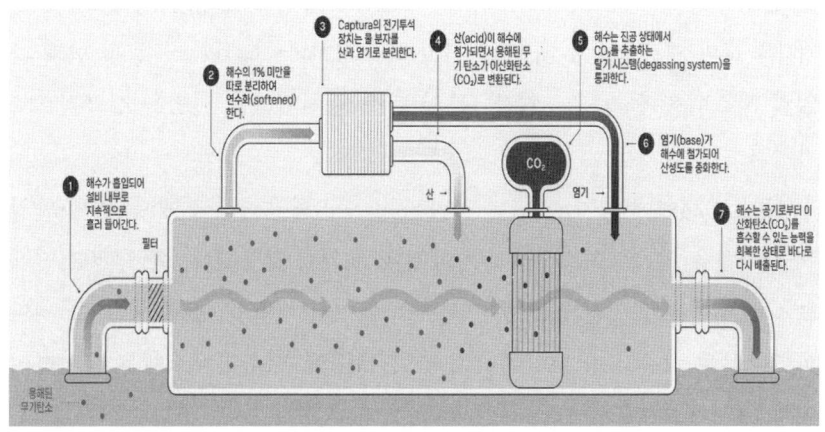

[출처] https://capturacorp.com/technology/

<그림 36> 캡츄라의 탄소 제거 기술 원리

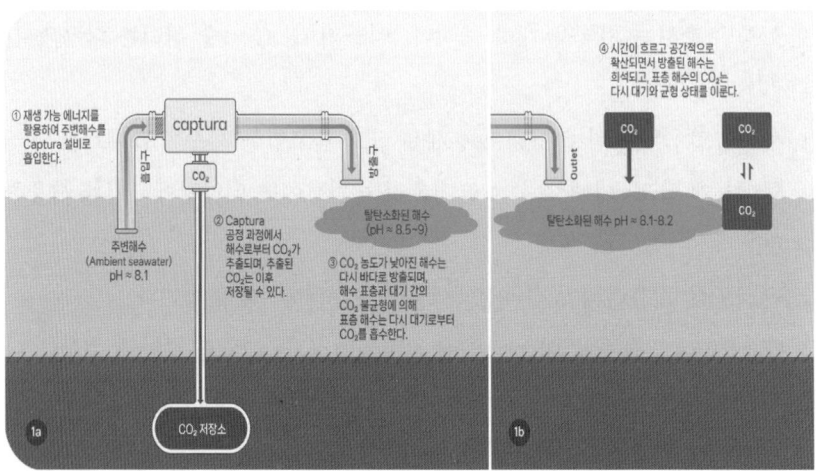

[출처] Carbon dioxide removal pathway : Ocean Health and MRV, captura, 2023. 10. 19

　　캡츄라는 2022년 일론 머스크가 주최한 탄소 제거 기술 대회 엑스 프라이즈(XPrize) 재단에서 우승하여 백만 달러의 상금을 받을 정도로 그 기술력을 인정받았다. 이들은 같은 해, 미국 캘리포니아에 위치한 캘리포니아 공과대학교의 케르크호프 해양연구소(Kerckhoff Marine Laboratory)에 첫 번째 파일럿 시스템을 설치하고 연간 1톤의 탄소를 제거하는 실험을 성공적으로 마쳤다.

　　이어 2023년에는 미국 LA의 알타씨(AltaSea) 해양 연구소에 두 번째 파일럿 시스템을 설치하여 연간 100톤의 탄소 제거를 달성했다. 최근, 2024년에는 노르웨이에 위치한 글로벌 천연가스 에너지 기업인 에퀴노르(Equinor)와 파트너십을 체결하고, 노르웨이에 산업 규모의 파일럿 시스템을 설치하여 연간 1,000톤의 탄소 제거를 목표로 하고 있다.[148]

　　캡츄라는 계속해서 글로벌로 확장하고 있으며, 2024년 3분기에는 딥스

<그림 37> 캡츄라의 실제 부유식 플랜트가 설치된 모습

[출처] https://capturacorp.com/solutions/

카이(Deep Sky)와 파트너십을 맺고 캐나다 퀘벡에 100톤 규모의 파일럿 시스템을 설치할 계획이라고 발표했다. 또한, 파일럿 운영을 넘어 2026년에는 첫 번째 산업화 시설을 가동할 계획도 밝히며, 본격적으로 상용화를 준비하고 있다.[149)]

이들은 지난 2023년 DOC 기술에 대한 프로토콜을 제공하는 MRV를 개발해 공개하였다. 이 MRV 문서에는 기술의 영향을 평가하는 방법, 탄소 제거 프로젝트 계획, 기술의 잠재적 이익 및 위험 식별, 모니터링 계획 등이 포함되어 있다. 해당 MRV는 아직 공식적으로 탄소 크레딧 발행 기관의 인

148) https://capturacorp.com/equinor-and-captura-partner-to-develop-ocean-carbon-removal/
149) https://carbonherald.com/captura-publishes-protocol-for-its-ocean-carbon-removal-technology/

자발적 탄소시장, 어떻게 진화하고 있는가? ──────

증을 받지는 않았지만, DOC 기술을 기반으로 한 탄소 제거 프로젝트 개발
을 선도하는 기업으로 평가받고 있다.

하지만 모든 해양 탄소 제거 프로젝트가 캡츄라처럼 성공 가도를 달리고
있는 것은 아니다. 대표적인 사례로는 해양 탄소 제거 기술을 선도하던 러
닝타이드를 들 수 있다. 러닝타이드는 폐목을 잘게 부수고 석회암으로 코팅
한 후 이를 탄소 부표(Carbon buoys)로 가공하는 기술을 개발했다. 이 부표는
바다 한가운데에서 해수와 반응하도록 설계되었으며, 석회암 코팅이 해수
에 용해된 후 목재가 해저로 가라앉아 약 1,000미터 깊이에서 수세기 동안
탄소를 심해에 저장하는 방식이다. 이 기술의 목표는 목재를 심해에 격리시

〈그림 38〉 러닝 타이드 기술의 원리

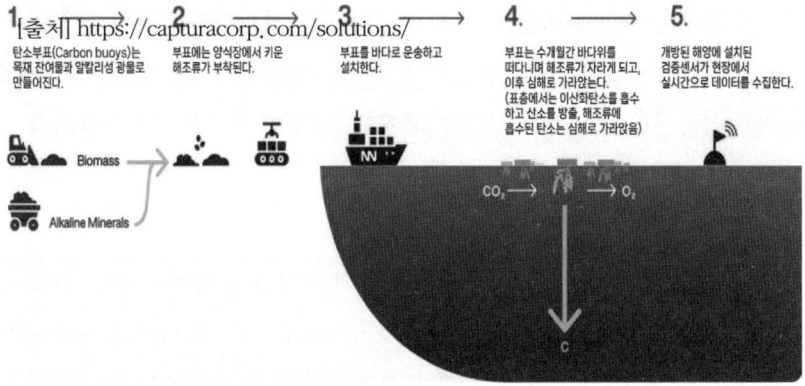

[출처] Framework protocol for multi-pathway biological and chemical carbon removal
in the ocean, 2023. 4

---

150) Framework protocol for multi-pathway biological and chemical carbon removal
in the ocean, 2023. 4

켜, 수백만 년이 지나야 석유나 석탄으로 변환되는 매우 느린 탄소 순환을 재현하는 것이었다.[150]

러닝타이드는 해양 모델링과 실험실 테스트를 거쳐 2023년 아이슬란드에서 첫 번째 현장 프로젝트를 성공적으로 수행해 약 25,000톤의 탄소를 제거하는 성과를 냈다. 이 프로젝트로 생성된 탄소 크레딧은 소피파이, 마이크로소프트, 스트라이프와 같은 기업에 판매되며 주목을 받았다. 2023년 기준 러닝타이드는 탄소 크레딧을 톤당 250~350달러로 청구하고 있었다.

그러나 2024년 6월, 자금 조달에 실패하면서 아이슬란드와 본사 직원 전원을 해고해야 했고, 결국 CEO인 마티 오들린(Marty Odlin)은 회사의 문을 닫는다고 발표했다. 그는 링크드인에 "탄소 제거는 기술적 도전이나 과학적 문제가 아니라 자본의 문제이다. 대규모 탄소 제거를 지원하는 데 필요한 수요가 없다."고 밝히며, 시장의 한계를 지적했다.[151]

러닝 타이드의 실패는 탄소 제거 기술의 미래에 중요한 시사점을 남긴다. 초기 자문위원회의 일원이었던 노스웨스턴대의 윌 번즈(Wil Burns) 교수는 탄소 제거 기술의 연구와 개발이 소규모 기업이 아닌 정부 주도로 이루어져야 한다고 주장했다.[152] 이는 대규모 탄소 제거를 위한 충분한 자본과 정책적 지원이 없으면, 혁신적인 기술조차 지속 가능하지 않음을 보여주는 사례로 남았다.

---

151) https://www.latitudemedia.com/news/what-running-tides-demise-means-for-carbon-removals-future
152) https://www.latitudemedia.com/news/what-running-tides-demise-means-for-carbon-removals-future

PART 4

드러나는 문제들,
어떻게 할 것인가?

무형자산으로서 탄소크레딧, 신뢰성과 지속가능성 문제

자발적 탄소시장의 핵심적인 문제는 이 시장이 거래하는 상품이 물리적 실체가 없는 '무형자산'이라는 특성에서 비롯된다. 전통적인 상품 시장에서는 품질 문제나 사기 등의 위법 행위가 발생할 경우 물리적 검증을 통해 쉽게 적발할 수 있지만, VCM은 탄소크레딧이라는 추상적 개념을 기반으로 거래가 이루어지기 때문에 이러한 문제가 쉽게 가려지거나 발견되지 않을 수 있다.

탄소크레딧은 '1톤의 이산화탄소를 감축하거나 제거했음'을 인증하는 가상의 증명서이다. 크레딧이 거래될 때 가장 큰 리스크는 크레딧 공급자가 프로젝트의 성과를 의도적으로 부풀리거나 허위 정보를 제공할 가능성에 있다. 프로젝트의 신뢰성과 투명성은 공급자의 윤리성과 전문성에 크게 의존하며, 일반 구매자 입장에서는 공급자가 제공한 정보를 객관적으로 검증하거나 평가하기 매우 어렵다. 특히, 전문적이고 기술적인 평가가 필요한 복잡한 프로젝트의 경우 더욱 그러하다.

이러한 정보 비대칭성은 저품질 크레딧의 유통을 초래할 수 있다. 구매자들이 품질을 제대로 평가하지 않고 저렴한 크레딧에 몰릴 경우, 공급자들은 품질 개선을 위한 노력을 기울이지 않게 된다. 결과적으로 시장 전체가 신뢰를 잃고, VCM이라는 메커니즘 자체가 무용지물이 될 수 있는 위험을 안게 된다.

탄소크레딧을 발급하는 공급자의 입장에서도 프로젝트 성과를 정확히 측정하고 검증하는 데에는 여러 난관이 존재한다. 특히 자연 기반 프로젝트(Nature-based Solution, NbS)의 경우 외부 환경의 영향이 크고 예측하기 어렵기 때문에 실제 탄소감축 성과를 정확히 측정하기 힘들다. 예컨대, 맹그로브 숲이나 블루카본 프로젝트 같은 생태복원 기반의 프로젝트는 자연환경 자체가 갖는 복잡성과 예측 불가능성으로 인해 추가성을 확보하는 데 어려움이 있다. 이로 인해 실제 프로젝트 활동으로부터 발생한 탄소감축량과 자연적 원인으로 인한 탄소감축량이 구분되지 않아 크레딧의 과대발행(Over-crediting)이 빈번히 발생한다. 다음의 사례는 이러한 문제를 구체적으로 설명한다.

사례 1: 동남아시아의 맹그로브 복원 프로젝트

맹그로브 숲은 열대우림 대비 2~5배 이상의 탄소흡수 능력을 가진 생태계로 주목받고 있으며, 인도네시아와 필리핀을 포함한 동남아시아 국가들은 적극적으로 맹그로브 복원 프로젝트를 추진하고 있다. 그러나 맹그로브 생태계의 탄소 제거 효과는 강과 해양을 통한 퇴적물 이동 등 자연적인 요소와 밀접하게 연결되어 있어, 프로젝트 활동으로 인한 탄소 제거량과 자연적인 탄소 흡수량을 정확히 구분하는 데 어려움이 따른다. 결과적으로, 맹그로브 숲의 실제 추가성 여부가 불확실해지고, 크레딧의 정확성 및 신뢰성이 저하되는 문제가 발생하고 있다.

사례 2: 파키스탄 인더스강 델타 블루카본 프로젝트[153]

파키스탄의 인더스강 삼각주는 세계 최대 규모의 맹그로브 숲이지만, 담

수 부족과 과도한 벌목 등으로 심각한 생태계 파괴가 진행되고 있다. 이를 복원하기 위해 2015년 시작된 델타 블루카본 프로젝트는 지방 정부와 민간이 협력하여 세계적 규모로 진행되고 있으며, 탄소시장 판매 수익을 재정원으로 활용하고 있다.

그러나 이 프로젝트는 육지에서 유입되는 퇴적물과 외부 환경 요인으로 인해 탄소 흡수량 측정 시 최대 80%의 탄소가 프로젝트 외부에서 유래한 것으로 간주되는 어려움을 겪고 있다. 즉, 외부 요인이 프로젝트 성과에 영향을 크게 미쳐 실제 추가적인 탄소감축량을 정확히 입증하기가 매우 어려운 상황이다.

결국, VCM의 무형자산 거래에서 가장 핵심적인 요소는 신뢰할 수 있는 측정·평가 및 검증 방법론과 기술적 역량을 확보하는 것이다. 프로젝트가 실제로 추가적인 탄소 감축 성과를 내고 있다는 명확한 증거가 없으면 시장 전체의 신뢰성을 유지하기 어렵다. 따라서 기술적 고도화와 투명한 관리 체계를 구축하는 것이 VCM이 건강하고 지속 가능한 시장으로 발전하기 위한 필수적인 과제이다.

---

153) https://www.theigc.org/blogs/climate-priorities-developing-countries/ market-based-solutions-sustainable-development

지역 주민에게는 독, 진짜 혜택은 선진국으로

VCM은 "탄소가 어디서 감축되든 전 지구적 차원에서 같은 효과를 낸다"는 전제 아래, 탄소 감축량을 거래하는 메커니즘을 기반으로 운영된다. 이는 A지역에서 발생한 배출을 B지역의 감축 활동을 통해 상쇄할 수 있다는 의미다. 그러나 현실에서는 대부분의 탄소 감축 프로젝트가 개발도상국에 집중되어 있으며, 이로 인해 다양한 구조적 문제를 야기하고 있다.

예를 들어, 산림 보존 프로젝트는 삼림 벌채를 막아 탄소 감축 실적을 인정받는 형태로 설계된다. 그런데 산업 개발이 더딘 개발도상국이 이러한 프로젝트의 주요 대상지가 되는 경우가 많다. 개발도상국들은 자연자원에 대한 의존도가 높거나 산업화가 초기 단계에 있어, 탄소 프로젝트로 인해 토지 사용이 제한되면 지역 주민의 생계 기반이 위협받게 된다. 이에 따라 경제적 불평등이 심화되고 빈곤 문제가 악화되는 부작용이 발생한다.

국제산림연구기관(IUFRO)은 수년간의 연구를 통해 이 같은 시장 메커니즘 기반의 탄소시장에 대해 "근본적인 재검토가 필요하다"고 지적했다. 개발도상국 주민들은 삼림 벌채 제한 등으로 인한 경제적 손실을 감수해야 하지만, 프로젝트로부터 창출된 환경적 이익과 탄소크레딧 판매 수익은 주로 선진국으로 귀속되는 불공정한 구조가 반복되고 있다는 것이다. 특히 프로젝트로 인해 농장에서 쫓겨난 지역 주민들은 생계의 위협을 받는 반면, 선진국 소비자들은 초콜릿을 먹거나 다른 상품을 소비하면서도 아무런 영향을 받지 않는다는 점에서 심각한 불평등이 드러난다.[154]

케냐 남동부 지역에서 와일드라이프 웍스(Wildlife Works)가 관리하는 카시카우 코리더(Kasigau Corridor) REDD+ 프로젝트는 탄소 불평등 문제를 단적으로 보여주는 사례이다.[155] 이 프로젝트는 200,000헥타르 이상의 건조림을 보호하며, 탄소 배출을 줄이고 지역 사회에 혜택을 제공하는 것을 목표로 한다.

프로젝트 운영사인 와일드라이프 웍스는 탄소크레딧 판매 수익을 통해 지역 주민들에게 일자리 제공, 교육, 보건 등의 지원을 하고 있다고 주장한다. 그러나 여러 연구와 보고서에 따르면, 이 프로젝트는 토지사용의 제한, 불균형한 수익분배, 토지 권리 문제, 인권침해 등의 다양한 문제점들이 드러났다. 실제 2016년에 발표된 연구에 따르면, 식민지 시대부터 이어진 토지 정책으로 인해 지역 주민들은 대부분 법적 토지 소유권을 갖지 못했고, 그 결과 프로젝트 수익의 대부분이 프로젝트 개발자 등 소수에게 집중되었다고 지적되었다.[156]

또한 2015년의 다른 연구에서는, 이 프로젝트가 농업, 벌목, 숯 생산, 가축 방목 등의 토지 이용을 억제하거나 불법화했으며, 토지 소유자들에게 금

---

154) https://phys.org/news/2024-05-based-schemes-deforestation-poverty.html
155) https://www.wildlifeworks.com/redd-projects/kasigau-kenya
156) https://core.ac.uk/download/pdf/269278085.pdf

전적 보상을 제공해 목축업자들을 프로젝트 지역에서 퇴거시키는 방식으로 진행되었다고 밝혔다. 프로젝트 개발자는 탄소크레딧 수익을 이용해 토지 순찰 활동을 강화하고, 묘목 성장에 방해가 되는 토지 이용 행위를 억제했지만, 이에 따른 지역 주민의 생계 피해는 제대로 보상하거나 설명하지 않았다.[157] 이로 인해 지역 주민들은 생존권을 위협받는 반면, 선진국 기업과 소비자들은 이 프로젝트에서 발행된 탄소크레딧을 구매하여 '탄소중립'을 달성했다는 주장을 할 수 있게 되었다.

현재의 VCM은 개발도상국 주민에게 탄소 감축 부담을 전가하는 방식으로 운영되고 있으며, 선진국들은 이를 통해 직접적인 탈탄소화 노력 없이 책임을 회피하고 있다는 비판을 받고 있다.[158]

특히 선진국들은 자국 내 배출 저감 대신, 개발도상국에서 발행된 탄소크레딧을 구매하는 방식으로 단기적인 탄소중립 목표를 달성하려 하고 있다. 이는 근본적인 기후위기 대응을 지연시키고, 기후 불평등을 구조적으로 고착화하는 결과를 초래할 수 있다.

VCM이 진정한 기후변화의 대응 수단으로 기능하기 위해서는 공정한 방

---

157) https://counter-balance.org/uploads/files/Reports/Flagship-Reports-Files/2017-The-Kasigau-Corridor-REDD-Kenya.pdf
158) https://counter-balance.org/uploads/files/Reports/Flagship-Reports-Files/2017-The-Kasigau-Corridor-REDD-Kenya.pdf

법으로 효과적인 탄소감축 프로젝트가 이행될 수 있어야 한다. 이를 위해서는 첫째, 개발도상국의 지역 주민들을 단순한 수단이 아닌 동등한 파트너로 인정하고 실질적인 프로젝트 기획 및 운영과정에서이 실질적 참여를 보장하며 그들의 권리와 생계를 보호해야 한다. 둘째, 투명한 수익분배가 필수적이다. 탄소크레딧 판매 수익의 분배구조를 투명하게 공개하고, 지역사회에 실질적인 혜택이 돌아가도록 해야 한다. 셋째, 인권 보호를 강화해야 한다.

프로젝트 운영 과정에서의 인권 침해를 방지하기 위한 감시 및 대응체계를 강화해야 한다.

그리고 마지막으로 VCM에 대한 국제적 기준과 규제를 마련하여, 프로젝트의 공정성과 지속가능성을 확보하기 위한 안정장치가 확보되어야 한다.

오염할 권리에 의존하는 기업들

VCM은 기업이 이미 발생시킨 탄소배출량을 상쇄하기 위해 탄소크레딧을 구매할 수 있도록 설계된 시장 메커니즘이다. 이 시스템 하에서는 한 기업이 감축한 탄소량을 다른 기업이 구매하여 자신의 감축 목표 달성에 활용할 수 있다. 그러나 이러한 방식은 기업이 내부적인 탄소 감축 노력을 기울이기보다, 금전 지불을 통해 탄소배출을 '상쇄'하는 데 의존하게 만든다는 비판을 받고 있다. 이는 결과적으로 '오염할 권리(A Right-to-Pollute)'를 부여하는 것에 불과하다고 지적한다.[159] 즉, 탄소상쇄를 통해 배출을 없던 일로 만드는 착시효과를 주면서 기업은 실질적인 배출 감축 노력 없이 계속 오염을 지속할 수 있다는 것이다. 이러한 구조는 중세 교회의 면죄부 판매에 비유되기도 하는데, 돈으로 죄를 면죄받듯이 돈으로 탄소 배출에 대한 면죄부를 사는 셈이라는 지적이다.

VCM은 기업의 넷제로 목표 달성 수단으로 주목받고 있지만, 대기업들이 탄소크레딧 구매를 통해 온실가스 배출을 지속하면서 이익을 취하는 구조를 강화하고 있다는 비판 역시 커지고 있다. 탄소 상쇄 옵션이 무분별하

---

159) Swinkels, L., Trading Carbon Credit Tokens on the Blockchain, 2023; Monbiot, G., Selling Indulgences, 2006

게 제공되면, 기업들은 지속 가능한 사업 전환 노력이나 혁신적 탈탄소 기술 투자에 소극적이게 되며, 결국 저품질 크레딧을 활용한 그린워싱 문제로 이어질 수 있다.[160] 이에 대한 몇가지 예를 살펴보자

항공산업 : 상쇄에 의존한 단기 대응

항공산업은 대표적인 고탄소 배출산업이자 탈탄소화가 가장 어려운 부문 중 하나로 여러 항공사들은 탄소상쇄에 크게 의존하고 있다. 전기나 수소 기반 항공기 상용화까지는 최소 10년 이상이 소요될 것으로 예상되는 가운데, 항공사들은 단기적 대책으로 탄소크레딧을 구매해 배출량을 상쇄하는 전략을 택하고 있다. 하지만 탄소크레딧에 너무 의존하게 되면 단기적으로는 해결책이 될지 몰라도, 새로운 탈탄소 기술에 대한 투자의 시급성을 줄이는 한계가 있다.

영국의 저가항공사 이지젯(Easy Jet)은 2019년, 전 노선 항공편의 연료사용으로 인한 탄소배출을 전량 상쇄하겠다고 선언하여 업계 최초로 넷제로 항공사를 표방했다.[161] 실제로 2019년 11월부터 나무심기, 산림보존 등의 프로젝트를 통해 매년 870만 톤에 달하는 이산화탄소를 상쇄해왔고, 이를 통해 항공편 이용 고객에게 별도의 비용 부담없이 탄소중립 비행을 제공했다. 그러나 이지젯 경영진도 이러한 조치가 임시방편임을 인정했는데, 근본

160) https://thesun.my/opinion-news/rich-nation-hypocrisy-accelerating-global-heating-FJ123940761
161) https://lrl.kr/fF2yV

적으로 신형 항공기 도입, 지속가능한 항공유(SAF) 개발, 운항 효율 개선 등 직접적인 탄소감축 노력이 필요하다는 점을 강조했다. 결국 이지젯은 2022년 말 탄소크레딧 상쇄 프로그램을 중단하고, 2050년까지 자체 탄소배출 78% 감축을 목표로 기술투자 중심의 전략으로 선회했다. 이 사례는 값싼 상쇄로 당장의 탄소중립 마케팅은 가능할 수 있으나, 지속가능한 감축전략으로 이어지지 못하면 결국 한계에 직면할 수 있다는 것을 보여준다.

또한 네덜란드 항공사 케이엘엠 플라이 리스폰서블리(KLM은 Fly Responsibly) 캠페인을 통해 승객들에게 탄소발자국을 상쇄하거나 줄일 수 있는 옵션을 홍보했다. 예를 들어, KLM은 웹사이트를 통해 탄소 상쇄 프로그램(나무 심기 등)이나 지속가능 항공유에 투자하는 옵션을 안내하고, '더 지속가능한 미래를 함께 만들어가자'는 메시지로 친환경 이미지를 강조했다. 그러나 환경단체들은 이 캠페인이 항공여행의 환경 피해를 과소포장한다며 그린워싱으로 고소했고, 2023년 암스테르담 법원은 KLM의 일부 광고가 오해를 불러일으킬 소지가 있어 불법적이라고 판결했다.[162] 법원은 KLM이 광고에서 언급한 탄소 상쇄와 바이오연료 사용 등이 항공으로 인한 환경 영향의 극히 일부만 완화할 뿐인데도, 마치 비행이 환경에 큰 문제가 없는 양 잘못된 인상을 준다고 지적했다(Guardian). 특히 항공편 상쇄로 위험한 기후변화를 막고 있다는 식의 모호한 주장이 소비자를 오도하며, 현재의 항공 운항이 지속가능한 것처럼 꾸민 것은 허용되지 않는다고 못 박았다. KLM은 이 판결 이후 해당 광고를 중단하고 환경 홍보에 더욱 신중을 기하겠다

---

162) https://lrl.kr/bChOO

고 밝혔지만, 이는 항공업계 전반의 상쇄 기반 '친환경' 홍보에 경종을 울린 사례로 평가된다.[163]

쉘 : 법원 판결로 드러난 상쇄 의존의 한계[164] [165]

화석연료 기업인 쉘(Shell)은 탄소크레딧에 의존한 기후전략과 관련해 가장 주목받는 사례 중 하나다. 쉘은 파리협정 이후 2050년 net-zero목표를 내세우며, 자체 배출 감축과 더불어 대규모 탄소 상쇄 구매를 전략의 한 축으로 삼았다.

2024년 한 보고서에 따르면 쉘은 세계에서 탄소크레딧을 가장 많이 구매한 기업으로 꼽혔는데, 이는 그만큼 상쇄에 의존하여 서류상의 탄소감축 목표를 달성하려 했다는의미이다.[166]

실제로 쉘은 매년 $1억 달러 규모로 상쇄 프로젝트에 투자하여 2030년까지 연 1억 2천만 톤의 크레딧을 확보할 계획을 세우는 등, 전체 배출량의 10% 가량을 상쇄로 처리하려는 구상을 했다. 이러한 상쇄 중심 접근은 내부 감축 비용을 피하면서도 대외적으로는 탄소중립 노력을 과시할 수 있는 수단이었지만, 이중의 그린워싱 위험이 존재했다.[167]

하나는 값싼 상쇄로 실질적 감축을 미루는 것이고, 다른 하나는 규제 강

---

163) https://lrl.kr/bChO0
164) https://www.bbc.com/news/world-europe-57257982
165) https://www.impacton.net/news/articleView.html?idxno=6627
166) Carbon Market Watch, Corporate Climate Responsibility Monitor, 2024.04
167) Carbon Market Watch, Corporate Climate Responsibility Monitor, 2024.04

화 여론을 잠재우는 효과를 노린 것이다. 이에 대해 기후단체들은 쉘이 사업은 평소대로 지속하면서 상쇄로 눈속임한다고 비판했다. 2021년 환경단체 밀리우데펜시(Milieudefensie) 등이 제기한 소송에서, 네덜란드 법원은 쉘에 대해 2030년까지 탄소배출을 2019년 대비 45% 감축하라는 역사적인 판결을 내렸다.[168] 이 판결은 국제석유기업의 책임을 구체적 감축의무로 명시한 첫 사례로, 쉘의 기존 기후전략이 불충분함을 공식적으로 지적한 것이다. 법원은 특히 쉘의 계획이 파리협정에 부합하지 않고, 상쇄에 의존한 탄소중립 선언만으로는 기후위기에 대응하지 못한다는 취지로 판시했다. 이후 2023년에는 환경단체 클라이언트 어스(Client Earth)가 쉘 이사회가 '현저히 결함 있는 기후전략'으로 주주에 대한 의무를 저버렸다며 이사들을 상대로 영국에서 소송을 제기하기도 했다.[169]

비록 이사들에 대한 소송은 절차 문제로 기각되었지만, 글로벌 기업 경영진이 기후전략 부실을 이유로 법적 책임을 묻는 움직임 자체가 이례적이었다. 이는 쉘의 기후전략이 투자자와 사회의 눈높이에 크게 미치지 못했음을 뜻한다. 2023년 초 취임한 쉘의 새로운 CEO와 엘 사완(Wael Sawan)은 취임 반년 만에 탄소상쇄 예산 $1억 달러 프로그램을 전격 폐기했다.[170] 또한 기존에 2030년까지 원유 생산량을 줄이겠다던 계획을 철회하고, 2030년까

168) https://www.theguardian.com/environment/2024/nov/12/shell-wins-appeal-against-court-ruling-ordering-cut-in-carbon-emissions
169) https://www.theguardian.com/business/2023/jul/24/clientearth-high-court-fight-shell-climate-strategy-net-zero
170) https://carboncredits.com/shells-carbon-offset-exit-what-does-it-mean-for-the-voluntary-carbon-market/

지 현재 수준의 산유량을 유지하겠다고 발표했다. 사실상 화석연료 생산을 계속 늘리고, 비용 절감과 주주환원을 우선하겠다는 전략 선회로, 이는 앞서 내세운 장기 탄소중립 공약을 무색하게 만들었다. 쉘 내부에서는 양질의 상쇄 크레딧을 충분히 확보하기 어렵고, 상쇄에 투입하는 비용 대비 사업 본질 개선에 집중하는 것이 낫다는 판단을 한 것으로 보인다.

하지만 결과적으로 쉘은 탄소상쇄에 기대던 기후전략이 실패로 돌아가고, '탄소중립' 이미지 역시 퇴색되는 상황을 자초했다. 이 사례는 화석연료 기업의 상쇄 중심 기후전략이 지속 가능하지 않으며, 규제와 사회 압박 속에 언제든지 좌초할 수 있음을 보여준다.

폭스바겐: 상쇄의존의 위험성

폭스바겐(Volkswagen)은 자동차 제조 과정에서 발생하는 탄소를 상쇄 프로젝트를 통해 상쇄하여 탄소중립을 홍보한 대표적 기업이다. 폭스바겐이 눈여겨본 것은 아프리카 짐바브웨의 카리바 REDD+ 프로젝트로, 이 사업은 세계 최대 규모의 산림보호 상쇄사업 중 하나이다. 폭스바겐은 전기차 ID 시리즈 등을 출시하면서 생산 및 배송과정의 탄소를 카리바 프로젝트 크레딧으로 상쇄하여 차량을 '순탄소배출 제로'로 제공한다고 광고했다. 예를 들어 2022년 출시된 전기 미니버스 ID.Buzz는 카리바 숲 보호 프로젝트에 투자함으로써 탄소중립으로 고객에게 인도된다고 발표한 바 있다.

하지만 카리바 프로젝트에 대한 의존은 예상치 못한 리스크를 드러냈다. 2023년 여러 조사 보도에 따르면, 카리바 프로젝트가 주장한 탄소흡수 및 방지 효과가 실제보다 크게 부풀려졌다는 의혹이 제기되었다. 이 프로젝트는 2011년 시작 이후 약 3천 6백만 톤의 탄소크레딧을 발행하며 글로벌 기업들에 판매해왔지만, 현지 조사 결과 약속된 산림투자가 극히 일부만 이행되고 있다는 보도가 나왔다.[171] 특히 REDD+ 산림보존형 상쇄사업 상당수가 실제 방지된 산림파괴 수준을 과대산정한다는 연구까지 나오며, 카리바를 포함한 주요 상쇄 프로젝트의 상당수가 정크 크레딧이라는 평가가 내려졌다. 이러한 논란이 커지자, 카리바 크레딧의 개발 및 판매를 주도하던 스위스의 사우스 폴 사는 2023년 10월 해당 프로젝트와의 파트너십을 중단한다고 발표했고, 세계 최대 상쇄 인증기관인 베라도 카리바에 대한 조사와 신규 크레딧 발행 중단을 선언했다. 폭스바겐처럼 카리바 크레딧에 의존한 기업들은 이로 인해 심각한 타격 위험에 노출되었다. 만약 해당 크레딧이 무효나 부정확한 것으로 판정될 경우, 이를 이용해 탄소중립을 주장한 기업의 신뢰도는 추락할 수밖에 없다.

소비자와 규제당국의 시선에서 보면, 탄소중립 차량이라는 폭스바겐의 주장이 근거를 잃고 그린워싱으로 비쳐질 소지가 있다. 실제로 2023년 EU의 규제 강화 흐름 속에서 이런 상쇄 기반 탄소중립 홍보는 허용되지 않게 되었기 때문에, 폭스바겐은 마케팅 전략을 재고해야 하는 상황이다. 요컨대 폭스바겐-카리바 사례는 단일 대규모 상쇄 프로젝트에 과도하게 의존하는 전략의 위험성을 보여주며, 상쇄 품질과 투명성 확보가 담보되지 않을 경우 기업이 기후목표와 평판 리스크 둘 다를 놓칠 수 있음을 시사한다.

---

171) Carbon Market Watch, Corporate Climate Responsibility Monitor, 2024.04

규제강화 : EU의 대응

2023년 5월 11일, EU는 그린워싱 규제를 위한 중대한 입법 변화를 이루어냈다. EU 이사회와 의회는 소비자에게 혼란을 주는 환경 주장들을 규제하는 '녹색전환을 위한 소비자권한 강화 지침(ECGT Directive)' 협상에서 합의에 이르렀는데, 그 핵심 중 하나가 바로 '상쇄를 기반으로 한 탄소중립 주장'의 금지이다(Carbon Market Watch). 구체적으로, 제품이나 서비스에 대해 배출 상쇄를 근거로 '탄소 중립적', '기후에 무해' 등의 홍보를 하는 것을 금지하기로 했다. 이 합의에 따라 EU 내에서 판매되는 상품에 더 이상 '이 제품은 탄소중립'이라는 광고를 탄소크레딧 구매로 뒷받침할 수 없게 된 것이다. EU 입법자들은 배출감축 없이 상쇄로 때우는 주장이 소비자를 기만하고 기업의 실질 감축 노력을 저해한다는 점을 강조하며 이러한 조치를 도입했다. 이번 조치는 기후 분야 그린워싱에 대한 선도적인 규제로 평가되며, 기후위기 대응에서 투명성과 진정성을 높이는 분기점으로 여겨지고 있다. 지침을 위반할 경우, 기업들은 연매출의 최소 4%에 해당하는 과징금을 부과받거나, EU의 공공 자금 조달 및 보조금 지급에서 최대 1년간 제외될 수 있다.[172]

이러한 EU의 변화는 한국 기업들에도 중요한 시사점을 준다. 우선 EU 시장에 제품을 수출하거나 현지 영업을 하는 국내 기업들은 새로운 규정을 준수해야 한다. 예를 들어 한국의 자동차, 전자 기업이 EU 소비자를 대상으로 '탄소중립 제품'이라고 광고하려면, 더 이상 탄소배출 상쇄 구매만으로는

---

172) https://energy.ec.europa.eu/news/new-eu-rules-empower-consumers-green-transition-enter-force-2024-03-27_en

불가능하게 된다. 실제 공급망의 배출을 줄였거나 재생에너지 전환 등을 통해 직접적인 감축을 입증하지 않으면 안 된다는 의미이다. 이는 한국 기업들로 하여금 탄소중립 전략을 재정비하도록 압력을 가할 것이다. 지금까지 일부 한국 기업은 국내외 탄소상쇄 프로젝트에 투자하여 탄소중립 인증을 받는 식으로 이미지 제고를 해왔는데, 앞으로는 EU 기준에 맞춰 보다 엄격한 감축 노력을 기울이고, 섣불리 '탄소중립' 문구를 사용하지 못하게 될 것이다.

나아가 EU의 규제를 참고하여 한국 정부도 그린워싱 방지 가이드라인을 강화할 가능성이 있다. 결국 국내 기업 전반의 기후 커뮤니케이션 기준이 높아지고, 탄소중립 선언의 실질적 뒷받침에 대한 요구가 커질 것으로 전망된다.

탄소크레딧의 신뢰성 위기, 과대발행 논란

최근 대중의 기후변화 대응에 대한 관심이 높아지면서, 탄소크레딧의 신뢰성에 대한 의문도 커지고 있다. 특히 그린워싱을 둘러싼 문제는 공급자와 구매자 양측 모두에게 제기되고 있다. 공급자는 실제보다 과장된 탄소감축 성과를 주장하여 크레딧을 발행하고, 구매자는 이를 이용해 '탄소중립'을 홍보하는 방식이다.[173]

특히 정확한 데이터 측정이 어려운 자연 기반 프로젝트(nature-based solutions)에서 과대 발행이 빈번히 발생한다. 최근 고도화된 모니터링 기술과 연구를 통해 실제 탄소감축 효과가 과거 방법론보다 현저히 낮다는 사실이 밝혀지면서 큰 논란이 일고 있다.

2023년 초, 탄소 시장의 신뢰성에 큰 충격을 준 사건 중 하나였던 이른바 베라 스캔들이 터졌다. 영국 일간지 가디언,[174] 독일 주간지 Die Zeit, 탐사보도 매체 Source Material은 약 9개월간 영국 케임브리지대학과 국제 연구팀이 작성한 3개의 보고서를 기반으로 REDD+ 프로젝트가 기후 변화 완화에 효과가 있는지를 분석했다. 그 결과, 베라에서 발행한 REDD+ 탄소크레딧의 94%가 실제 기후 변화에 거의 기여하지 않았다는 사실이 밝혀졌다.

---

173) Laufer, Social Accountability and Corporate Greenwashing, 2003
174) Guardian, Die Zeit, Source Material(2023)

이는 주로 베이스라인을 과장하여 실제 산림손실 예상치를 지나치게 높게 설정하여 감축 결과를 부풀려지거나, 프로젝트 규모가 너무 작아 실제 산림 보호에 의미있는 영향을 미치지 못한데 기인한 것으로 평가되었다. 이 결과는 쉘, 구찌, 세일즈포스 등 대기업들이 저품질 크레딧을 구매하고 이를 '탄소중립' 홍보에 사용했다는 비판으로 이어졌다. 특히 델타항공은 베라 REDD+ 크레딧을 구매해 '세계 최초의 탄소중립 항공사'를 주장하고, 실제 감축 노력 없이 과장된 크레딧을 사용해 프리미엄 가격을 고객에게 전가하여 미국항공사 최초로 탄소중립 관련 소송에 직면했다.[175] 베라는 이러한 비판에 대해 반박하면서도, 과학계의 의견을 반영해 방법론을 개선해가고 있다.

세계 최대 규모의 산림보존 프로젝트 중 하나인 카리바 REDD+ 프로젝트 역시 크레딧 과대 발행 논란으로 큰 비판을 받았다. 블룸버그 보도에 따르면,[176] 2023년 1월 기준 실제 탄소감축 효과보다 훨씬 많은 수준의 약 1억 달러 상당의 크레딧이 발행되었으며, 수익이 지역사회보다는 프로젝트 운영사인 사우스폴과 카본 그린 투자 CGI에 집중되었다는 의혹이 제기되었다. 이후 주요 등급평가기관인 비제로는 카리바 프로젝트의 등급을 BBB에서 D로 대폭 하향 조정했으며, 베라 역시 해당 프로젝트에 대한 재조사를 착수했다. 사우스폴 CEO 레나트 호이베르거는 파트너십 종료 후 사임을 발표하는 등 파장이 이어졌다.[177]

---

175) https://v.daum.net/v/20240407104201817
176) Greenium.kr, Carbon Herald, Impacton.net, Bloomberg(2023-2024)
177) https://www.impacton.net/news/articleView.html?idxno=10295

크레딧 과대발행 문제는 REDD+ 프로젝트에만 국한된 것은 아니다. UC 버클리 연구진은 「Nature Sustainability」에 발표한 연구를 통해, 친환경 쿡스토브 프로젝트의 탄소 상쇄 효과가 실제보다 약 10배 과대평가되었다고 밝혔다.[178]

이는 비재생 바이오매스 비율, 장작-숯 전환, 채택 및 사용률 등 여러 지표에서 과장된 수치를 기반으로 크레딧이 발행되었기 때문이다. 연구진이 분석한 한 사업 사례에서는 쿡스토브 채택률과 사용률이 각각 86%와 98%로 보고되었으나, 실제로는 58%와 52%에 불과한 것으로 나타났다. 연구진은 쿡스토브가 공중보건과 대기질 개선에 기여하더라도, 부풀려진 탄소 상쇄 효과는 탄소 시장의 신뢰성을 저해하고 기후 대응에 도움이 되지 않는다고 지적했다.

쿡스토브 제조기업 에이텍(ATEC)의 CEO 벤 제프리스도 이 연구에 동의하며, 자발적 탄소 시장 내 쿡스토브 프로젝트의 신뢰성을 확보하기 위해서는 정확한 감축량 모니터링이 중요하다고 강조했다. 베라 등 주요 기관들은 이러한 지적을 반영해 쿡스토브 프로젝트 관련 방법론 개정을 추진하고 있으며, 시장의 신뢰성 회복을 위해 노력을 가속화하고 있다.[179] [180]

---

178) Annelise, G.W., Pervasive over-crediting from cookstove offset methodologies, Nature Sustainability, 2024.01.23
179) https://greenium.kr/news/30552/
180) https://carbonherald.com/project-developer-forum-responds-to-new-study-claiming-9-2-times-over-crediting-of-clean-cookstove-projects/

넷제로 침묵,
그린허싱으로 전환하는 기업들의 기후전략

　최근 탄소크레딧을 구매하거나 기후 목표를 선언하는 기업들이 대중의 비판을 의식해 기후활동 공개를 꺼리는 현상이 확산되고 있다. 이들은 고품질의 탄소크레딧을 구매했는지, 상쇄 전략이 직접적인 감축 노력을 회피하는 수단이 아닌지를 끊임없이 입증해야 하는 압박에 직면해 있다. 특히 그린워싱에 대한 대중적 우려가 커지면서, 기업들은 아예 기후행동을 외부에 알리는 것을 피하는 넷제로 침묵, 일명 그린허싱 전략을 취하기 시작했다. 그린허싱이란 기업이 기후대응 전략이나 넷제로 목표를 공개적으로 밝히지 않고 침묵하는 현상을 의미한다. 과거 기업들은 탄소중립이나 넷제로 선언을 경쟁적으로 발표했지만, 최근 들어 이러한 기후 전략을 공개하지 않거나 최소화하는 방향으로 전환하는 기업들이 늘고 있다.

　2023~24년 사우스폴이 12개국, 14개 산업 분야의 1,400개 이상의 기업을 대상으로 실시한 설문조사에 따르면, 응답 기업의 58%가 넷제로 진행 상황을 대외적으로 발표하는 것을 줄이겠다고 밝혔다.[181] 이는 기업들이

---

181) South Pole, 2024. 01. 17, https://go.southpole.com/destination-zero-reporten)

여전히 넷제로 목표를 설정하고는 있으나, 그에 대한 공개적 커뮤니케이션을 점차 자제하고 있음을 보여준다.

기업들이 그린허싱을 선택하는 주요 이유로는 엄격한 기후 규제(57%), 고객들의 강화된 감시(45%), 증가된 언론 감시(41%) 등이 꼽혔다. 과거에는 '넷제로'라는 용어의 해석이 다양하여 기업들이 넷제로 약속을 하는 것이 그렇게 어렵지 않았다. 당시에는 넷제로에 대한 기준이 사실상 없었고, 넷제로를 달성한다는 것이 실제로 무엇을 의미하는지에 대한 이해도도 낮았다.

그러나 지금은 기준이 점점 더 엄격해지고 있어, 기업들은 넷제로 목표 달성을 예상보다 훨씬 어렵다는 것을 체감하고 있다. 이에 따라 기업들은 넷제로 목표에 대해 덜 이야기하고, 심지어는 목표를 미루는 것도 고려하고 있는 것으로 나타났다.[182] 기업들이 그린허싱에 참여한다는 것은 그들이 기후변화라는 전 세계적인 문제에 대해 목소리를 내지 않는다는 것을 의미한다. 이는 궁극적으로 기후활동에 영향을 미치며, 다른 기업들에게도 부정적인 영향을 미칠 수 있다.[183]

애플은 2020년 이후 제품 공급망 전반에 걸친 탄소중립 목표를 적극 발표했지만, 최근 기후 활동에 대한 세부사항 공개를 자제하고 있다. 기후 활동의 세부 내역을 공개하지 않는 방식으로 그린허싱 전략을 선택했으며,

---

182) https://capitalmonitor.ai/factor/governance/climate-conscious-companies-arent-talking-about-net-zero/
183) https://lrl.kr/WkmH

정확한 공급망 관리 목표나 감축성과에 대한 구체적인 설명을 삼가고 있다.[184]

네슬레는 최근 공개된 지속가능성 보고서에서는 이전보다 구체적인 목표치를 명시하는 대신, 모호한 표현으로 대체하거나 일부 목표는 완화하여 발표했다. 쉐브론 역시 지금까지 탄소크레딧 구매를 포함한 다양한 환경 이니셔티브에 참여해왔으나, 전문가들은 이들의 활동이 투명하고 검증 가능한 데이터로 뒷받침되지 않고 있다고 비판하고 있다. 글로벌 에너지 기업인 토탈에너지스(TotalEnergies)는 그들이 구매한 탄소크레딧에 대한 세부 정보를 충분히 제공하지 않아 비판을 받아오고 있다. 이들은 2050년까지 넷제로를 이루겠다는 목표를 발표했지만, 탄소크레딧을 어떻게 이용할 것인지에 대해서는 구체적으로 공개하지 않았다. 이외에도 다양한 기업들이 넷제로 침묵을 주요 전략으로 전환하고 있다.

이러한 넷제로 침묵 전략은 실제 기업 입장에서 일시적인 리스크 회피책일 수 있으나, 장기적으로 심각한 문제를 유발할 수 있다.

첫째, 기후행동의 불투명성 증가를 유도할 수 있다. 기업들이 기후 목표와 관련된 정보를 공개하지 않으면, 외부 이해관계자들이 기업의 실제 기후행동을 평가하기 어렵게 된다. 이는 기업의 기후 책임성을 저하시키며 기후행동의 전반적인 신뢰성을 떨어뜨릴 수 있다.

---

184) South Pole, Destination Zero Report (2024)

둘째, 산업 전반의 책임성이 약화될 수 있다. 주요 기업들이 기후 목표를 공개적으로 설정하고 공유하지 않으면, 다른 기업들에게 모범 사례가 되지 못해 산업 전반의 기후대응 노력과 투명성이 약화된다. 결과적으로 글로벌 기후행동 전체의 추진력이 떨어질 수 있다. 셋째, 투자자의 혼란과 리스크가 증가될 수 있다. 지속가능성 투자를 강조하는 투자자들이 기업의 정확한 기후대응 정보를 얻기 어렵게 되어 ESG 투자 리스크가 증가한다. 이는 장기적으로 기업에게도 재정적 리스크로 작용할 가능성이 크다. 마지막으로 정책적, 규제적 압력 증가할 수 있다. 그린허싱 현상이 확산되면 각국 규제기관은 더욱 엄격한 정보공개 의무화 조치를 강화할 가능성이 크다. 이는 기업들이 결국 더 큰 부담과 리스크에 직면하게 될 것을 시사한다.

자발적 탄소시장, 변화하는 규칙 속의 혼란

시장 표준화란 상품, 서비스, 절차, 규칙 등이 일정한 기준을 따르도록 통일되는 과정을 의미한다. 표준화가 이루어지면 거래가 일관되고 투명하게 진행되어 시장의 신뢰성과 효율성이 크게 향상된다. 그러나 VCM은 중앙 규제기관 없이 운영되기 때문에 표준화를 달성하는 데 구조적 한계를 지닌다.[185]

중앙 통제 없이 시장을 운영할 경우 프로젝트별 유연성이 높아지는 장점이 있지만, 그만큼 시장 구조는 복잡해지고 통일된 기준을 적용하기 어려워진다. 이로 인해 거래의 신뢰성과 비교 가능성 확보에 어려움이 발생하고 있다.

표준화의 부재로 인해 발생하는 문제는 먼저, 탄소크레딧 품질 평가의 어려움이다. VCM에서 탄소크레딧을 발행하는 주체는 민간 인증기관들인데, 기관마다 인증기준이 달라 통합적 접근 및 관리가 어려워 탄소감축 활

---

185) TThe Board of IOSCO, Voluntary Carbon Markets Discussion Paper, 2022
186) https://www.ey.com/en_pl/law/voluntary-carbon-market

동이라도 크레딧 품질에 큰 차이가 발생할 수 있다.[186]

결과적으로 시장 참여자들은 다양한 크레딧 간 품질을 객관적으로 비교하거나 신뢰성 높은 평가를 내리기가 어려워진다. 둘째, 거래비용 증가와 효율성 저하다. 표준화된 기준이 없다면 시장 참여자들이 크레딧 품질을 자체적으로 검증해야 하므로 추가적인 거래 비용이 발생한다. 이는 특히 규모가 작은 기업이나 개인 참여자에게 진입장벽으로 작용하여 시장의 활성화를 저해한다. 셋째, 기업의 감축 활동 둔화 및 그린허싱 심화 가능성이다. 자주 바뀌는 규정과 기준에 혼란을 겪는 기업들은 넷제로 목표 수립과 공개를 회피하는 그린허싱 전략으로 전환할 가능성이 커진다. 표준화 부재로 인한 불확실성은 기업들이 오히려 목표 설정을 미루거나, 공개적인 탄소중립 선언을 꺼리게 만드는 부작용을 일으킬 수 있다.

표준화 부재와 규정변화에 따른 혼란을 보여주는 대표적인 사례가 SBTi에서 드러난다. SBTi는 기업들의 온실가스 감축 목표 설정을 지원하고 검증하는 국제적 이니셔티브로, 기업들은 SBTi에 참여한 후 24개월 내에 감축 목표를 제출하고 검증을 받아야 한다. 그러나 가입 기업 총 10,478개(2024년 4월 기준)[187] 중 약 580개 기업(2025년 1월 기준)이 목표 미제출 또는 철회로 인해 '약속 철회(Commitment Removed)' 상태로 퇴출된 바 있다.[188] 그리고 퇴

---

187) https://sciencebasedtargets.org/target-dashboard
188) https://www.csofutures.com/news/10-000-firms-now-committed-to-science-based-climate-targets/?utm_source=chatgpt.com

출된 기업 중 32.3%는 '탄소중립 표준이 아직 완전히 설정되지 않았고, 너무 자주 바뀐다'는 이유를 꼽았다. 실제로 한 기업 관계자는 이 현상을 두고 '마치 경기 중에 규칙이 계속 바뀌는 느낌'이라고 비판하며, 지속가능성 기준이 너무 빈번하게 변경되어 실제 감축 활동보다 규정 준수에 많은 자원을 소모한다고 지적했다. [189]

이를 보완하기 위해 IC-VCM 등 다양한 이니셔티브가 규칙 정립을 추진하고 있지만, 이러한 규칙들은 계속해서 업데이트되고 변화하고 있어 여러 어려움들이 발생하고 있다. IC-VCM의 경우 고품질 크레딧에 대한 CCP를 발표하여 통일된 기준 제정을 시도 중이지만, 현실적 적용과 참여자 합의 과정에서 시간이 걸리고 있다. 또한 VCMI의 경우 역시 탄소크레딧 활용 지침을 통해 표준화를 추진중이나, 지침이 다소 엄격하고 실현 가능성에 대한 논란으로 인해 시장 참여자들 간 의견이 분분하다.

SBTi 역시 마찬가지다.

기업목표 설정에 대한 국제적 기준을 정립하고 있으나, 지나치게 복잡하고 빠르게 변경되는 규정으로 인해 기업들의 이탈과 혼란이 반복되고 있다.

---

189) https://greenium.kr/news/32232/

탄소크레딧 수익이 지역사회에 미치지 않는 영향[190]

현재 VCM에서는 수익이 주로 프로젝트 개발자, 컨설턴트, 검증기관 등 중개 및 관리 주체들에게 집중되고 있으며, 정작 탄소감축 활동을 직접 수행하거나 그로 인해 생활에 변화를 겪는 지역사회 주민들은 거의 아무런 금전적 혜택을 받지 못하는 구조가 형성되어 있다. 이러한 구조적 불균형은 탄소감축 활동의 실질적 주체인 지역사회와 탄소크레딧 간의 이해관계를 약화시키며, 결과적으로 '탄소 불평등'을 심화시키는 요인이 되고 있다. 대표적인 사례를 보면 다음과 같다.

친환경 쿡스토브 사례

그린웨이 그라민 인프라(Greenway Grameen Infra Pvt Ltd)는 인도 카르나타카(Karnataka) 지역의 15,500 가구를 대상으로 친환경 쿡스토브를 보급하는 프로젝트를 수행하였다. 해당 프로젝트는 원래 친환경 쿡스토브를 지역 주민에게 무상으로 배포하고, 이후 탄소크레딧 발행을 통해 소요비용을 회수하는 구조로 설계되었다. 그러나 조사결과 지역주민들은 쿡스토브를 무상

---

190) Discredited the Voluntary Carbon Market in India, CSE, 2023

으로 제공받지 못하고 오히려 약 29달러를 지불하고 구매해야 했다. 프로젝트 개발사인 그린웨이측은, 자신들은 제작비용을 보조금으로 충당하고 탄소크레딧 수익은 전혀 수령하지 않았다고 설명했지만, 실제로는 탄소크레딧으로 상당한 수익이 발생할 수 있는 구조였다.

일반적으로, 친환경 쿡스토브는 1대당 연간 2~4톤의 탄소를 감축시키며, 프로젝트 수명은 5~7년으로 한 대당 4년간 약 10~28톤에 해당하는 탄소크레딧이 발생되며, 쿡스토브 크레딧의 가격이 7~10달러 정도로 형성되어 있는 것을 감안하면 각 쿡스토브는 연간 약 25.5달러, 7년간 약 178.5달러의 탄소크레딧 수익을 창출할 수 있다.

이는 주민이 부담한 쿡스토브 구매비인 29달러를 훨씬 상회하는 금액으로, 지역 주민들에게 돌아가야 하는 경제적 가치를 확인할 수 있다. 또한 인도 정부의 보조금 프로그램도 지원하고 있어 실제로는 탄소크레딧 수익의 2~7%만이 프로젝트에 이용되었다.

이는 개발도상국과 그 국민들이 부유한 국가의 탄소 배출자들에게 사실상 보조금을 지급하고 있는 셈이었다. 게다가, 프로젝트 설계 문서에는 주민들이 탄소크레딧 권리를 프로젝트 측에 이전하는데 동의했다고 명시되어 있었지만, 주민 다수는 이러한 사실을 인지하거나 동의한 기억이 없다고 응답했다. 이는 지역 주민의 동의 절차 및 탄소크레딧 소유권 이전 과정에서 투명성과 공정성이 심각하게 결여되어 있음을 시사한다.

커피·망고 나무 식재 프로젝트 사례

라이블리후드 카본 펀드(Livelihoods Funds)는 인도 단드라프라데시주의 아라쿠 밸리 지역에서 333개 마을, 6,000헥타르 규모의 땅에 커피나무 및 망고나무를 심는 프로젝트를 통해 탄소크레딧을 발행해왔다. 이 프로젝트는 2030년까지 160만 톤의 탄소를 제거할 계획이며, 베라에 등록된 상태로 2023년 5월 기준 96,386톤의 탄소크레딧을 발행했다.

이 프로젝트 역시 지역 농민들이 토지와 노동을 제공하여 나무를 재배하지만, 탄소크레딧 소유권은 전적으로 프로젝트 개발자인 라이블리후드 카본 펀드에게 있으며, 지역 주민들은 크레딧 수익과는 무관하다.

프로젝트 문서에는 지역 농민들이 재배한 농산물(커피 및 망고)에 대한 권리는 소유하지만, 탄소크레딧에 대한 권리는 포기하는 데 동의했다고 명시되어 있었다. 그러나 CSE 연구팀이 현지 주민들을 대상으로 실시한 인터뷰에서는 다수의 주민이 탄소크레딧 자체에 대해 인지하지 못하고 있었다. 이들은 나디재단(Naandi Foundation)으로부터 유기농 재배 교육을 받고, 커피를 판매하는 활동에는 참여하고 있었지만, 자신들이 기여한 탄소감축 활동의 결과물인 탄소크레딧 수익에 대한 권리나 배분에 대해서는 전혀 몰랐다.

특히, 나무 재배와 관리에 들어간 주민들의 토지, 노동, 시간은 명백한 '기여'임에도 불구하고, 이를 정당하게 보상받지 못하는 구조는 탄소시장 내 구조적 불평등을 더욱 심화시키는 사례로 볼 수 있다.

위 두 사례는 VCM 구조가 지역사회 구성원의 실질적 기여를 정당하게 보상하지 않고, 개발도상국 주민들을 '저비용 탄소감축 수단'으로 활용하는 방식으로 운영되고 있음을 보여준다. 특히 현재 VCM에서 발행되는 상당수 프로젝트가 개발도상국에서 이루어지고 있다는 점을 고려할 때, 이는 선진국 탄소배출자들의 감축 비용을 개발도상국 지역사회가 사실상 보조하는 구조를 고착화할 위험이 있다.

이는 탄소시장에 대한 신뢰를 저해할 뿐 아니라, 기후정의 실현이라는 탄소시장의 본질적 목적에도 어긋난다.

불완전한 시장, 불투명한 가격

탄소크레딧은 기업이 탄소중립(Net-Zero) 전략을 이행하는 과정에서 배출량 상쇄 수단으로 활용되거나, 자발적 탄소시장, 규제시장, 직접계약, 브로커간 거래 등을 통해 자유롭게 사고팔릴 수 있는 권리성 자산이다. 물리적 실체가 없는 탄소크레딧은 회계상 무형자산으로 분류되며, 통상적으로 공정가치 기준에 따라 평가된다. 그러나 탄소크레딧은 다음과 같은 요인으로 인해 신뢰성 있는 가격 결정이 어려운 특성을 가진다.

먼저 프로젝트별 가치변동성이다. 동일한 1톤의 탄소감축이라도 프로젝트의 추가성, 영구성, 프로젝트 유형, 품질, 공동편익, 인증한 발행기관의 신뢰도, 국가, 빈티지 연도, 거래량 등 다양한 요인의 복잡한 상호작용과 시장구조의 불투명성, 규제변화, 투자수요에 따라 크게 달라진다. 현재 이러한 다양한 요인을 반영한 표준화된 가격모델이 부재하다. 이러한 특성으로 동일한 프로젝트로부터 발행된 탄소크레딧이라 하더라도 X 플랫폼에서는 1톤당 8$에 거래되지만 Y플랫폼에서는 $12에 거래될 수 있다. ESG 목표, 규제 대응, 브랜드 가치 제고 등 구매자가 어떤 목적으로 탄소크레딧을 활용하느냐의 수요에 따라서도 탄소가격이 달라질 수 있으며, 탄소시장의 수요-공급 상황이나 글로벌 정책 동향에 따라서도 동일한 크레딧이라도 시기에 따라 가격이 변동된다.

문제는 프로젝트마다 적용되는 방법론이 상이하여, 서로 다른 탄소크레딧 간 상대적인 품질과 가치를 일관된 기준으로 비교하고 가격을 책정하는 것이 어렵다는 데 있다. 또한, 현재 탄소크레딧 시장에서는 탄소 1톤을 동일한 단위로 간주하고 있어, 탄소가 1년 동안 격리되었는지, 100년 동안 격리되었는지에 관계없이 동일한 가치를 부여하고 있으며 탄소제거 방법이나 저장기간에 따라 차별화되지 않고 1톤당 10~100달러 수준으로 모호하게 형성되어 있다.[191]

이는 가장 효과적이고 지속가능한 탄소제거라는 중요한 요소를 무시하고 있어, 탄소크레딧의 실질적인 기후 기여도를 가격에 제대로 반영하지 못하는 한계를 낳는다.

가격 정보의 불투명성과 접근성 또한 문제이다. 현재 자발적 탄소시장에서는 탄소크레딧이 다양한 중개자, 거래 플랫폼, 프로젝트 개발자 간에 복잡하게 거래되고 있으며, 이를 통합적으로 관리하거나 감독하는 중앙화된 거래소 또는 공적 데이터베이스가 존재하지 않는다. 이로 인해 시장 전반의 거래를 대표할 수 있는 공식적인 시장참조가격(Market Reference Price)을 형성하는 것이 사실상 불가능한 구조이다. 자발적 탄소시장은 민간 주체들이 주도하는 시장 기반의 메커니즘으로 운영되다보니, 이들에게는 가격 및 거래 정보의 공개 의무가 없다. 따라서 탄소크레딧의 가격이 어떤 논리와 근거에

---

191) Boyd, Philip W., Carbon Offsets Aren't Helping the Planet: Four Ways to Fix Them, 2023; The Board of IOSCO, Voluntary Carbon Markets Discussion Paper, 2022

의해 형성되는지 시장참여자들이 명확히 알기 어렵다. 이러한 구조는 프로젝트 개발자 간 투명하고 건전한 가격 경쟁을 저해하고, 결과적으로 탄소크레딧 시장 전반의 품질 향상 노력에도 장애물이 된다. 무엇보다 신뢰성 있는 데이터에 기반한 투명한 가격 책정이 이루어지지 않을 경우, 탄소크레딧 가격은 시장의 심리적 변화나 외부 환경 요인에 취약해져 심각한 가격 변동성을 초래할 수 있다.

PART 5

자발적 탄소시장,
우리 지구에 도움이 되도록 하려면?

기후행동의 중심은 감축이어야 한다.

　오늘날 국제사회는 더 이상 우리에게 '탄소중립을 선언했느냐'를 묻기보다는 '얼마나 줄였는가'에 더 무게중심을 두고 있다. 과거에는 탄소중립이라는 선언 그 자체가 기업과 정부의 기후 리더십을 상징했다면, 이제 국제사회는 선언보다 실질적인 감축 성과가 그 진정성을 판단하는 중요한 기준이 되고 있다. 파리협정의 1.5℃ 목표를 실현하기 위해서는 2030년까지 전 지구 탄소배출을 절반 가까이 줄여야 하며, 이는 상쇄 전략만으로는 달성하기 어려운 목표이며, 실질적인 배출 감축 행동이 중심이 되어야 한다.

　탄소중립의 주장과 탄소상쇄의 활용은 오랫동안 논쟁의 대상이 되어왔다. 물론 VCM에서의 탄소크레딧은 잘만 활용한다면 탄소감축 프로젝트를 지원하고, 기후 금융을 확대하는데 있어서 긍정적인 기여를 할 수 있다. 그러나 기후행동 주체가 배출 감축을 지연하는 수단으로 상쇄가 악용될 경우, 전반적인 기후행동의 긴장감을 늦추고, 감축노력을 약화시킬 위험이 있다. 이러한 구조는 자칫 오염할 권리를 구매하는 것과 다름없다는 비판으로 이어질 수 있으며, 기업의 입장에서는 그린워싱에 대한 평판리스크는 물론 향후 법적 책임 리스크까지 수반할 수 있다. 따라서 탄소중립 이행전략에서 상쇄의 사용은 보완적 수단으로서의 위치에 엄격히 제한되어야 하며, 핵심은 여전히 배출 자체를 줄이는 실질적 감축행동 노력임을 명확히 해야한다.

이러한 문제의식을 반영하여, 베라, 골드 스탠다드 등 주요 인증기관은 탄소크레딧의 품질과 신뢰성을 높이기 위해 인증기준을 강화하고 있다. 또한 ICVCM, VCMI, *EU의 그린 클레임 지침(Green Claims Directive) 등도 탄소크레딧을 활용한 탄소중립 주장에 대해 보다 엄격한 요건과 기준을 적용하고 있다.

* EU Green Claims : 기업의 환경 관련 주장(예: 탄소중립 제품,친환경 포장)이 과학적 근거에 기반해 사실이어야 하며, 소비자를 오도하지 않도록 하기 위해 마련된 규제안

그러나 이러한 요건 및 기준의 강화만으로는 이러한 구조적 한계를 완전히 극복하기는 어렵다. 진정한 해결을 위해서는 기후행동 주체가 상쇄 중심 패러다임에서 탈피하여 자체 감축 중심 전략으로 전환하는 것이 필요하다.

첫째, 탄소중립 주장에 활용되지 않더라도 다양한 방식으로의 기후기여 주장모델(Climate Contribution Claim Model)에 대한 개발 및 논의가 필요하다. 탄소크레딧을 통한 상쇄 역시 탄소중립에의 보조적 기여로 포지셔닝함으로써 과장된 중립 주장에서 벗어나 소비자와의 신뢰를 유지할 필요가 있다. 또한 탄소크레딧 상쇄 외에도 이를 대체하거나 보완할 수 있는 추가적인 기여 방식을 개발하고 이를 기후기여로 주장할 수 있도록 하여 탄소감축노력에의 접근성을 높일 필요가 있다.

예를 들어, 사우스 폴에서 출시한 Funding Climate Action Label의 경우 기업이 기후영향에 대한 책임을 인식하고 이를 줄이기 위한 명확한 계획을

수립하고 실행중임을 보여주는 라벨을 획득할 수 있도록 하기 위한 투명하고 체계적인 프레임워크를 제공한다. 이는 감축노력과 함께 글로벌 기후행동 및 지속가능한 발전을 지원하는 기후 프로젝트에 투자하는 것을 중요하게 보고 이러한 기후행동에 대하여 인증을 부여한다. 또한 최근 SDX재단에서는 국가 NDC와는 별도로, 이의 추가적·대안적 시장으로 VDC 기반의 탄소감축 메커니즘을 제안하고 있다. VDC란 NDC와 구별하여, 그 개념을 확장한 개념으로, 파리협정의 공식용어는 아니나, 민간부문에서의 기후변화 대응을 강화하기 위해 자발적으로 설정하는 탄소감축 목표를 의미한다. 즉 다양한 기후행동주체가 법적 의무가 아닌 내부 동기와 책임의식 하에 자발적 감축목표를 기반으로 감축활동을 수행하고, 그 성과를 인정하거나 거래 가능한 방식으로 전환하는 새로운 형태의 기후행동 메커니즘이다. NDC가 국가 단위의 파리협정 준수 약속이라면, VDC는 로컬 거버넌스, 기업, 커뮤니티 단위에서 기후행동의 확장성과 실천력을 강화하기 위한 보완적 메커니즘으로 제안되고 있다. 이는 특히 현재의 규제 및 VCM의 사각지대에 있는 영역에서 중요한 역할을 할 수 있다.

둘째, 적극적이면서도 균형잡힌 기후행동과 커뮤니케이션 전략이 필요하다. 최근 기업들이 직면한 기후행동 관련 커뮤니케이션의 딜레마 중 하나가 이른바 그린허싱이다. 이는 기후목표나 감축성과를 외부에 적극적으로 알리지 않는 전략으로, 과도한 비판이나 그린워싱 의혹을 피하기 위한 방편으로 나타난다. 그러나 이러한 접근은 단기적으로는 리스크를 회피하는 효과가 있을 수 있으나 장기적으로는 기업의 신뢰도 저하, 이해관계자와의 소통 단절, 지속가능성에 대한 의심을 초래할 수 있다. 따라서 기업들은 기후

활동을 위축시키지 않으면서도 그린허싱으로 인한 부작용을 최소화하기 위한 전략적 대응이 요구된다. 목표와 한계를 있는 그대로 공유하며 과장 없는 투명한 정보공개로 신뢰를 구축하고, 단계적 성과 및 진전을 공개하여 완성된 결과가 아닌 노력과 변화의 여정을 그대로 공유할 수 있는 커뮤니케이션 전략이 필요하다. 자체적인 감축노력과 다양한 기후 기여 활동을 증빙함으로써 기업차원에서의 기후위기 대응을 투명하게 소통할 수 있도록 하여, 기업의 평판리스크 없이 기후 대응활동을 발표할 수 있도록 하기 위한 기반이 마련되어야 한다.

마지막으로, 물론 무엇보다 자체배출량의 감축이 최우선이어야 한다. 기업의 기후전략은 Scope 1, 2, 3 배출량을 기준으로, 우선적으로 에너지 효율화, 재생에너지 도입(RE100), 공급망 저탄소화 등을 통해 자체 배출량을 감축해야 한다. 과학기반감축목표에 따라 2030년까지 달성할 수 있는 구체적이고 검증된 로드맵을 수립하고 단기적 대응이 아닌 명확한 중장기 계획을 통해 실제적인 감축성과를 증명해야 하는 것은 필수다.

이는 투자자, 규제 당국, 소비자 등 주요 이해관계자에게 신뢰를 확보하는 기업의 책임 있는 태도로 직결된다. 즉, 기후 리더십의 진정성은 숫자만이 아니라, 행동의 일관성과 검증 가능성에서 출발한다는 점을 잊어서는 안 된다.

작은행동을 모아서 큰 변화를!

배출격차

현재 파리협정의 1.5℃ 목표와 각국이 제출한 NDC(국가결정기여) 이행 수준 사이에는 여전히 상당한 배출격차(Emission Gap)가 존재한다. 기후변화로 인한 재앙적 피해를 방지하려면 이 격차를 해소하기 위한 추가적인 온실가스 감축 노력이 시급하다. 특히, 이러한 과정에서 기업의 주도적 역할은 그 어느 때보다 중요하다 기업은 막대한 탄소배출원인 동시에, 탄소감축을 가능케하는 혁신기술의 공급자이자, 주요 투자결정의 주체이기 때문이다. 지금까지는 다양한 규제와 제도를 통해 기업에게 탄소배출의 감축에 대한 책임을 요구하고 압박해왔지만, 이제는 어떻게 기업이 스스로 적극적으로 탄소감축의 주체로 나설수 있도록 유도할 것인지에 초점을 맞추어야 할 시점이다. 단순히 기업 스스로의 온실가스 배출 감축을 요구하는 방식은 기업의 자발적 혁신과 이를 통한 사회전반에의 탈탄소화를 이끌어내기가 어렵다. 이에 현재 국가 또는 기업의 넷제로 주장을 위한 탄소감축 이외에, 현재 관리되고 있지 않은 기업의 제품·서비스를 채택한 고객과 사회 전반에 배출감축, 즉 제품·서비스 사용에 따른 탄소배출량 감축량에 대한 측정 및 관리를 통해 탄소감축 성과로 연계하는 방안을 마련해야 한다. 이를 통해 탄소감축 기술을 공급한 기업에게는 제품·서비스의 시장 확산을 가속화할 수 있는 인센티브를, 이를 채택하여 탄소저감 행동을 실천하는 사용자·소비자에게는 참여의 보상을 제공함으로써, 기업과 시민사회가 모두 적극적으로 탄소감축 활동 참여를 유도할 수 있도록 하기 위한 체계적인 접근 수단이 마련되어야 한다. 비록 개별적으로 보면 탄소를 감축할 수 있는 제품·서비스를 제공 또는 이용을 통해 이루어지는 작은 규모의 조각탄소 감축일지라도 그 자체로 중요하다. '조각'은 소규모, 일상적, 반복가능한 행동을 의미하며, 작아보이지만 집합적으로 축적되면 상당한 탄소 감축 효과를 낼 수 있다는 점에서 중요하다. 또한 1톤의 탄소를 1개의 주체가 단독으로 감축하는 것보다는 100개의 주체가 나누어 감축하는 방식은 사회전반의 감축 인식과 행동을 확산시키고 집단적 감축역량을 강화하여 더 큰 변화의 동력이 될 수 있다. 따라서 조각탄소 감축의 가치와 효과를 제도적으로 인정해줄 수 있도록 하기 위한 노력이 필요한 때이다.

역량격차

위에서 언급한 배출격차는 단지 감축의지 부족만이 아니라 탄소시장의 역량격차(Capacity Gap)라는 구조적 문제도 중요한 원인으로 지적된다. 국제사회는 탄소 감축 수단으로 탄소시장 메커니즘을 도입했다.

정부주도의 규제적 탄소시장으로 탄소가격제가 빠르게 발전하고 있으며, 규제시장만으로 감당하기 어려운 감축수요를 충족하기 위해 VCM도 함께 발전해왔다. VCM은 감축활동의 범위를 확장하는 중요한 수단으로 작용해왔지만, 최근 탄소크레딧의 신뢰성과 실효성에 대한 의문이 지속적으로 제기되고 있다.

이에 따라 탄소크레딧의 품질기준이나 사용요건이 강화되고 있으며, 이는 기업이나 개인이 VCM에 참여하기 위한 시간적, 물리적 비용을 증가시켜 진입장벽으로 작용하고 있다. 그 결과, VCM이 과연 자율적 감축 참여를 유도하고 촉진하는데 충분한 기능을 하고 있는가에 대한 근본적인 의문도 함께 제기되고 있다. 이러한 상황은 VCM이 자발적 탄소감축 참여를 촉진하는 기제로서의 기능적 한계를 드러낸 것이며, 이를 보완하기 위한 추가적인 메커니즘의 필요성이 대두되고 있다. 이 가운데 하나의 해법으로 제시되는 것이 바로 '조각탄소의 가치화'이다. 기업과 시민사회가 기후행동을 채택하는 것이 선의의 선택이 아닌 경제적 선택이 될 수 있도록, 새로운 인센티브 메커니즘이 마련되어야 한다. 특히 기업의 입장에서는 위험과 비용을 무릅쓰고 적극적으로 탄소감축 혁신을 위한 노력과 투자에 나서기 위해서는 이러한 탄소감축 제품·서비스를 통한 탄소감축에의 기여가 경제적 가치로 환산할 수 있도록 유도하고 이를 보상하거나 인정받을 수 있는 체계를 마련하는 것이 중요하다. 왜냐하면 기업입장에서는 탄소감축 활동이 투자 대비 수익으로 연결될 수 있을 때 적극성이 높아질 수 밖에 없기 때문이다. 이러한 구조가 정착될 때, 기업은 탄소감축을 비용이 아닌 기회로 인식할 수 있으며, 기후 위기 대응의 주체로서 보다 전향적이고 지속가능한 역할을 수행할 수 있을 것이다. 탄소감축 제품·서비스의 확산을 통해 탄소크레딧을 받아 수익을 얻거나, ESG 평가 상승과 브랜드 제고로 무형의 이익을 얻을 수 있다면, 기업 입장에서는 기후행동이 합리적 선택이 될 것이다.

시간격차

마지막으로 주목해야 할 과제는 기후대응의 시급성과 행동간의 간극인 시간격차(Time Gap) 문제이다. 현재 기후위기 악화 속도에 비해 현재 감축을 위한 실제 행동은 매우 더디게 진행되고 있다. 2030년 이전 단기 행동이 부족할 경우, 향후 감축 부담은 기하급수적으로 가중될 수 밖에 없다. 즉각적인 행동 지연으로 인한 시간격차가 점차 벌어지는 이 상황에서, 단기간에 실행가능한 감축전략을 확보하는 것은 기후위기 대응의 관건이 되고 있다. 국제사회는 탄소감축 이행을 위해 고배출 산업의 에너지 전환과 기후기술 투자에 정책 역량을 집중하고 있다. 여기서 말하는 기후기술이란 탄소포집, 재생에너지, 전기차, 수소, 에너지 효율향상 등 온실가스 감축과 기후변화 적응에 기여하는 혁신기술을 의미한다. 그러나 현재의 상황은 기술개발 그 자체만으로는 충분하지 않으며, 개발된 기술이 시장에 신속하게 적용되어 실질적인 감축효과가 발생되어야 한다. 중장기적으로 탄소감축 가능성을 높이는 기술개발도 중요하지만, 당장의 성과를 낼 수 있는 즉시실행력을 갖춘 기후테크에 주목해야 한다. 여기서 기후테크란 탄소감축에 기여하는 혁신기술을 통해 수익을 창출하는 산업을 의미한다.[192] 지금 필요한 것은 즉각적 감축 모델을 제시하고 실행력을 높이는 일이다. 즉시 실행력을 갖춘 기후테크의 현장 도입이 늘어나면 혁신과 사회전환은 가속화될 수 있을 것이다. 기후테크 기반의 기후행동 확산은 탄소 감축 활동의 근본적인 변화를 앞당기기 위한 중요한 열쇠가 될 수 있다.

작지만 빠르게, 작은행동을 모아 큰 변화를

정리하면, 앞에서 언급한 배출격차, 역량격차 그리고 시간격차의 세가지 간극을 메우기 위해서는 탄소관리에 대한 접근 방식부터 전환이 필요하다. 무엇보다 탄소관리범위를 확장하여 기후테크 제품·서비스의 채택 및 사용 과정에서 발생하는 탄소감축활동을 포함할 필요가 있다. 이를 통해 현재 관

---

192) 국가 기후테크 육성 종합전략, 서울대학교 기후테크센터, 2024.10

리 범위 밖의 추가적인 자발적 감축행동을 효과적으로 이끌어낼 수 있을 것이라 생각한다. 이러한 탄소감축 성과에 대해서는 인센티브를 제공함으로써 기후테크 기업의 지속적인 성장과 시장 참여를 유도할 필요가 있다.

또한 사용자 입장에서 역시 제품·서비스 채택을 통한 탄소감축 행동이 직접적 보상과 연결될 수 있는 혁신적 인센티브 메커니즘이 필요하다. 이는 작지만 확장가능성이 높은 탄소감축 활동의 빠른 확산과 자발적 참여기반 형성에 핵심적인 요소가 될 수 있다. 전지구적 탄소중립을 달성하기 위해서는 이제 현재의 한계를 뛰어넘는 혁신적 접근이 필요하며, 국내에서도 다양한 혁신적 감축 메커니즘과 이니셔티브들이 등장하고 있다. 그 대표적 사례가 바로 SDX재단이 추진하고 있는 MCI(Mini Carbon Initiative), 즉 조각탄소 이니셔티브이다. MCI는 기후테크 기반의 제품·서비스가 실제로 이끌어낸 탄소감축 성과에 비례하여 해당 기업에게 탄소크레딧을 인센티브로 제공하는 체계이다. 작은 규모의 조각탄소 감축량이라도 정량적으로 측정·인증하고, 이를 경제적 가치로 전환할 수 있도록 함으로써 기후행동에 대한 기업의 전략적 접근성과 실질적 참여유인을 강화하고자 한다. 이러한 체계는 단순한 감축 장려를 넘어, 탄소감축의 틈새를 메워주는 추가 감축 창구, 신뢰할 수 있는 탄소 크레딧 공급원, 기후테크 확산의 촉매제, 기업의 녹색경영의 촉진제로 기능할 수 있을 것이다. 얼마남지 않은 시간 기후 시계 앞에서 우리에겐 행동하면서 학습하는 실용적 해법이 필요하다. 조각탄소 기반의 접근방식 뿐 아니라 감축 주체의 다양성과 실행가능성을 고려하여, 탄소감축 경로를 확장하고, 보다 많은 참여주체를 유입시켜 사회전반의 탈탄소 전환을 가속화하기 위한 다층적인 혁신적 이니셔티브의 등장과 동참은 계속되어야 한다.

디지털 기술 혁신으로 시장운영 효율화

　VCM은 파리협정의 글로벌 목표를 보완하고, 기업 및 개인의 자발적 감축 노력을 유도하는 중요한 역할자로 등장하였으나 시장의 투명성, 감축성과의 신뢰성, 거래의 비효율성 등 여러 구조적 한계에 직면해 있다. 특히 상쇄 프로젝트의 품질 논란과 그린워싱 우려는 시장전반의 신뢰 저하로 이어지고 있으며, 이는 탄소크레딧의 실질 가치와 유통활성화에 주요 장애요인으로 작용하고 있다. 이러한 한계를 극복하기 위한 전략적 해법으로 주목받는 것이 바로 디지털 기술의 통합적 활용이다. 블록체인, 인공지능, 사물인터넷, 스마트계약 등 디지털 기술은 VCM의 거래 인프라를 혁신하고, 감축활동의 검증 및 보상을 정량화된 데이터 기반으로 정립할 수 있는 잠재력을 지닌다.

블록체인과 스마트계약을 통한 투명성 향상

　현재의 탄소시장에서는 탄소크레딧의 발행, 거래, 폐기에 이르는 전 과정에서 투명성이 부족하고, 기록이 중앙 집중적으로 관리되어 신뢰 문제가 발생하고 있다. 블록체인 기술은 이러한 문제를 해결하는 핵심 수단이 될 수 있다. 불변성과 탈중앙화된 분산원장 기술은 모든 거래의 과정을 조작 불가능한 방식으로 기록하고, 누구나 실시간으로 열람 가능하도록 만들어준다. 이를 통해 크레딧의 이중계산, 중복 상쇄, 중개 수수료 불투명 등의 문제를 원천적으로 차단할 수 있다.

스마트계약(Smart Contract)의 도입은 거래 자동화를 통해 효율성을 획기적으로 제고한다. 예를 들어, 일정 기준에 도달한 감축 성과가 자동으로 인증되면, 스마트계약 조건에 따라 크레딧이 발행되거나 거래될 수 있다. 이 과정에서 사람의 개입을 최소화함으로써 오류 가능성을 줄이고, 처리 속도와 비용을 낮출 수 있다. 실제로 투칸 프로토콜(Toucan Protocol, Klima DAO) 등 일부 플랫폼에서는 이미 블록체인을 기반으로 한 탄소크레딧 거래 실험이 이루어지고 있으며, 이러한 기술이 향후 주류 시장으로 확산될 가능성이 있다.

디지털 토큰화를 통한 크레딧 유동성 강화

탄소크레딧은 일반적으로 1톤 단위로 거래되며, 이는 거래 단위가 크고 유동성이 낮다는 단점을 낳는다. 특히 개인이나 소규모 기업이 시장에 접근하기 어려운 구조다. 이 문제를 해결할 수 있는 대안이 디지털 토큰화(Tokenization)이다. 탄소크레딧을 NFT(Non-Fungible Token) 또는 대체 가능 토큰(Fungible Token) 형태로 발행함으로써, 크레딧을 소액 단위로 분할하거나 거래 이력을 명확히 추적할 수 있게 된다. 이러한 방식은 크레딧의 '자산화'를 가능하게 하고, 탈중앙화 지갑을 통해 누구나 소유권을 관리하거나 시장에서 유통할 수 있도록 한다. 결과적으로, 탄소시장이 보다 개방적인 구조로 전환되며, P2P 거래와 미니 프로젝트 기반 상쇄활동(Micro Offsets)이 활성화되는 기반을 마련할 수 있다.

AI 기반 크레딧 품질 평가 알고리즘 개발

탄소크레딧의 품질 문제는 시장 전반의 신뢰를 흔드는 핵심 요인 중 하나다. 기존에는 인증기관의 수작업 기반 평가가 중심이었지만, 이는 주관성과 비용 부담이 크며 프로젝트 간 품질 격차를 야기한다. AI를 기반으로 한 평가 알고리즘은 이러한 문제를 해결할 수 있는 도구다. 위성영상, 드론 촬영, IoT 센서 등을 통해 수집된 데이터는 AI 모델을 통해 분석되어 감축 효과를 정량적으로 검증할 수 있다. 또한 기후조건, 프로젝트 위치, 이행 기간 등의 다양한 요소를 고려한 머신러닝 모델은 크레딧의 리스크, 추가성, 영구성 등의 요소를 종합적으로 평가할 수 있으며, 프로젝트 등급 산정에도 활용될 수 있다. 이는 고품질 크레딧에 대한 시장 프리미엄을 형성하는 데 중요한 기초자료가 된다.

IoT 및 블록체인 기반의 검증 자동화

탄소감축 성과의 측정·보고·검증은 신뢰 기반 시장 형성을 위한 핵심 절차지만, 현재까지는 높은 비용과 복잡한 절차로 인해 병목 요인이 되고 있다. 검증해야 하는 프로젝트의 수는 증가하고 있으나 이를 감당할 인력은 한계가 있다. 원격센싱과 IoT 기술은 이 과정을 실시간으로 자동화할 수 있는 기반을 제공한다. 예를 들어, 스마트 계량기, 센서, 원격 측정 장비를 통해 감축 데이터를 실시간으로 수집하고, 이를 블록체인에 자동으로 기록함으로써 데이터 조작이나 누락을 방지할 수 있다. 자동화된 MRV 시스템은 비용을 절감할 뿐만 아니라, 프로젝트 운영의 실효성을 제고하고, 다양한 소규모 활동의 시장 진입을 가능하게 한다. 이를 통해 지역 기반 탄소감축 활동, 예컨대 농업·폐기물·에너지 전환 등에서의 민간 참여가 크게 확대될 수 있다.

디지털 기술은 단순한 탄소시장 개선 수단을 넘어, VCM 자체의 신뢰성과 구조를 재정의할 수 있는 전략적 도구로 부상하고 있다. 블록체인 기반 투명성 강화, 토큰화를 통한 유동성 확보, AI 기반 평가 모델의 정교화, IoT를 통한 MRV 자동화는 각각의 기술이지만, 통합적으로 접근할 때 시장 전반의 질적 도약을 이끌 수 있다. 따라서 향후 VCM의 지속 가능성을 확보하기 위해서는, 기술 도입을 촉진할 수 있는 제도적 기반 마련과 함께, 공공-민간 협력 생태계의 조성이 병행되어야 한다. 특히 지역정부나 중소기업, 시민단체가 손쉽게 기술을 활용하고 감축활동에 참여할 수 있는 환경을 만드는 것이 핵심이다. 디지털 기술을 중심으로 신뢰 기반의 VCM이 자리잡는다면, 이는 단지 배출량 저감에 그치지 않고, 기후정의와 경제적 전환을 동시에 실현하는 플랫폼으로 발전할 수 있을 것이다.

경제·사회전환을 위한 자발적 탄소시장

VCM은 기존 규제 중심 탄소시장의 보완적 시장에서 벗어나 기후위기 대응, 경제 전환, 사회 통합이라는 세 가지 과제를 동시에 충족시킬 수 있는 통합 메커니즘으로 진화하고 있다. 이제 VCM은 탄소감축에서 나아가 경제적, 사회적 확장모델로 진화하면서 사회적 가치와 포용적 성장을 위한 촉매제 역할자로서 VCM을 주목해볼 필요가 있다.

기후경제의 핵심역할

기후위기에 대한 대응이 탄소 감축 차원을 넘어 경제 시스템의 구조적 전환을 요구하는 시점에서, VCM은 점차 기후경제의 핵심 구성 요소로 자리매김하고 있다. VCM은 기업이나 개인이 자발적으로 탄소 배출량을 상쇄하거나 감축 프로젝트를 지원하기 위해 참여하는 민간 중심의 시장으로 출발했지만, 최근 그 역할이 단순한 상쇄 수단을 넘어서 기후 금융 확대, 산업 구조 전환, 지역경제 활성화, 그리고 정의로운 전환을 위한 금융 메커니즘으로 확장되고 있다.

우선, VCM은 기후금융 확대의 관문 역할을 수행한다. 고품질 탄소 감축 또는 제거 프로젝트는 지속가능 금융(Sustainable Finance), 녹색채권(Green Bond), ESG 기반 투자펀드 등과 결합하여 민간자본의 유입을 유도한다. 이는 공공재정만으로는 한계가 있는 탄소감축 재원의 보완 수단이자, 혁신적 기후 솔루션의 시장화를 가속화하는 자금흐름 경로로 기능한다. 예컨대, 마이크로소프트, 스트라이프, 세일즈포스 등 글로벌 기업들이 자발적 시장을 통해 탄소 제거 기술에 선제 투자하며 시장 신뢰를 창출하고 있는 점은 이를 잘 보여주는 사례다.

더 나아가, VCM은 저탄소 산업 구조 전환을 유도하는 재무적 인센티브 시스템으로 작용한다. 특히 ETS 등 규제 시장에 포함되지 않는 소규모 프로젝트나 중소기업 주도의 감축 활동은 자발적 시장을 통해 크레딧을 발행함으로써 경제적 가치를 회수할 수 있으며, 이는 지역 단위의 재생에너지 전환, 에너지 효율 개선, 자연기반해법 등에 실질적 자금 조달 수단을 제공한다. 즉, VCM은 탄소를 거래 가능한 자산으로 전환시키며, 민간이 자발적으로 감축 행동을 취할 수 있는 유연한 참여 경로를 제공한다.

또한 VCM은 지역경제 회복 및 포용적 성장에도 기여할 수 있다. 농촌, 산림, 해양, 원주민 커뮤니티 등에서 추진되는 자연 기반 프로젝트들은 단순한 탄소감축 효과를 넘어, 일자리 창출, 생태계 복원, 보건·교육·식수 접근성 향상 등 다양한 사회적 편익을 수반한다. 이러한 구조는 VCM이 단순한 금융 시장이 아니라, 기후정의 실현과 사회적 가치 환원 메커니즘으로서의 가능성을 지닌다는 것을 시사한다. 특히 개발도상국이나 취약계층 지역에서 진행되는 프로젝트는 글로벌 남반구의 기후 불평등 해소에도 기여할 수 있다.

이러한 다층적 기능을 통해 VCM은 향후 기후 경제의 기반 인프라로 발전할 수 있다. 탄소 감축뿐 아니라, 생태계 서비스, 생물다양성 보존, 수자원 관리 등 다양한 환경적 가치가 측정·인증·거래되는 시장 메커니즘으로 확장될 경우, 이는 기후경제의 새로운 부가가치 창출 영역을 열어갈 수 있다.

이를 제도적으로 정착시키기 위해서는 몇 가지 정책적 연계가 필요하다. 첫째, VCM을 국가 기후전략 또는 산업전환 정책과 정합성 있는 구조로 통합하는 것이 필요하다. 크레딧 구매를 단순한 기업 책임활동이 아니라, 국가 탄소예산 또는 NDC 달성에 실질적으로 기여할 수 있는 구조로 연계해야 한다. 둘째, 민간 투자와 저탄소 프로젝트 간 연결을 강화하기 위해, VCM 참여를 ESG 공시, 녹색조달, 공공투자 유치 조건 등에 포함시키는 인센티브 체계를 마련할 수 있다. 셋째, 고품질 크레딧의 구별과 시장 신뢰 형성을 위해 국제 인증기준에 기반한 국가 차원의 크레딧 분류 체계 및 가격 신호 설계를 병행해야 할 것이다.

탄소시장과 경제순환모델의 결합

현재 국제사회는 탄소를 자원으로 보고 이를 체계적으로 감축, 재활용, 저장, 재사용하는 순환 탄소 경제(Circular Carbon Economy, CCE)라는 새로운 전환 전략을 제시하고 있다.[193]

탄소를 폐기물이 아닌 자원으로 보는 것이다. 즉 탄소의 흐름을 4R 전략인 감축(Reduce), 재사용(Reuse), 재활용(Recycle), 제거(Remove)를 통해 최대한 경제 내에서 활용하고 잉여는 안전하게 제거하는 체계를 의미한다. 단순히 탄소를 줄이는 것만으로는 경제·사회에 큰 부작용을 유발할 수 있으며, 이에 보다 다양한 경로를 고려하여 모든 가능한 수단을 통합하여 탄소의 순환

---

193) The Circular Carbon Economy - From Concept to Realization, Mission innovation Think Tank Report #2, 2024. 3,
(https://mission-innovation.net/wp-content/uploads/2024/03/MI-Think-Tank-Report-Circular-Carbon-Economy.pdf?utm_source=chatgpt.com)

을 통해 기후변화 대응과 경제성장을 동시에 달성하려는 전략적 프레임워크이다.

CCE의 4R 전략인 감축, 재사용, 재활용, 제거에서 감축은 에너지 효율 기술, 재생에너지, 전기차 및 탈탄소 수송수단, 스마트농업, 산업공정 최적화 등이 해당되며, 재사용은 화학적 변형없이 탄소를 활용하는 기술로 탄산음료 제조, 온실 내 CO_2 주입, CO_2를 직접 연료로 공급, 재활용은 CO_2를 화학적으로 변환하여 새로운 물질로 활용하는 것으로 탄소포집 후 연료 합성, 탄소 기반 폴리머, 미세조류 배양 등이 해당되며, 제거는 직접공기포집, 광물화, 자연기반해법 등이 해당된다.

CCE는 2020년 G20 정상회의에서 공식 채택되었으며, 국제기후혁신미션(Mission innovation), KAPSARC(King Abdullah Petroleum Studies and Research Center) 등 국제기관들은 기술개발과 정책확산을 주도하고 있다. 이들은 CCE를 탄소중립 달성을 위한 핵심경로로 강조하며 탄소거래 시스템과 금융 메커니즘을 통해 그 실행력을 높이고자 하고 있다. VCM은 이 과정에서 CCE를 가능하게 하는 금융 촉매로 기능할 수 있다. 재생에너지 전환, 에너지 효율향상, 탄소 포집 및 저장(CCUS), 블루카본, 자연 기반 해법 등 다양한 감축 프로젝트들이 VCM을 통해 자금을 조달받으며, 시장 내에서 경제적 가치를 회수할 수 있기 때문이다. 이러한 접근은 특히 규제의 사각지대에 있는 기술과 소규모 프로젝트의 경제성을 보완하고, 저탄소 산업 전환을 유도할 수 있는 중요한 역할을 수행한다. 또한 탄소 감축 활동을 시장 메커니즘에 통합함으로써 VCM은 민간의 투자결정을 촉진하고, 탄소 크레딧을 통한 저탄소 자산화 및 기후 금융 활성화로 이어질 수 있다. 이는 기존 정부 주도 방식에 의존하던 감축 모델에서 벗어나, 보다 유연하고 효율적인 경제

순환 모델로 확장되는 기반이 될 수 있을 것이다.

탄소시장을 통한 사회적 전환

VCM은 단순한 배출 감축을 넘어, 사회적 전환과 가치창출의 도구로서의 기능에 대한 기대가 점차 높아지고 있다. 특히, 지역사회 기반 프로젝트는 탄소감축과 함께 사회적 형평성 증진, 지역경제 활성화, 주민의 삶의 질 향상 등 다양한 사회적 가치를 실현하는 수단으로 부각되고 있다. 이는 단지 환경적 관점에서의 해결책을 넘어 사회구조적 전환을 촉진하고, 민주적 참여와 지역사회 역량을 강화할 수 있도록 하기 위한 중요한 도구로 자리매김할 수 있음을 의미한다.

지역주민간 사회적 협력 기반의 혁신적 도시기후 대응 모델을 개발, 시험한 독일 에센시(Essen)의 TRANSCITY 프로젝트가 한 예이다.[194]

이 프로젝트는 두 개의 사회·경제적으로 격차가 큰 지역을 연결하여 탄소감축과 사회적 형평성을 동시에 추구하는 Social Urban ETS라는 지역내 배출권 거래시스템을 구축하였다. 두 지역의 지속가능성 수준을 평가하여 인증서를 발급·거래할 수 있도록 하였다. 지속가능성 수준은 두 지역의 사회공간적 불균형과 생태지도와 연계한 분리지수를 개발하여 적용하였으며, 이를 기준으로 두 지역의 지속가능성 목표를 설정하도록 하고, 목표 달성을 위해 인증서를 거래할 수 있도록 설계하였다. 주민 참여를 통해 구축

---

194) https://wupperinst.org/en/p/wi/p/s/pd/2364

된 소셜 어반(Social Urban) ETS 시스템은 탄소배출 감축 뿐 아니라 지역사회에서 발생한 수익을 사회적 프로젝트에 재투자하는 구조로 설계되었다. 예를 들어 부유한 지역에서 저소득층 지역의 배출권을 구매하는 메커니즘을 통해 경제적 불균형 해소와 지역공동체의 협력을 촉진한다. 이는 사회적 형평성을 높이는 한편, 기후 친화적 행동을 시민들의 자발적 참여로 이끄는 효과적인 방법으로 평가받고 있다.

기후위기의 영향은 지역내에서 뿐 아니라 세계적으로 불균형하게 분포되어 있으며, 취약한 공동체일수록 재난에 대한 대응 역량이 낮고, 피해 회복에 시간이 오래 걸린다. 따라서 탄소감축 기여가 경제적 보상을 넘어 사회적 복지로 이어지는 구조를 형성하는 것은 매우 중요한 의미를 가진다. 에티오피아의 티그라이 지역의 지역 주민 주도의 산림 복원 사업으로 수행된 티오트리(ThioTree) 프로젝트는 플랜 비보(Plan Vivo)에서 발행한 탄소크레딧을 통해 지역 주민에게 실질적인 사회적 편익을 제공하고 있다.

탄소크레딧 판매로 얻은 수익은 식수 시설 확장, 학교 건설, 향 생산 사업 등 지역사회의 우선순위에 따라 재투자하며 지역 주민의 생계안정과 삶의 질 향상에 기여하고 있다. 또한 케냐에서 시행중인 정수 필터 프로젝트는 가정용 정수 필터 보급을 통해 물 끓이기에 사용되는 화석연료 소비를 줄이고 탄소 배출을 감소시키는 사업이다.

이 프로젝트는 단순 탄소를 감축하는 것을 넘어 깨끗한 식수 접근성 확대와 주민 건강 개선을 동반하며 지역의 전반적인 생활환경을 개선한다는 점에서 사회적 가치 창출의 성공적 사례로 평가받고 있다.

VCM은 이같은 사회적 불평등을 완화하는 보상기제로 작동할 수 있으며, 이는 기후복지로도 불리는 새로운 개념적 확장을 가능케 한다. 또한 VCM을 통한 지역 커뮤니티의 참여 확대는 민주적 기후 거버넌스 구축에도 기여할 수 있다. 감축활동의 주체가 시민, 농민, 지역사회 기반 단체로 확장되면서, 기후행동이 단순한 기술적 전환을 넘어 사회구조와 문화의 변화로 이어질 수 있는 가능성이 열리고 있다. VCM은 이러한 사회적 가치 중심의 접근이 더욱 확대되고 다양한 지역적 맥락에 맞추어 발전되어야 한다. 이에 자발적 탄소감축 프로젝트의 사회적 기여를 인센티브화하고, 사회적 가치 환원 메커니즘을 제도화해야 한다.

이러한 전략을 통해 VCM은 단순한 거래 플랫폼을 넘어, 정의로운 전환을 위한 사회적 기반으로 자리매김할 수 있을 것이다. 지속가능한 미래로의 전환을 위해, 이제 탄소는 단지 줄여야 할 것이 아니라, 사회적 가치를 창출할 수 있는 자산으로 인식되어야 한다.

지역사회 주도의 탄소시장 추진

시민사회 참여 기반의 탄소감축 메커니즘

환경운동과 관련하여 자주 사용되는 슬로건으로 Think Global, Act Local이 있다. 이는 글로벌한 문제나 목표를 해결할 때, 각 지역의 특성에 맞는 구체적 해결책을 찾아 당장에 실질적 행동을 취하는 것이 중요하다는 점을 강조한다. 이 슬로건처럼 기후행동의 실행은 지역에서 시작되어야 한다. 탄소중립 실현과 기후위기 대응은 지역사회의 생활현장, 산업구조, 도시 인프라 등 현실적인 맥락 속에서 이루어져야 한다. 이는 질적 감축활동이 우리 일상과 지역기반의 구조적 전환을 통해 구현된다는 점에서 지역차원의 실천이 전지구적 목표달성의 핵심 기반임을 의미한다.

기후위기가 가진 복잡성을 고려할 때, 지역사회 주도의 탄소감축 메커니즘을 구축하고 실행을 확산하는 것이 무엇보다 중요하다. 이는 지역특성과 수요에 맞는 문제를 효율적으로 해결할 수 있는 기회를 제공하며, 동시에 형평성과 생태계 회복력 등과 같은 추가적인 효과도 이끌어낼 수 있을 것이다. 지역은 탄소감축 정책의 실행주체이자 기후기술 실증 및 시장확대, 기후경제 생태계 구축자로 탄소감축의 핵심적 역할을 수행할 수 있다. 실제로 지역은 교통, 건물, 자원 등 주요 감축 부문에 대한 행정권과 공간계획권을 보유하고 있으며, 지역단위 감축계획 수립과 이행을 위한 실질적 기반을 제공한다. 또한 시민, 기업 등 지역 이해관계자와 밀접한 관계 형성을 통해 참여 기반 감축모델 설계하고 구현할 수 있어, 시민사회 실천 행동 기반의 탄소감축 확대의 핵심 플랫폼으로써 기능할 수 있다. 그리고 기후테크 기반의 제품·서비스의 실생활 적용과 실증을 위한 실험장소, 즉 리빙랩 역할을 수행하며, 탄소감축활동에 대한 자체적인 보상 메커니즘을 구축함으로써 지역경제의 전환 주체로써 새로운 가능성을 만들어낼 수 있을 것이다.

지역사회 주도의 탄소감축 메커니즘은 지역 주민들을 탄소감축 프로젝트의 핵심 이해관계자로 포함시켜 탄소감축 프로젝트의 수익과 혜택을 지역공동체에 환원할 수 있는 특징이 있다. 지역주민은 단순 수혜자를 넘어 프로젝트의 공동 주체가 되며, 사업의 성패에 직접적인 이해관계를 가질 수 있다. 이는 탄소감축 목표를 달성하는 것을 넘어 공동체의 사회·경제적 문제를 연계한 목표를 설정하여 지역사회의 전환을 유도할 수 있다. 지역사회 참여 기반의 탄소감축 메커니즘의 효과는 다각도로 나타날 수 있다.

첫째, 지역 주민의 전통 지식과 현장 경험이 반영되어 탄소감축 프로젝트의 실효성이 높아진다. 예컨대 주민들이 일상적으로 숲을 순찰하면 산불 예방이나 밀렵 방지에 큰 도움이 되고, 이는 탄소 흡수원의 영속성 확보로 이어진다.

둘째, 사회적 신뢰 형성이 용이하다. 외부 기관이 일방적으로 진행하는 사업보다 주민들이 주도하는 사업은 투명성과 책임성이 높아, 외부 투자자나 크레딧 구매자들에게도 신뢰를 준다.

셋째, 공동체 역량 강화 효과가 있다. 사업 과정에서 주민들은 조직 운영, 재무 관리, 기술 교육 등을 접하며 역량이 향상되고, 이는 지역사회의 지속가능한 발전에 밑거름이 된다. 넷째, 탄소 프로젝트를 통해 발생한 공동혜택(co-benefits)이 지역시민 삶의 질을 개선한다.

실제 깨끗한 물, 개선된 농업기술, 보건위생 향상, 여성의 일자리 창출 등 다양한 긍정적 변화가 보고되고 있다. 이러한 사회·경제적 효과는 결국 프로젝트의 지속가능성을 높여, 기후혜택도 장기적으로 지속되도록 하는 선순환을 가져온다. 물론 지역주민 참여형 프로젝트가 성공하려면 몇 가지 전제 조건이 따른다. 투명한 의사소통과 공정한 혜택 분배가 가장 중요하며, 초기부터 주민들의 권리와 이익을 명확히 보장해야 한다. 또 주민들의 역량만으로 감당하기 어려운 기술적 부분(탄소량 모니터링 등)은 정부나 지자체, 전문기관의 지원 체계가 뒷받침되어야 한다.

우리나라에서도 일부 지자체를 중심으로 지역 기반의 VCM 구축이 추진되고 있다. 이러한 움직임은 지역 주민의 자발적 참여를 유도하고, 참여자에게 인센티브나 실질적 혜택을 제공함으로써 기후행동을 일상 속 실천으로 확산시키기 위한 노력의 일환이다. 대표적으로 제주특별자치도는 도내 다양한 기후행동 주체들이 자발적으로 참여할 수 있도록 탄소감축 활동 및 실천을 지원하는 사업을 기획하고 있다. 나아가 탄소감축을 위한 제품·서비스의 이용, 일상 속 감축행동 등을 기반으로 생성되는 추가 감축성과를 관리하고 보상할 수 있는 지역 탄소시장 플랫폼 구축을 준비 중이다.

제주도는 도민 주도의 VCM을 도입함으로써, 지역사회 전반에 걸쳐 탄소중립 생활 실천을 거래 가능한 감축행위로 전환할 수 있는 구조를 마련하고자 한다. 이는 자발적 참여 기반의 탄소감축을 촉진하는 동시에, 기후테크 신산업을 육성하고 지역 순환경제를 활성화함으로써 지속가능한 사회 전환을 실현하는 것을 주요 목표로 하고 있다. 경기도 역시 기후행동 공유소득제처럼 주민들이 에너지 절약 등 감축 활동을 하면 그 사회적 가치 평가액을 지역화폐 등으로 돌려주는 정책도 등장했다.

이는 일종의 지역 단위 탄소시장으로 볼 수 있으며, 주민들이 일상에서 탄소 줄이기에 동참하도록 행동 변화를 유도하는 효과가 있다. 앞으로 이러한 시민사회 참여 모델이 확대된다면, VCM은 국민 생활 속 실천 문화와 연계되어 더욱 탄탄한 기반을 가지게 될 것이다.

부록

용어설명

용어	영문 표기	내용	비고
탄소중립	Carbon Neutrality	인간이 배출한 온실가스를 감축·흡수·상쇄해 실질 배출량을 0으로 만드는 것인간이 배출한 온실가스를 감축·흡수·상쇄해 실질 배출량의 0으로 만드는 것	2050년까지 달성 목표로 국제사회 합의
순제로 (넷제로)	Net Zero	특정 시점까지 온실가스 배출량과 흡수량을 같게 만들어 순배출이 없는 상태	탄소중립과 유사 개념, 보편적으로 사용
탄소발자국	Carbon Footprint	개인·조직·제품 활동에서 발생하는 온실가스 총량(CO_2eq)	ESG 보고서·제품 라벨링에 활용
탄소집약도	Carbon Intensity	생산 단위(예: GDP, 전력량 등)당 배출되는 온실가스 양	에너지·산업 부문 효율성 평가 지표
탄소배출권 (카본 크레딧)	Carbon Credit	온실가스 1톤을 줄이거나 흡수했음을 인증한 거래 가능한 권리	규제·자발적 시장에서 매매 가능
탄소세	Carbon Tax	온실가스 배출량 또는 화석 연료 사용량에 세금을 부과하는 제도	가격 신호로 감축 유도
탄소가격제	Carbon Pricing	탄소 배출에 경제적 비용을 부여하여 감축을 촉진하는 정책 수단	탄소세, ETS 포함
배출권거래제	ETS (Emissions Trading System)	정부가 설정한 총량(cap) 내에서 기업이 배출권을 배분·거래하는 제도	U ETS, K-ETS 등 대표 사례 존재
자발적 탄소시장	VCM (Voluntary Carbon Market)	법적 의무와 무관하게 기업·개인이 자발적으로 탄소 크레딧을 거래하는 시장	ESG·브랜드 이미지 제고 수단
규제 탄소시장	Compliance Market	파리협정·국가 정책 등 법적 의무 준수를 위해 운영되는 탄소시장	국가별 NDC 달성 수단
탄소상쇄	Carbon Offset	자체 배출량을 외부 감축·흡수 활동(산림보전, 재생에너지 투자 등)으로 상쇄하는 것	자발적 시장과 규제 시장 모두에서 활용

용어	영문 표기	내용	비고
REDD+	Reducing Emissions from Deforestation and Forest Degradation	개발도상국에서 산림 파괴·훼손을 줄이고 보전·복원해 탄소 흡수원 확대	대표 사례: 브라질 Ecomapuá Amazon REDD 프로젝트
교토의정서	Kyoto Protocol	선진국에만 법적 감축 의무를 부과한 첫 국제 기후협약	1997년 채택, 2005년 발효
파리협정	Paris Agreement	선진국에만 법적 감축 의무를 부과한 첫 국제 기후협약	2015년 채택, 2016년 발효
Ambition Gap	목표격차	과학이 요구하는 감축 수준과 각국이 설정한 목표(NDC) 사이의 격차	야망 격차라고도 함
Action Gap	이행격차 또는 실행격차	각국이 설정한 목표(NDC)와 실제 이행 수준 사이의 차이	행동격차라고도 함
SBTi	Science Based Targets initiative	기업·금융기관 감축목표가 과학적 기준(1.5℃·2℃ 목표)에 부합하는지 검증·인증하는 글로벌 이니셔티브	CDP, UNGC, WRI, WWF 공동 운영
CORSIA	Carbon Offsetting and Reduction Scheme for International Aviation	국제민간항공기구(ICAO)가 국제항공 부문의 배출 증가분을 상쇄·감축하기 위해 도입한 제도	2021년부터 시범, 2027년 이후 전면 시행 예정
IPCC	Intergovernmental Panel on Climate Change	기후변화 과학을 종합 평가하는 유엔 산하 정부 간 협의체	제1~6차 평가보고서(AR) 발간
WMO	World Meteorological Organization	전 지구 기상·수문·기후 활동을 조율하는 유엔 전문기구	UNEP와 함께 IPCC 공동 설립
UNEP	United Nations Environment Programme	유엔 산하 환경 프로그램으로 국제 환경 협약·프로젝트를 주도	UNFCCC 사무국과 협력
UNFCCC	United Nations Framework Convention on Climate Change	기후변화 완화·적응을 위한 국제 기본 협약	1992년 채택, 1994년 발효

용어	영문 표기	내용	비고
탄소누출	Carbon Leakage	한 국가의 감축정책으로 인해 기업·배출이 규제가 약한 국가로 이동하는 현상한 국가의 감축정책으로 인해 기업·배출이 규제가 약한 국가로 이동하는 현상	EU CBAM 도입 배경
CBAM	Carbon Border Adjustment Mechanism	EU가 2026년부터 시행 예정인 탄소국경조정제도. 수입품에 탄소비용 부과	철강·알루미늄 등 우선 적용
Scope 1·2·3	Scope 1, 2, 3 Emissions	Scope 1: 기업이 소유·통제하는 시설·차량 등에서 직접 배출되는 온실가스 (연료연소, 공정배출) Scope 2: 외부에서 구매한 전력·열·스팀 사용으로 발생하는 간접 배출 Scope 3: 가치사슬 상·하류 전반에서 발생하는 기타 간접 배출 (원재료 생산, 운송, 제품 사용·폐기 등)	GHG Protocol 핵심 분류, ESG 공시 필수
CBAM	Carbon Border Adjustment Mechanism	EU가 2026년부터 시행 예정인 탄소국경조정제도. 수입품에 탄소비용 부과	철강·알루미늄 등 우선 적용

SDGs(지속가능발전목표)

번호	목표(한글)	영어 표기	핵심 내용
1	빈곤 종식	No Poverty	전 세계 극빈층(하루 1.9달러 미만) 인구를 2030년까지 근절하고, 빈곤 취약계층에 사회보호 시스템 제공.
2	기아 종식	Zero Hunge	모든 사람에게 안전하고 영양 있는 식량 보장, 지속가능한 농업 시스템 구축.
3	건강과 웰빙	Good Health and Well-Being	영유아 사망률 감소, 감염병·만성질환 예방, 보편적 의료보장(UHC) 달성.
4	양질의 교육	Quality Education	모든 사람에게 무상·평등·포용적 초·중등교육 제공, 평생학습 기회 보장.

번호	목표(한글)	영어 표기	핵심 내용
5	성평등	Gender Equality	여성과 소녀에 대한 모든 형태의 차별·폭력 종식, 정치·경제·사회 참여 확대.
6	깨끗한 물과 위생	Clean Water and Sanitation	안전한 식수 접근권 보장, 하수처리·위생 인프라 확충, 수자원 관리 개선.
7	저렴하고 깨끗한 에너지	Affordable and Clean Energy	모든 사람에게 지속가능한 에너지 보급, 재생에너지 비중 확대, 에너지 효율 개선
8	양질의 일자리와 경제성장	Decent Work and Economic Growth	지속가능한 경제성장, 생산적 고용, 노동권 보장, 청년 실업률 감소.
9	산업·혁신· 인프라	Industry, Innovation and Infrastructure	회복탄력적 인프라 구축, 지속가능한 산업화 촉진, 기술혁신 지원.
10	불평등 감소	Reduced Inequalities	국가 내·국가 간 소득·기회 불평등 완화, 사회·경제·정치적 포용성 강화.
11	지속가능한 도시·공동체	Sustainable Cities and Communities	안전하고 회복력 있는 도시, 대중교통 확충, 도시의 환경영향 최소화.
12	책임 있는 소비와 생산	Responsible Consumption and Production	자원효율적 생산·소비, 폐기물 감축, 순환경제 촉진
13	기후행동	Climate Action	기후변화 대응·적응 역량 강화, 국가별 기후정책 강화, 탄소배출 감축 촉진.
14	해양 생태계 보전	Life Below Water	해양오염 방지, 지속가능한 어업, 해양생물다양성 보전
15	육상 생태계 보전	Life on Land	산림보전, 사막화 방지, 생물다양성 및 토양복원, 멸종위기종 보호.
16	평화·정의·제도	Peace, Justice and Strong Institutions	법치주의 확립, 인권 보호, 부패·폭력 감소, 투명하고 책임 있는 제도 구축.
17	파트너십 강화	Partnerships for the Goals	재정·기술·무역·데이터 협력 강화, 다자간 파트너십으로 목표 달성 가속화.

지구를 위한 **거래**
- 자발적 탄소시장으로 보는 기후대응의 새로운 해법 -

지은이 | 김지영
박해리
만든이 | 하경숙
정다희
만든곳 | 글마당

(등록 제2008-000048호)

만든날 | 2025년 9월 10일
펴낸날 | 2025년 10월 2일

주소 | 서울시 송파구 송파대로 28길 32
전화 | 02. 451. 1227

홈페이지 | www.gulmadang.com
이메일 | vincent@gulmadang.com

ISBN 979-11-90244-43-5(03400)   값 18,000원

이 책은 해동과학문화재단의 지원을 받아 NAEK 한국공학한림원과 글마당이 발간합니다.